高等职业教育系列教材

浙江省精品在线开放课程配套教材

国家精品课程和国家精品资源共享课程配套教材

U0161875

Linux 系统管理与服务器配置

（CentOS 7.6 & RHEL 7.6）

宋丽娜　杨　云　吴　敏　主　编

刁　琦　宁方明　帅志军　副主编

机 械 工 业 出 版 社

本书是国家精品课程、国家精品资源共享课程和浙江省精品在线开放课程配套教材。以目前被广泛应用的 CentOS 服务器发行版 7.6 为例，兼容 RHEL 7.6，采用教、学、做相结合的模式，着眼应用，全面系统地介绍了 Linux 的系统管理及网络服务器的配置方法与技巧。

　　本书共 11 章，内容包括安装 CentOS/RHEL 7 系统及基本配置、管理用户和组群、管理文件权限、配置网络服务、使用 shell 与 vim 编辑器、配置与管理 samba 服务器、配置与管理 DHCP 服务器、配置与管理 DNS 服务器、配置与管理 Apache 服务器、配置与管理 FTP 服务器、配置与管理 Postfix 邮件服务器。每章后配有项目实训、练习题、实践题等结合实践应用的内容。知识点微课、项目实训使"教、学、做、导、考"融为一体，实现理论与实践的完美统一。

　　本书可作为高职院校计算机应用技术专业、计算机网络技术专业、网络系统管理专业、软件技术专业及其他计算机类专业的教材，也可作为 Linux 系统管理和网络管理人员的自学参考书。

　　本书配有授课电子课件及相关配置文件，需要的教师可登录 www.cmpedu.com 免费注册、审核通过后下载，或联系编辑索取（微信：15910938545，电话：010-88379739）。

图书在版编目（CIP）数据

Linux 系统管理与服务器配置：CentOS 7.6&RHEL 7.6 / 宋丽娜，杨云，吴敏主编. —北京：机械工业出版社，2021.5（2025.1 重印）
高等职业教育系列教材
ISBN 978-7-111-67551-8

Ⅰ. ①L… Ⅱ. ①宋… ②杨… ③吴… Ⅲ. ①Linux 操作系统-高等职业教育-教材 Ⅳ. ①TP316.85

中国版本图书馆 CIP 数据核字（2021）第 029689 号

机械工业出版社（北京市百万庄大街 22 号　邮政编码 100037）
策划编辑：王海霞　　　责任编辑：王海霞
责任校对：张艳霞　　　责任印制：单爱军
北京虎彩文化传播有限公司印刷

2025 年 1 月·第 1 版·第 9 次印刷
184mm×260mm · 15.75 印张 · 390 千字
标准书号：ISBN 978-7-111-67551-8
定价：59.00 元

电话服务　　　　　　　　　　　　网络服务
客服电话：010-88361066　　　　　机　工　官　网：www.cmpbook.com
　　　　　010-88379833　　　　　机　工　官　博：weibo.com/cmp1952
　　　　　010-68326294　　　　　金　书　网：www.golden-book.com
封底无防伪标均为盗版　　　　机工教育服务网：www.cmpedu.com

前　言

党的二十大报告指出，科技是第一生产力、人才是第一资源、创新是第一动力。大国工匠和高技能人才作为人才强国战略的重要组成部分，在现代化国家建设中起着重要的作用。高等职业教育肩负着培养大国工匠和高技能人才的使命，近几年得到了迅速发展和普及。Linux 网络操作系统是高等院校计算机网络类专业的专业核心课程，也是大数据技术与应用、云计算技术与应用等计算机类专业的专业基础课。它是一门理论与实践紧密联系的"理实一体化"的课程。

根据教育部发布的教育信息化 2.0 行动计划、精品在线开放课程建设、"三教"改革及金课建设要求，结合 Linux 网络操作系统发展及企业工程师的调研意见，编写团队从 Linux 网络操作系统的实际案例出发，紧密围绕该课程的培养目标，采用"纸质教材+电子活页"的形式，通过校企"双元"合作编写了这本理实一体的工学结合教材。

本书是基于 CentOS 7.6 系统编写的，书中内容及实验完全通用于 RHEL、Fedora 等系统。也就是说，当您学完本书后，即便公司内的生产环境部署的是 RHEL 系统，也照样可以应对。更重要的是，本书与红帽 RHCSA 及 RHCE 考试基本保持一致，因此更适合备考红帽认证的考生使用。

本书共 11 章，最大的特点是"易教易学"，音视频等配套教学资源丰富而实用。

（1）打造"教、学、做、导、考"一体化教材，提供一站式"课程整体解决方案"。

① 本书配有电子活页、微课、项目实训视频以及国家精品资源共享课程网站，为"教"和"学"提供最大便利。

② 提供授课计划、项目指导书、电子教案、电子课件、课程标准、大赛试卷、项目任务单、实训指导书、超过 5GB 的视频、多个扩展项目的完整资料，为教师备课、学生预习、教师授课、学生实训、课程考核提供一站式"课程整体解决方案"。

③ 利用 QQ 群实现 24 小时在线答疑、分享教学资源和教学心得。

（2）本书是校企深度融合、"双元"合作开发的"项目导向、任务驱动"的理实一体教材。

① 本书由行业专家、教学名师、专业负责人等跨地区、跨学校联合编写。编写团队中既有教学名师，又有相关企业的工程师、红帽认证高级讲师。

② 本书采用基于工作过程导向的"教、学、做"一体化的编写方式。

③ 书中的项目来自企业实际工作场景，并由业界专家参与拍摄配套的项目视频，充分体现了产教的深度融合。

（3）遵循"三教"改革精神，创新教材形态，采用"纸质教材+电子活页"的形式。

① 利用互联网技术，扩充教材内容，除了纸质教材，还提供了超量的教学资源包，电子活页可随时增减和修订。电子活页放到互联网上，随时随地，扫描即可学习。

② 本教材融合了互联网新技术，以二维码的形式嵌入各种数字资源，将教材、课堂、教学资源、教法四者融合，实现了线上线下有机结合，是翻转课堂、混合课堂改革的理想教材。

本书由宋丽娜、杨云、吴敏担任主编，刁琦、宁方明、帅志军担任副主编，杨秀玲、戴万长、郑泽也参加了部分章节的编写。

编　者

电子活页视频索引

目　录

第1章　安装 CentOS/RHEL 7 系统及基本配置

背景

　　某高校组建了校园网，需要架设一台具有 Web、FTP、DNS、DHCP、samba、VPN 等功能的服务器来为校园网用户提供服务，现需要选择一种既安全又易于管理的网络操作系统，正确搭建服务器并测试。

职业能力目标和要求

● 理解 Linux 操作系统的体系结构。
● 掌握如何搭建 CentOS/RHEL 7.6 服务器。
● 掌握如何重置 root 管理员密码。
● 理解 systemd 初始化进程。
● 掌握如何登录、退出 Linux 服务器。
● 掌握如何配置 firewalld 服务。

1.1　认识 Linux 操作系统

1.1.1　认识 Linux 的前世与今生

1. Linux 系统的历史

　　Linux 系统是 UNIX 在计算机上的完整实现，它的标志是一个名为 Tux 的可爱的小企鹅，如图 1-1 所示。UNIX 是由 K.Thompson 和 D.M.Richie 于 1969 年在美国贝尔实验室开发的一个操作系统。由于良好而稳定的性能，其迅速在计算机中得到广泛的应用，在随后的几十年中又做了不断的改进。

1-1　开源自由的 Linux 操作系统的简介

　　1990 年，芬兰人 Linus Torvalds 接触了为教学而设计的 Minix 系统后，开始着手研究编写一个开放的与 Minix 系统兼容的操作系统。1991 年 10 月 5 日，Linus Torvalds 在赫尔辛基技术大学的一台 FTP 服务器上发布了一个消息，这也标志着 Linux 系统的诞生。Linus Torvalds 公布了第一个 Linux 的内核版本 0.02 版。在最开始时，Linus Torvalds 的兴趣在于了解操作系统的运行原理，因此 Linux 早期的版本并没有考虑最终用户的使用，只是提供了最核心的框架。这使得 Linux 编程人员可以享受编制内核的乐趣，也保证了 Linux 系统内核的强大与稳定。Internet 的兴起使 Linux 系统得到十分迅速地发展，很快就有许多程序员加入了 Linux 系统编写者的行列。

　　随着编程小组的扩大和完整的操作系统基础软件的出现，Linux 开发人员认识到，Linux 已经逐渐变成一个成熟的操作系统。1992 年 3 月，内核 1.0 版本的推出，标志着 Linux 的第一个正式版本诞生。这时能在 Linux 上运行的软件已经十分丰富了，从编译器到网络软件以及 X-Window 都有。现在，Linux 凭借优秀的设计、不凡的性能，加上 IBM、Intel、AMD、Dell、Oracle、Sybase 等国际知名企业的大力支持，市场份额逐步扩大，已成为主流操作系统之一。

2. Linux 的版权问题

Linux 是基于 Copyleft（无版权）的软件模式进行发布的，其实，Copyleft 是与 Copyright（版权所有）相对立的新名词，它是 GNU 计划制定的通用公共许可证（General Public License，GPL）。GNU 计划是由 Richard Stallman 于 1984 年提出的，他建立了自由软件基金会（Free Software Foundation，FSF）并提出 GNU 计划的目的是开发一个完全自由的、与 UNIX 类似但功能更强大的操作系统，以便为所有的计算机使用者提供一个功能齐全、性能良好的基本系统。GUN 计划的标志是角马，如图 1-2 所示。

图 1-1　Linux 的标志 Tux　　　　　　　　　图 1-2　GNU 计划的角马标志

GPL 是由自由软件基金会发行的用于计算机软件的协议证书，使用该证书的软件称为自由软件，后来改名为开放源代码软件（Open Source Software）。大多数的 GNU 程序和超过半数的自由软件都使用 GPL，它保证任何人都有权使用、复制和修改该软件，任何人都有权取得、修改和重新发布自由软件的源代码，并且规定在不增加附加费用的条件下可以得到自由软件的源代码。同时还规定自由软件的衍生作品必须以 GPL 作为它重新发布的许可协议。Copyleft 软件的组成非常透明化，这样当出现问题时就可以准确地查明故障原因，及时采取相应对策，同时用户不用再担心有"后门"的威胁。

小资料　　　GNU 这个名字使用了有趣的递归缩写，它的全称是"GNU's Not UNIX"。由于递归缩写是一种在全称中递归引用它自身的缩写，因此无法精确地解释出它的真正全称。

3. Linux 操作系统的特点

Linux 作为一个免费、自由、开放的操作系统，它的发展势不可挡，它拥有以下一些特点。

1）完全免费。由于 Linux 遵循 GPL，因此任何人都可以自由使用、复制和修改 Linux，可以放心地使用 Linux 而不必担心成为"盗版"用户。

2）高效、安全、稳定。UNIX 操作系统的稳定性是众所周知的，Linux 继承了 UNIX 核心的设计思想，具有执行效率高、安全性高和稳定性好的特点。Linux 系统的连续运行时间通常以年为单位，能连续运行 3 年以上的 Linux 服务器并不少见。

3）支持多种硬件平台。Linux 能在笔记本计算机、PC、工作站甚至大型机上运行，并能在 x86、MIPS、PowerPC、SPARC、Alpha 等主流的体系结构上运行，可以说，Linux 是目前支持硬件平台最多的操作系统。

4）友好的用户界面。Linux 提供了类似 Windows 图形界面的 X-Window 系统，用户可以使用鼠标方便、直观和快捷地进行操作。经过多年的发展，Linux 的图形界面技术已经非常成熟，其强大的功能和灵活的配置界面让一向以用户界面友好著称的 Windows 操作系统也黯然失色。

5）强大的网络功能。网络就是 Linux 的生命，完善的网络支持是 Linux 与生俱来的能力，所以 Linux 在通信和网络功能方面优于其他操作系统，其他操作系统不包含如此紧密地和内核结合在一起的连接网络的能力，也没有内置这些网络特性的灵活性。

6）支持多任务、多用户。Linux 是多任务、多用户的操作系统，可以支持多个使用者同时使用并共享系统的磁盘、外设、处理器等系统资源。Linux 的保护机制使每个应用程序和用户互不干扰，一个任务崩溃，其他任务仍然可以照常运行。

1.1.2 理解 Linux 体系结构

Linux 一般有 3 个主要部分：Linux 内核（Kernel）、命令解释层（Shell 或其他操作环境）、实用工具。

1. Linux 内核

内核是系统的心脏，是运行程序和管理磁盘及打印机等硬件设备的核心程序。操作环境向用户提供一个操作界面，它从用户那里接受命令，并且把命令送到内核去执行。由于内核提供的都是操作系统最基本的功能，如果内核发生问题，整个计算机系统就可能会崩溃。

Linux 内核的源代码主要用 C 语言编写，只有部分与驱动相关的用汇编语言 Assembly 编写。Linux 内核采用模块化的结构，其主要模块包括存储管理、CPU 和进程管理、文件系统管理、设备管理和驱动、网络通信以及系统的引导、系统调用等。Linux 内核的源代码通常安装在/usr/src 目录下，可供用户查看和修改。

当 Linux 安装完毕之后，一个通用的内核就被安装到计算机中。这个通用内核能满足绝大部分用户的需求，但也正是内核的这种普遍适用性使得很多对具体的某一台计算机来说可能并不需要的内核程序（如一些硬件驱动程序）被安装并运行。Linux 允许用户根据自己机器的实际配置定制 Linux 内核，从而有效地简化 Linux 内核，提高系统启动速度，并释放更多的内存资源。

在 Linus Torvalds 领导的内核开发小组的不懈努力下，Linux 内核的更新速度非常快。用户在安装 Linux 后可以下载最新版本的 Linux 内核，进行内核编译后升级计算机的内核，就可以使用内核的最新功能。由于内核定制和升级的成败关系到整个计算机系统能否正常运行，因此用户对此必须非常谨慎。

2. 命令解释层

操作环境在操作系统内核与用户之间提供操作界面，它可以描述为一个解释器。操作系统对用户输入的命令进行解释，再将其发送到内核。Linux 存在几种操作环境，分别是：桌面（Desktop）、窗口管理器（Window Manager）和命令行 Shell（Command Line Shell）。Linux 系统中的每个用户都可以拥有自己的用户操作界面，根据自己的要求进行定制。

Shell 是一个命令解释器，它解释由用户输入的命令，并且把它们送到内核。不仅如此，Shell 还有自己的编程语言用于对命令的编辑，它允许用户编写由 Shell 命令组成的程序。Shell 编程语言具有普通编程语言的很多特点，如它也有循环结构和分支控制结构等，用这种编程语言编写的 Shell 程序与其他应用程序具有同样的效果。

同 Linux 本身一样，Shell 也有多种不同的版本。目前，主要有下列版本的 Shell。

● Bourne Shell：是贝尔实验室开发的版本。

● BASH：是 GNU 的 Bourne Again Shell，是 GNU 操作系统上默认的 Shell。

● Korn Shell：是对 Bourne Shell 的发展，在大部分情况下与 Bourne Shell 兼容。

● C Shell：是 SUN 公司 Shell 的 BSD 版本。

Shell 不仅是一种交互式命令解释程序，而且还是一种程序设计语言，它和 MS-DOS 中的批处理命令类似，但比批处理命令功能强大。在 Shell 脚本程序中可以定义和使用变量，进行参数传递、流程控制、函数调用等。

Shell 脚本程序是解释型的，也就是说，Shell 脚本程序不需要进行编译就能直接逐条解释，逐条执行脚本程序的源语句。Shell 脚本程序的处理对象只能是文件、字符串或命令语句，而不像其他的高级语言有丰富的数据类型和数据结构。

作为命令行操作界面的替代选择，Linux 还提供了像 Microsoft Windows 那样的可视化界面——X-Window 的图形用户界面。它提供了很多窗口管理器，其操作就像 Windows 一样，有窗口、图标和菜单，所有的管理都通过鼠标控制。现在比较流行的窗口管理器是 KDE 和 GNOME（其中 GNOME 是 Red Hat Linux 默认使用的界面），这两种桌面都能够免费获得。

3. 实用工具

标准的 Linux 系统都有一套称为实用工具的程序，它们是专门的程序，如编辑器、执行标准的计算操作等。用户也可以产生自己的工具。

实用工具可分为以下 3 类。

● 编辑器：用于编辑文件。

● 过滤器：用于接收数据并过滤数据。

● 交互程序：允许用户发送信息或接收来自其他用户的信息。

Linux 的编辑器主要有 ed、ex、vi、vim 和 Emacs。ed 和 ex 是行编辑器，vi、vim 和 Emacs 是全屏幕编辑器。

Linux 的过滤器（Filter）读取用户文件或其他设备输入的数据，检查和处理数据，然后输出结果。从这个意义上说，它们过滤了经过它们的数据。Linux 有不同类型的过滤器，一些过滤器用行编辑命令输出一个被编辑的文件，另外一些过滤器是按模式寻找文件并以这种模式输出部分数据。还有一些执行字处理操作，检测一个文件中的格式，输出一个格式化的文件。过滤器的输入可以是一个文件，也可以是用户从键盘输入的数据，还可以是另一个过滤器的输出。过滤器可以相互连接，因此，一个过滤器的输出可能是另一个过滤器的输入。在有些情况下，用户可以编写自己的过滤器程序。

交互程序是用户与机器的信息接口。Linux 是一个多用户系统，它必须和所有用户保持联系。信息可以由系统上的不同用户发送或接收。信息的发送有两种方式，一种方式是与其他用户一对一地连接进行对话，另一种方式是一个用户与多个用户同时连接进行通信，即所谓广播式通信。

1.1.3　认识 Linux 的版本

Linux 的版本分为内核版本和发行版本两种。

1. 内核版本

内核是系统的心脏，是运行程序和管理磁盘及打印机等硬件设备的核心程序。它提供了一个在裸设备与应用程序间的抽象层。例如，程序本身不需要了解用户的主板芯片集或磁盘控制器的细节就能在高层次上读写磁盘。

内核的开发和规范一直由 Linus Torvalds 领导的开发小组控制着，版本也是唯一的。开发小组每隔一段时间公布新的版本或其修订版，从 1991 年 10 月 Linus Torvalds 向世界公开发布的内核 0.0.2 版本（0.0.1 版本因功能相当简陋所以没有公开发布）到当前的内核 5.6.3 版本，Linux 的功能越来越强大。

Linux 内核的版本号命名是有一定规则的，版本号的格式通常为"主版本号.次版本号.修正号"。主版本号和次版本号标志着重要的功能变动，修正号表示较小的功能变更。以 2.6.12 版本为例，2 代表主版本号，6 代表次版本号，12 代表修正号。其中，次版本号还有特定的意义：如果是偶数数字，就表示该内核是一个可放心使用的稳定版；如果是奇数数字，则表示该内核加入了某些测试的新功能，是一个内部可能存在漏洞的测试版。例如，2.5.74 表示一个测试版的内核，2.6.12 表示一个稳定版的内核。读者可以到 Linux 内核官方网站 http://www.kernel.org 下载最新的内核代码，如图 1-3 所示。

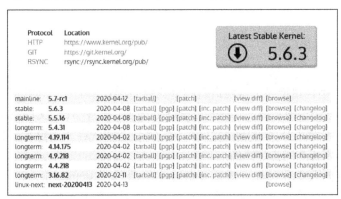

图 1-3　Linux 内核官方网站页面

2. 发行版本

仅有内核而没有应用软件的操作系统是无法使用的，所以许多公司或社团将内核、源代码及相关的应用程序组织构成一个完整的操作系统，让一般的用户可以简便地安装和使用 Linux，这就是所谓的发行版本（Distribution）。一般谈论的 Linux 系统便是针对这些发行版本的。目前各种发行版本超过 300 种，它们的发行版本号各不相同，使用的内核版本号也可能不一样，现在最流行的套件有 Red Hat（红帽子）、CentOS、Fedora、openSUSE、Debian、Ubuntu、红旗 Linux 等。

1）红帽企业版 Linux（Red Hat Enterprise Linux，RHEL）。红帽公司是全球最大的开源技术厂商，RHEL 是全世界使用最广泛的 Linux 系统。RHEL 系统具有极强的性能与稳定性，并且在全球范围内拥有完善的技术支持。RHEL 系统也是本书、红帽认证以及众多生产环境中使用的系统。网址为 http://www.redhat.com。

2）社区企业操作系统（Community Enterprise Operating System，CentOS）。这是通过把

RHEL 系统重新编译并发布给用户免费使用的 Linux 系统，具有广泛的使用人群。CentOS 当前已被红帽公司"收编"。

3）Fedora。这是由红帽公司发布的桌面版系统套件（目前已经不限于桌面版）。用户可免费体验到最新的技术或工具，这些技术或工具在成熟后会被加入到 RHEL 系统中，因此 Fedora 也称为 RHEL 系统的"试验田"。运维人员如果想时刻保持自己的技术领先，就应该多关注此类 Linux 系统的发展变化及新特性，不断调整自己的学习方向。

4）openSUSE。这是源自德国的一款著名的 Linux 系统，在全球范围内有着不错的声誉及市场占有率。网址为http://www.novell.com/linux。

5）Debian。Debian 的稳定性、安全性强，提供了免费的基础支持，可以很好地支持各种硬件架构，以及提供近十万种不同的开源软件，在国外拥有很高的认可度和使用率。

6）Ubuntu。Ubuntu 是一款派生自 Debian 的操作系统，对新款硬件具有极强的兼容能力。Ubuntu 与 Fedora 都是极其出色的 Linux 桌面系统，而且 Ubuntu 也可用于服务器领域。

7）红旗 Linux。红旗 Linux 是国内比较成熟的一款 Linux 发行套件。它的界面十分美观，操作起来也十分简单，仿 Windows 的操作界面让用户使用起来更感亲切。网址为http://www.redflag-linux.com。

1.1.4　RHEL 与 CentOS

1. RHEL 7

2014 年末，红帽公司推出了当前最新的企业版 Linux 系统——RHEL 7。

RHEL 7 系统创新式地集成了 Docker 虚拟化技术，支持 XFS 文件系统，兼容微软的身份管理，并采用 systemd 作为系统初始化进程，其性能和兼容性相较于之前版本都有了很大的改善，是一款非常优秀的操作系统。

RHEL 7 系统的改变非常大，最重要的是它采用了 systemd 作为初始化进程。这样一来，几乎之前所有的运维自动化脚本都需要修改。但是老版本可能会有更大的概率存在安全漏洞或功能缺陷，而新版本不仅出现漏洞的概率小，而且即便出现漏洞，也会快速得到众多开源社区和企业的响应并被快速修复。所以建议尽快升级到 RHEL 7。

2. CentOS

CentOS 是 Linux 发行版之一，它是从 RHEL 依照开放源代码规定释出的源代码所编译而成。由于出自同样的源代码，因此有些要求高度稳定性的服务器以 CentOS 替代商业版的 RHEL 使用。两者的不同之处在于 CentOS 并不包含封闭源代码软件。

CentOS 的每个版本都会获得十年的支持（通过安全更新方式）。新版本的 CentOS 大约每两年发行一次，而每个版本的 CentOS 会定期（大概每 6 个月）更新一次，以便支持新的硬件。这样就建立了一个安全、低维护成本、稳定、高预测性、高重复性的 Linux 环境。

CentOS 是 RHEL 源代码再编译的产物，而且在 RHEL 的基础上修正了不少已知的漏洞，相对于其他 Linux 发行版，其稳定性值得信赖。

CentOS 在 2014 年加入红帽公司后，依旧保持了原先的特点。

（1）仍然不收费。

（2）保持赞助内容驱动的网络中心不变。

（3）对漏洞、Issue 和紧急事件处理策略不变。

（4）RHEL 和 CentOS 防火墙也依然存在。

CentOS 7 于 2014 年 7 月 7 日正式发布，这是一个企业级的 Linux 发行版本。

和以前的版本相比，CentOS 7 主要增加了以下新特性。

1）从 CentOS 6.x 在线升级到 CentOS 7。

2）加入了 Linux 容器（LinuX Container，LXC）支持，使用轻量级的 Docker 进行容器实现。

3）默认的 XFS 文件系统。

4）使用 systemd 后台程序管理 Linux 系统和服务。

5）使用 firewalld 后台程序管理防火墙服务。

1.2　硬盘及分区知识

中小型企业在选择网络操作系统时，一般会优先考虑企业版 Linux 网络操作系统，一是由于其开源的优势，二是考虑到其安全性较高。

要想成功安装 Linux，首先必须对硬件的基本要求、硬件的兼容性、多重引导、磁盘分区和安装方式等进行充分准备，获取发行版本，查看硬件是否兼容，选择适合的安装方式。做好这些准备工作，Linux 安装之旅才会一帆风顺。

CentOS 7 支持目前绝大多数的主流硬件设备，但由于硬件配置、规格更新极快，若想知道自己的硬件设备是否被 CentOS 7 支持，最好访问 CentOS 的硬件认证网站（https://hardware.centos.com），查看哪些硬件通过了 CentOS 7 的认证。

1. 物理设备的命名规则

在 Linux 系统中一切都是文件，硬件设备也不例外。既然是文件，就必须有文件名称。系统内核中的 udev 设备管理器会自动把硬件名称规范起来，目的是让用户通过设备文件的名称看出设备大致的属性以及分区信息等，这对于陌生的设备来说使用特别方便。另外，udev 设备管理器的服务会一直以守护进程的形式运行并侦听内核发出的信号来管理/dev 目录下的设备文件。Linux 系统中常见的硬件设备及其文件名称如表 1-1 所示。

表 1-1　Linux 系统中常见的硬件设备及其文件名称

硬件设备	文件名称
IDE 设备	/dev/hd[a-d]
SCSI/SATA/U 盘	/dev/sd[a-p]
软驱	/dev/fd[0-1]
打印机	/dev/lp[0-15]
光驱	/dev/cdrom
鼠标	/dev/mouse
磁带机	/dev/st0 或/dev/ht0

由于现在的 IDE 设备已经很少见了，因此大多硬盘设备都是以 "/dev/sd" 开头的。而一台主机上可以有多块硬盘，因此系统采用 a~p 来代表 16 块不同的硬盘（默认从 a 开始分

配），而且硬盘的分区编号也有规定：主分区或扩展分区的编号从 1 开始，到 4 结束；逻辑分区从编号 5 开始。

注意：①/dev 目录中 sda 设备之所以是 a，并不是由插槽决定的，而是由系统内核的识别顺序来决定的。读者以后在使用 iSCSI 网络存储设备时就会发现，明明主板上第二个插槽是空着的，但系统却能识别到/dev/sdb 这个设备就是这个道理。②sda3 表示编号为 3 的分区，而不是表示 sda 设备上已经存在 3 个分区了。

例如，/dev/sda5 这个设备文件名称包含的信息如图 1-4 所示。

图 1-4 设备文件名称

首先，/dev 目录中保存的是硬件设备文件；其次，sd 表示 SCSI 设备，a 表示系统中同类接口中第一个被识别到的设备；5 表示这个设备是一个逻辑分区。因此，"/dev/sda5"表示"这是系统中第一块被识别到的硬件设备中分区编号为 5 的逻辑分区的设备文件"。

2. 硬盘相关知识

硬盘设备是由大量的扇区组成的，每个扇区的容量为 512 字节。其中第一个扇区最重要，它里面保存着主引导记录（Master Boot Record，MBR）与分区表信息。就第一个扇区来讲，主引导记录需要占用 446 字节，分区表占用 64 字节，结束符占用 2 字节。其中分区表中每记录一个分区的信息就需要 16 字节，这样最多只有 4 个分区的信息可以写到第一个扇区中，这 4 个分区就是 4 个主分区。第一个扇区中的数据信息如图 1-5 所示。

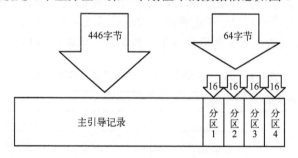

图 1-5 第一个扇区中的数据信息

由于第一个扇区最多只能创建 4 个分区，为了解决分区个数不足的问题，可以将第一个扇区的分区表中 16 字节（原本要写入主分区信息）的空间（称为扩展分区）拿出来指向另外一个分区。也就是说，扩展分区其实并不是一个真正的分区，而更像是一个占用 16 字节分区表空间的指针——一个指向另外一个分区的指针。这样，用户一般会选择使用 3 个主分区加 1 个扩展分区的方法，然后在扩展分区中创建出数个逻辑分区，从而满足多分区（大于

4 个）的需求。主分区、扩展分区、逻辑分区可以像图 1-6 那样来规划。

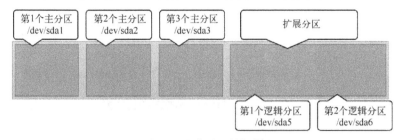

图 1-6　硬盘分区的规划

注意：严格地讲，扩展分区不是一个实际意义的分区，它仅仅是一个指向另一个分区的指针，这种指针结构将形成一个单向链表。

思考：/dev/sdb8 是什么意思？

3. 规划分区

安装 CentOS 7 时，应根据实际情况准备 CentOS 7 安装镜像，同时要进行分区规划。

对于初次接触 Linux 的用户来说，分区方案越简单越好，所以最好的选择就是为 Linux 划分两个分区，一个是用户保存系统和数据的根分区（/），另一个是交换分区。其中，交换分区不用太大，与物理内存同样大小即可；根分区则需要根据 Linux 系统安装后占用资源的大小和所需要保存数据的多少来调整大小（一般情况下，分配 15～20GB 就足够了）。

当然，对于 Linux 熟手或者要安装服务器的管理员来说，这种分区方案就不太适合了。此时，一般还会单独创建一个/boot 分区，用于保存系统启动时所需要的文件，再创建一个/usr 分区，操作系统基本都在这个分区中；还需要创建一个/home 分区，所有的用户信息都在这个分区中；还要创建/var 分区，服务器的登录文件、邮件、Web 服务器的数据文件都会放在这个分区中；另外还要创建/mnt 分区，主要作为挂载点使用，比如光驱、USB 设备进行挂载后/mnt 分区中会多出相应设备的目录。Linux 服务器常见分区方案如图 1-7 所示。

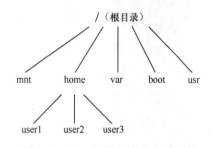

图 1-7　Linux 服务器常见分区方案

至于分区操作，由于 Windows 并不支持 Linux 下的 ext2、ext3、ext4 和 swap 分区，因此只有借助于 Linux 的安装程序进行分区了。当然，绝大多数第三方分区软件都支持 Linux 的分区，也可以用它们来完成这项工作。

下面就通过 CentOS 7 的 ISO 安装镜像文件来启动计算机，并逐步安装程序。

1.3　安装和配置虚拟机

1）成功安装虚拟机软件 VMware Workstation 后的虚拟机管理界面如图 1-8 所示。

图 1-8 虚拟机管理界面

2）单击"创建新的虚拟机"选项，并在弹出的"新建虚拟机向导"对话框中选择"典型（推荐）"单选按钮，然后单击"下一步"按钮，如图 1-9 所示。

3）选中"稍后安装操作系统"单选按钮，然后单击"下一步"按钮，如图 1-10 所示。

图 1-9　新建虚拟机向导

图 1-10　选择虚拟机的安装来源

注意：一定要选择"稍后安装操作系统"单选按钮，如果选择"安装程序光盘映像文件"单选按钮，并设置好下载的 CentOS 7 系统镜像文件，虚拟机会通过默认的安装策略部署最精简的 Linux 系统，而不会再询问安装设置的选项。

4）将客户机操作系统的类型设置为"Linux"，版本为"CentOS 64 位"，然后单击"下一步"按钮，如图 1-11 所示。

5）输入"虚拟机名称"，单击"浏览"按钮，选择好安装位置后单击"下一步"按钮，如图 1-12 所示。

图 1-11　选择操作系统的版本　　　　　图 1-12　命名虚拟机及设置安装路径

6）将虚拟机系统的"最大磁盘大小"设置为 40.0GB（后文用到），然后单击"下一步"按钮，如图 1-13 所示。

7）单击"自定义硬件"按钮，如图 1-14 所示。

图 1-13　设置虚拟机最大磁盘大小　　　　　图 1-14　虚拟机的配置界面

8）弹出"硬件"对话框，建议将虚拟机系统内存的可用量设置为 2GB，最低不应低于 1GB，如图 1-15 所示。

9）根据主机的性能设置 CPU 处理器的数量以及每个处理器的核心数量，并开启虚拟化功能，如图 1-16 所示。

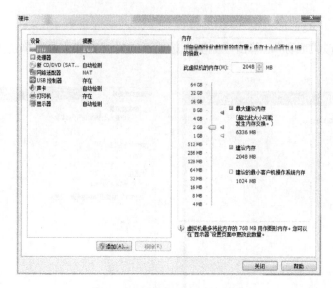

图 1-15　设置虚拟机的内存量

10）在光驱设备界面中应选中"使用 ISO 映像文件"单选按钮，并设置下载好的 CentOS 系统镜像文件，如图 1-17 所示。

图 1-16　设置虚拟机的处理器参数

11）虚拟机软件为用户提供了 3 种可选的网络模式，分别为桥接模式、NAT 模式与仅主机模式。在此选择"仅主机模式"，如图 1-18 所示。

● 桥接模式：相当于在物理主机与虚拟机网卡之间架设了一座桥梁，从而可以通过物理主机的网卡访问外网。

图 1-17　设置虚拟机的光驱设备

图 1-18　设置虚拟机的网络适配器

● NAT 模式：让虚拟机的网络服务发挥路由器的作用，使得通过虚拟机软件模拟的主机可以通过物理主机访问外网，在真机中 NAT 虚拟机网卡对应的物理网卡是 VMnet8。

● 仅主机模式：让虚拟机内的主机仅与物理主机通信，不能访问外网，在真机中仅主机模式模拟网卡对应的物理网卡是 VMnet1。

12）把 USB 控制器、声卡、打印机等不需要的设备统统移除掉。移掉声卡后可以避免在输入错误后发出提示声音，以免在实验中思绪被打扰。然后单击"关闭"按钮，如图 1-19 所示。

图 1-19   最终的虚拟机配置情况

13) 返回如图 1-14 所示的"新建虚拟机向导"对话框后单击"完成"按钮。至此已完成虚拟机的安装和配置。当看到如图 1-20 所示的界面时,说明虚拟机已经配置成功。

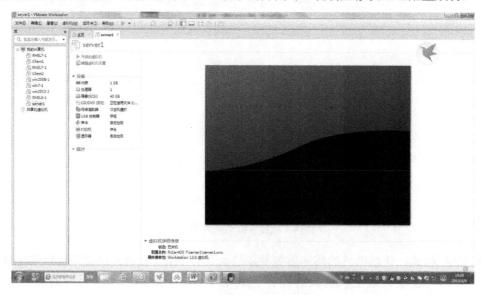

图 1-20   虚拟机配置成功的界面

1.4   安装 CentOS 7

安装 RHEL 7 或 CentOS 7 系统时,需要计算机的 CPU 支持 VT(Virtualization Technology,虚拟化技术)。所谓 VT,是指让单台计算机能够分割出多个独立资源区,并让每个资源区按照需要模拟出系统的一项技术，其本质就是通过中间层实现计算机资源的管理和再分配，让系统资源的利用率最大化。当前的计算机大多都支持 VT。如果开启虚拟机后依然提示"CPU 不支持 VT 技术"等报错信息，可重启并进入 BIOS 中开启 VT 虚拟化功能即可。

1）在如图 1-8 所示的虚拟机管理界面中，先在左侧选中要开启的系统名称，再在右侧单击"打开虚拟机"按钮，稍后就能看到 CentOS 7 系统安装界面，如图 1-21 所示。其中，"Test this media & install CentOS 7"和"Troubleshooting"的作用分别是校验光盘完整性后再安装以及启动救援模式。在此通过键盘的方向键选择"Install CentOS 7"选项来直接安装 Linux 系统。

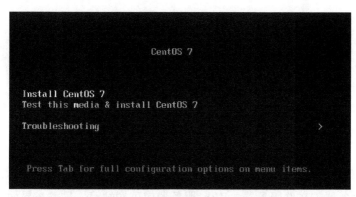

图 1-21　CentOS 7 系统安装界面

2）按〈Enter〉键后开始加载镜像文件，所需时间为 30～60s，然后选择系统的安装语言为"简体中文（中国）"，单击"继续"按钮，如图 1-22 所示。

图 1-22　选择系统的安装语言

3）在安装信息摘要界面中单击"软件选择"选项，如图 1-23 所示。

图 1-23　安装信息摘要界面

4）进入软件选择界面，在此可以根据用户的需求来调整系统的基本环境，如把 Linux 系统用作基础服务器、文件服务器、Web 服务器或工作站等。只需在界面中选中"带 GUI 的服务器"单选按钮（注意，如果不选中此项，则无法进入图形界面），然后单击左上角的"完成"按钮即可，如图 1-24 所示。

图 1-24　选择系统软件类型

5）返回 CentOS 7 系统安装信息摘要界面，单击"网络和主机名"选项后，进入网络和主机名界面，将"主机名"设置为"server1"，然后单击左上角的"完成"按钮，如图 1-25 所示。

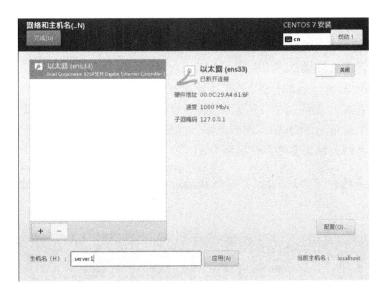

图 1-25　配置网络和主机名

6）返回安装信息摘要界面，单击"安装位置"选项后，进入安装目标位置界面，选中"我要配置分区"单选按钮，然后单击左上角的"完成"按钮，如图 1-26 所示。

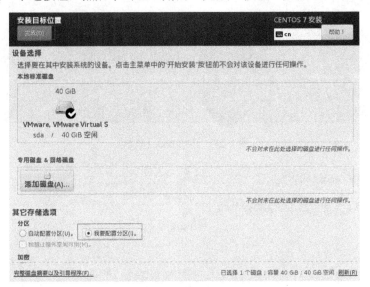

图 1-26　设置安装位置

7）开始配置分区。磁盘分区允许用户将一个磁盘划分成几个单独的部分，每一部分有自己的盘符。在分区之前，首先要规划分区，以 40GB 的硬盘为例，可做如下规划。

● /boot 分区大小为 300MB。

● swap 分区大小为 4GB。

● / 分区大小为 10GB。

● /usr 分区大小为 8GB。

● /home 分区大小为 8GB。

- /var 分区大小为 8GB。
- /tmp 分区大小为 1GB。

下面进行分区的具体操作。

① 创建 boot 分区（启动分区）。在"新挂载点将使用以下分区方案"中选择"标准分区"。单击"+"按钮，如图 1-27 所示。选择"挂载点"为"/boot"（也可以直接输入挂载点），"期望容量"设置为 300MB，然后单击"添加挂载点"按钮。在如图 1-28 所示的界面中设置文件系统类型，默认文件系统类型为 xfs。

注意：一定要选择"标准分区"，以保证/home 为单独分区，为后面进行的配额实训做必要准备。

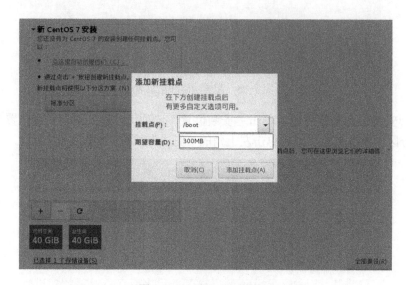

图 1-27 添加/boot 挂载点

图 1-28 设置/boot 挂载点的文件系统类型

② 创建交换分区。单击"+"按钮，选择"挂载点"为"swap"，文件系统类型设置为"swap"，"期望容量"一般设置为物理内存的两倍即可。例如，计算机的物理内存大小为2GB，swap 分区大小就设置为 4 096MB（4GB）。

说明　什么是 swap 分区？简单地说，swap 就是虚拟内存分区，它类似于 Windows 的页面交换文件 PageFile.sys。就是当计算机的物理内存不够时，可以利用硬盘上的指定空间来动态扩充内存的大小。

③ 用同样的方法创建其他分区。"/"分区大小为 10GB，"/usr"分区大小为 8GB，"/home"分区大小为 8GB，"/var"分区大小为 8GB，"/tmp"分区大小为 1GB。文件系统类型全部设置为"ext4"或者保持默认值。分区设置完成后的界面如图 1-29 所示。

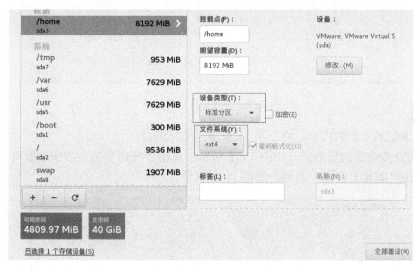

图 1-29　分区设置完成后的界面

特别注意　不可与 root 分区分开的目录是/dev、/etc、/sbin、/bin 和/lib。系统启动时，核心只载入一个分区，那就是"/"，核心启动要加载/dev、/etc、/sbin、/bin 和/lib 五个目录的程序，所以以上几个目录必须和/根目录在一起。

另外，最好单独分区的目录是/home、/usr、/var 和/tmp，出于安全和管理的目的，以上四个目录最好要独立出来。例如，在 samba 服务中，/home 目录可以配置磁盘配额 quota，在 sendmail 服务中，/var 目录可以配置磁盘配额 quota。

④ 单击左上角的"完成"按钮，然后单击"接受更改"按钮完成分区，如图 1-30 所示。

特别说明：建议按默认值选择文件系统类型，一般设置为"xfs"。但是如果习惯了 CentOS 6 的磁盘配额方式，则将各分区的文件系统类型设置为"ext4"。

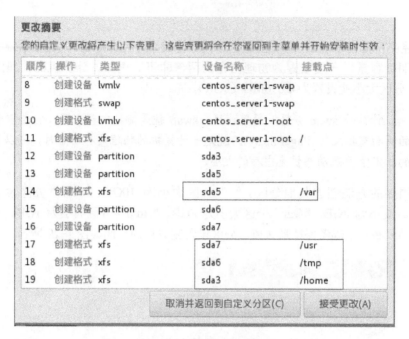

图 1-30　完成分区后的结果

关于磁盘配额方面的内容，将在第 11 章中详细介绍。

8）返回安装信息摘要界面，如图 1-31 所示，单击"开始安装"按钮后即可看到安装进度，接着单击"ROOT 密码"选项，如图 1-32 所示。

图 1-31　安装信息摘要界面

图 1-32　单击 "ROOT 密码" 选项

9）设置 root 管理员的密码。若坚持用弱口令的密码，则需要单击两次左上角的 "完成" 按钮才可以确认，如图 1-33 所示。需要特别注意的是，当在虚拟机中做实验的时候，密码无所谓强弱，但在生产环境中一定要让 root 管理员的密码足够复杂，否则系统将面临严重的安全问题。

10）Linux 系统安装过程一般需要 30～60min 时间，在安装过程期间耐心等待即可。安装完成后单击 "重启" 按钮。

图 1-33　设置 root 管理员的密码

11）重启系统后将看到初始设置界面，单击 "LICENSE INFORMATION" 选项，如图 1-34 所示。

图 1-34　初始设置界面

12）选中 "我同意许可协议" 复选框，然后单击左上角的 "完成" 按钮。

13）返回初始设置界面后单击 "完成配置" 选项。

14）虚拟机软件中的 CentOS 7 系统经过又一次的重启后，用户可以看到系统的欢迎界面。在界面中选择默认的语言 "汉语"，然后单击 "前进" 按钮，如图 1-35 所示。

图 1-35　系统的语言设置

15）将系统的键盘布局或输入方式设置为"English（Australian）"，如图 1-36 所示，然后单击"前进"按钮。

图 1-36　设置系统的输入来源类型

16）设置系统的时区为（北京，中国），然后单击"前进"按钮。

17）为 CentOS 7 系统创建一个本地的普通用户，该账户的用户名为"yangyun"，密码为数字、字母和标点符号的组合，如 c7e.n6tos，然后单击"前进"按钮，如图 1-37 所示。注意，若密码不满足复杂性要求，则无法进入下一步。

图 1-37 设置本地普通用户

18）在如图 1-38 所示的界面中单击"开始使用 CentOS Linux(S)"按钮，出现如图 1-39 所示的开始界面。至此，完成了 CentOS 7 系统全部的安装和部署工作。

图 1-38 系统初始化结束界面

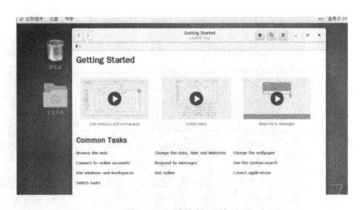

图 1-39 系统的开始界面

特别提示：初次安装完成后，务必使用 VM 中的"拍摄快照"功能进行系统备份。这样在系统出现问题或要恢复到最初状态时，可以一键恢复。

1.5 重置 **root** 管理员密码

若用户把 Linux 系统的密码忘记了，不用惊慌，只需简单几步就可以完成密码的重置工作。首先确定是否为 CentOS 7 系统，如果是，再进行下面的操作。

1）如图 1-40 所示，先在空白处右击，选择"打开终端"命令，然后在打开的终端中输入如下命令。

```
[yangyun@server1 ~]$ cat /etc/centos-release
CentOS Linux release 7.5.1804 (Core)
```

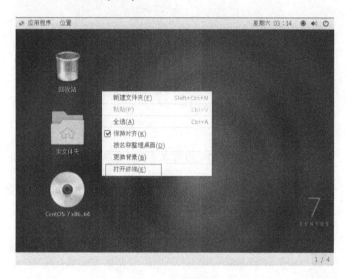

图 1-40　打开终端

2）在终端中输入"reboot"，或者单击右上角的关机按钮，选择"重启"选项，重启 Linux 系统主机并出现如图 1-41 所示的引导界面时按键盘上的〈E〉键，进入内核编辑界面。

图 1-41　Linux 系统的引导界面

3）在 linux16 参数这一行的最后面加一个空格，然后追加"rd.break"参数，然后按〈Ctrl+X〉组合键运行修改过的内核程序，如图 1-42 所示。

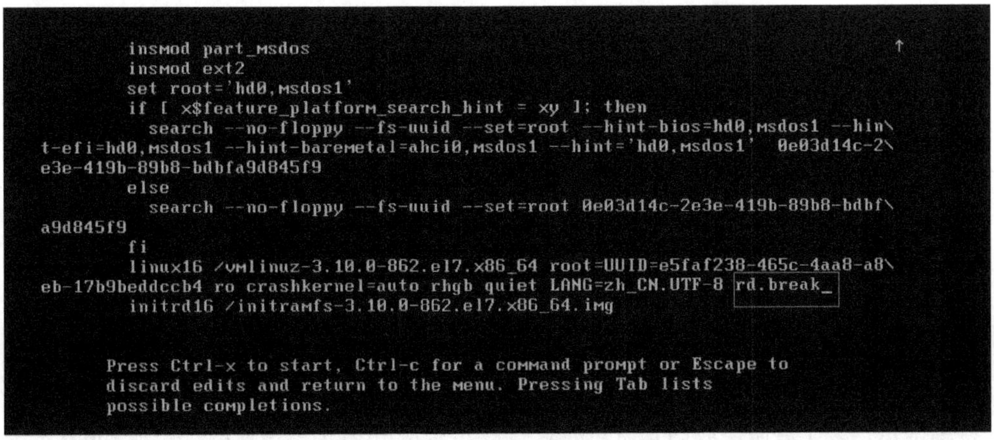

图 1-42　内核信息的编辑界面

4）大约过 30s 后，进入系统的紧急救援模式，依次输入以下命令。

```
mount -o remount,rw /sysroot
chroot /sysroot
passwd
touch /.autorelabel
exit
reboot
```

5）命令行执行效果如图 1-43 所示。（注意，输入"passwd"后，输入密码和确认密码是不显示的。）

图 1-43　重置 Linux 系统的 root 管理员密码

6）操作完毕，系统重启，山现如图 1 44 所示的界面，单击"未列出"按钮，然后输入用户名"root"和新设置的密码就可以登录 Linux 系统了。

图1-44　选择用户登录 Linux 系统

特别提示：为了后面实验的正常进行，一般建议使用 root 管理员用户登录 Linux 系统。

1.6　systemd 初始化进程

Linux 操作系统的开机过程是这样的，即从 BIOS 开始，进入 Boot Loader，加载系统内核，然后内核进行初始化，最后启动初始化进程。初始化进程作为 Linux 系统的第一个进程，它需要完成 Linux 系统中相关的初始化工作，为用户提供合适的工作环境。CentOS 7 系统已经替换掉熟悉的初始化进程服务 System V init，正式采用全新的 systemd 初始化进程服务。systemd 初始化进程服务采用了并发启动机制，开机速度得到了不小的提升。

CentOS 7 系统的 systemd 初始化进程服务已经没有了"运行级别"这个概念。Linux 系统在启动时要进行大量的初始化工作，如挂载文件系统和交换分区、启动各类进程服务等，这些都可以看成一个一个的单元（Unit），systemd 用目标（Target）代替了 System V init 中"运行级别"的概念，这两者的对应关系及作用如表 1-2 所示。

表 1-2　systemd 的目标与 System V init 的运行级别的对应关系及作用

System V init 的运行级别	systemd 的目标	作用
0	runlevel0.target, poweroff.target	关机
1	runlevel1.target, rescue.target	单用户模式
2	runlevel2.target, multi-user.target	等同于级别 3
3	runlevel3.target, multi-user.target	多用户的文本界面
4	runlevel4.target, multi-user.target	等同于级别 3
5	runlevel5.target, graphical.target	多用户的图形界面
6	runlevel6.target, reboot.target	重启
emergency	emergency.target	紧急 Shell

如果想要将系统默认的运行目标修改为"多用户，无图形"模式，可直接用 ln 命令把多用户模式目标文件连接到/etc/systemd/system/目录，命令如下。

[root@server1 ~]# ln -sf /lib/systemd/system/multi-user.target /etc/systemd/

在 CentOS 6 系统中使用 service、chkconfig 等命令来管理系统服务，而在 CentOS 7 系统中则使用 systemctl 命令来管理系统服务。表 1-3 和表 1-4 是 CentOS 6 系统中 System V init 命令与 CentOS 7 系统中 systemctl 命令的对比，后续章节中会经常用到它们。

表 1-3 systemctl 管理服务的启动、重启、停止、重载、查看状态等常用命令

System V init 命令（CentOS 6 系统）	systemctl 命令（CentOS 7 系统）	作用
service foo start	systemctl start foo.service	启动服务
service foo restart	systemctl restart foo.service	重启服务
service foo stop	systemctl stop foo.service	停止服务
service foo reload	systemctl reload foo.service	重新加载配置文件（不终止服务）
service foo status	systemctl status foo.service	查看服务状态

表 1-4 systemctl 设置服务开机启动、不启动、查看各级别下服务启动状态等常用命令

System V init 命令（CentOS 6 系统）	systemctl 命令（CentOS 7 系统）	作用
chkconfig foo on	systemctl enable foo.service	开机自动启动
chkconfig foo off	systemctl disable foo.service	开机不自动启动
chkconfig foo	systemctl is-enabled foo.service	查看特定服务是否为开机自动启动
chkconfig --list	systemctl list-unit-files --type=service	查看各个级别下服务的启动与禁用情况

1.7 启动 shell

操作系统的核心功能就是管理和控制计算机的硬件和软件资源，以尽量合理、有效的方法组织多个用户共享多种资源，而 shell 就是介于用户和操作系统核心程序（Kernel）之间的一个接口。在各种 Linux 发行套件中，目前虽然已经提供了丰富的图形化接口，但是 Shell 仍旧是一种非常方便、灵活的途径。

Linux 中的 shell 又被称为命令行，在这个命令行窗口中，用户输入指令，操作系统执行并将结果回显在屏幕上。

1．使用 Linux 系统的终端窗口

CentOS 7 操作系统默认采用的是图形界面的 GNOME 或者 KDE 操作方式，要想使用 shell，就必须像在 Windows 中那样打开一个命令行窗口。可以执行"应用程序"→"系统工具"→"终端"命令来打开终端窗口，如图 1-45 所示；或者直接右击桌面，选择"在终端中打开（Open Terminal）"命令。如果是英文系统，对应的操作是选择"Applications"→"System Tools"→"Terminal"命令。（由于英文系统中使用的单词都是比较常用的，在本书的后面不再单独说明。）

图 1-45　打开终端

执行以上命令后，会打开一个白底黑字的命令行窗口，在这里可以使用 CentOS 7 支持的所有命令行指令。

2. 使用 Shell 提示符

登录之后，普通用户的命令行提示符以"$"号结尾，超级用户的命令行提示符以"#"号结尾。

```
[yangyun@server1 ~]$                                  ;普通用户的命令行提示符以"$"号结尾
[yangyun@server1 ~]$ su   root                        ;切换到 root 账号
Password：
[root@server1~]#                                      ;命令行提示符变成以"#"号结尾
```

3. 退出系统

在终端中输入"shutdown -P now"，或者单击右上角的关机按钮 ⏻ ，选择"关机"选项，就可以退出系统。

4. 再次登录

为了后面的实训顺利进行，再次登录时选择 root 用户。在图 1-46 中单击"Not listed？"按钮，再输入 root 用户名及密码，以 root 身份登录系统。

图 1-46　选择用户登录

5. 制作系统快照

在此再次提醒，安装成功后，务必使用 VM 的快照功能进行备份，一旦需要可立即恢复到系统的初始状态。另外，在本书的学习过程中，对于重要的实训节点，也可以进行快照备份，以便恢复到适当断点。

1.8 使用 firewalld 服务

CentOS 7 系统中集成了多款防火墙管理工具，其中 firewalld（Linux 系统的动态防火墙管理器）服务是默认的防火墙配置管理工具，它拥有基于 CLI（Command Line Interface，命令行界面）和基于 GUI（Graphical User Interface，图形用户界面）两种管理方式。

相较于传统的防火墙管理配置工具，firewalld 支持动态更新技术并加入了区域（Zone）的概念。简单来说，区域就是 firewalld 预先准备了几套防火墙策略集合（策略模板），用户可以根据不同的生产场景选择合适的策略集合，从而实现防火墙策略之间的快速切换。例如，有一个笔记本计算机用户，每天都要在办公室、咖啡馆和家里使用这台笔记本计算机。按常理来讲，这三者的安全性按照由高到低的顺序来排列，应该是家、办公室、咖啡馆。当前，希望为这台笔记本计算机指定如下防火墙策略规则：在家中允许访问所有服务；在办公室内仅允许访问文件共享服务；在咖啡馆仅允许上网浏览。在以前，需要频繁地手动设置防火墙策略规则，而现在只需要预设好区域集合，然后轻点鼠标就可以自动切换了，极大地提升了防火墙策略的应用效率。firewalld 中常用的区域名称（默认为 public）以及相应的策略规则如表 1-5 所示。

表 1-5　firewalld 中常用的区域名称及策略规则

区域	默认策略规则
trusted	允许所有的数据包
home	拒绝流入的流量，除非与流出的流量相关；而如果流量与 ssh、mdns、ipp-client、amba-client、dhcpv6-client 服务相关，则允许流入
internal	等同于 home 区域
work	拒绝流入的流量，除非与流出的流量数相关；而如果流量与 ssh、ipp-client、dhcpv6-client 服务相关，则允许流入
public	拒绝流入的流量，除非与流出的流量相关；而如果流量与 ssh、dhcpv6-client 服务相关，则允许流入
external	拒绝流入的流量，除非与流出的流量相关；而如果流量与 ssh 服务相关，则允许流入
dmz	拒绝流入的流量，除非与流出的流量相关；而如果流量与 ssh 服务相关，则允许流入
block	拒绝流入的流量，除非与流出的流量相关
drop	拒绝流入的流量，除非与流出的流量相关

1. 使用终端管理工具

命令行终端是一种极富效率的工作方式，firewall-cmd 是 firewalld 防火墙配置管理工具的 CLI 版本。它的参数一般都是以"长格式"来提供的，但幸运的是，RHEL 7 系统支持部分命令的参数补齐。现在除了能用〈Tab〉键自动补齐命令或文件名等内容之外，还可以用〈Tab〉键来补齐表 1-6 中的长格式参数。

表 1-6　firewall-cmd 命令的长格式参数及作用

参数	作用
--get-default-zone	查询默认的区域
--set-default-zone=<区域名称>	设置默认的区域，使其永久生效
--get-zones	显示可用的区域
--get-services	显示预先定义的服务
--get-active-zones	显示当前正在使用的区域与网卡名称
--add-source=	将源自此 IP 或子网的流量导向指定的区域
--remove-source=	不再将源自此 IP 或子网的流量导向某个指定区域
--add-interface=<网卡名称>	将源自该网卡的所有流量都导向某个指定区域
--change-interface=<网卡名称>	将某个网卡与区域进行关联
--list-all	显示当前区域的网卡配置参数、资源、端口以及服务等信息
--list-all-zones	显示所有区域的网卡配置参数、资源、端口以及服务等信息
--add-service=<服务名>	设置默认区域允许该服务的流量
--add-port=<端口号/协议>	设置默认区域允许该端口的流量
--remove-service=<服务名>	设置默认区域不再允许该服务的流量
--remove-port=<端口号/协议>	设置默认区域不再允许该端口的流量
--reload	让"永久生效"的配置规则立即生效，并覆盖当前的配置规则
--panic-on	开启应急状况模式
--panic-off	关闭应急状况模式

与 Linux 系统中其他的防火墙策略配置工具一样，使用 firewalld 配置的防火墙策略默认为运行时（Runtime）模式，又称当前生效模式，而且随着系统的重启会失效。如果想让配置策略一直有效，就需要使用永久（Permanent）模式，方法就是在用 firewall-cmd 命令正常设置防火墙策略时添加--permanent 参数，这样配置的防火墙策略就可以永久生效了。但是，永久模式有一个"不近人情"的特点，就是使用它设置的策略只有在系统重启之后才能自动生效。如果想让配置的策略立即生效，需要手动执行 firewall-cmd --reload 命令。

2. 使用图形管理工具

firewall-config 是 firewalld 防火墙配置管理工具的 GUI 版本，几乎可以实现所有以命令行执行的操作。即使读者没有扎实的 Linux 命令基础，也完全可以通过它来妥善配置 CentOS 7 中的防火墙策略。

在终端中输入命令"firewall-config"，或者依次选择"应用程序"（Applications）→"杂项"（Sundry）→"防火墙"（Firewall）命令，打开如图 1-47 所示的界面。其具体功能介绍如下。

① 选择"运行时"（Runtime）模式或"永久"（Permanent）模式的配置。
② 可选的策略集合区域列表。
③ 常用的系统服务列表。
④ 当前正在使用的区域。
⑤ 管理当前被选中区域中的服务。

图 1-47　firewall-config 的界面

⑥ 管理当前被选中区域中的端口。

⑦ 添加所有主机和网络均可访问的协议。

⑧ 添加额外的源端口或范围，它们对于所有可以连接至这台主机的所有主机或网络都是可以访问的。

⑨ 开启或关闭 SNAT（Source Network Address Translation，源地址转换）技术。

⑩ 设置端口转发策略。

⑪ 控制请求 ICMP（Internet Control Message Protocol，互联网控制报文协议）服务的流量。

⑫ 被选中区域的服务。若勾选了相应服务前面的复选框，则表示允许与之相关的流量。

⑬ firewall-config 工具的运行状态。

需要特别注意的是，在使用 firewall-config 工具配置完防火墙策略之后，无须进行二次确认，因为只要有修改内容，它就自动进行保存。下面进入动手实践环节。

1）先将当前区域中请求 http 服务的流量设置为允许，但仅限当前生效。一共分 4 个步骤，具体配置如图 1-48 所示（图中①～④代表操作顺序）。

2）尝试添加一条防火墙策略规则，使其能够访问 8088～8089 端口（TCP）的流量，并将其设置为永久生效，以达到系统重启后防火墙策略依然生效的目的。

3）首先按图 1-49 所示步骤进行配置，准备添加端口。

图 1-48　允许请求 http 服务的流量

图 1-49　添加端口——防火墙配置

4）单击"添加"按钮后出现如图 1-50 所示的界面，在其中输入允许访问的端口范围。

5）配置完毕，单击"确定"按钮后，还需要选择"选项"（Options）→"重载防火墙"（Reload Firewalld）命令，让配置的防火墙策略立即生效，如图 1-51 所示。这与在命令行中执行 --reload 命令的效果一样。

图 1-50　添加允许访问的端口范围

图 1-51 让配置的防火墙策略规则立即生效

1.9 让虚拟机连接互联网

让虚拟机连接互联网的前提是宿主机能够连到互联网上。除此之外，还要根据宿主机的上网模式来确定虚拟机的联网方式。虚拟机连到互联网主要有两种方式，下面分别介绍。

1. 宿主机通过 DHCP 服务器自动分配 IP 地址上网

如果宿主机通过 DHCP 服务器自动分配 IP 地址上网，则将虚拟机网络连接方式改为桥接模式，并设置使用 DHCP 自动获取 IP 地址即可。具体步骤如下。

1）打开 VMware Workstation 界面，依次选择"虚拟机"→"设置"命令，如图 1-52 所示。

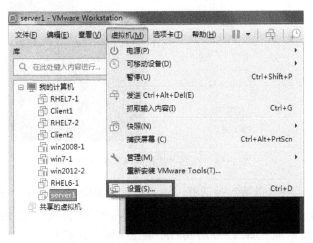

图 1-52 选择虚拟机的"设置"命令

2）选择"网络适配器"，选择"桥接模式：直接连接物理网络"单选按钮，如图 1-53 所示。

图 1-53　选择桥接模式

3）依次选择"编辑"→"虚拟网络编辑器"命令，如图 1-54 所示。

图 1-54　选择"虚拟网络编辑器"命令

4）弹出"虚拟网络编辑器"对话框，将虚拟网络编辑器的 DHCP 服务全部关闭，以免影响虚拟机中的 IP 地址设置。选择"桥接模式（将虚拟机直接连接到外部网络）"单选按钮，取消选中"使用本地 DHCP 服务将 IP 地址分配给虚拟机"复选框，单击"确定"按钮，如图 1-55 所示。

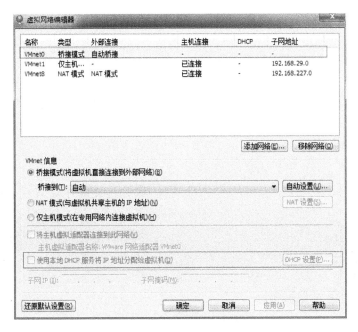

图 1-55 "虚拟网络编辑器"对话框

5）进入 CentOS 7 系统桌面，依次选择"应用程序"→"系统工具"→"设置"命令，如图 1-56 所示。

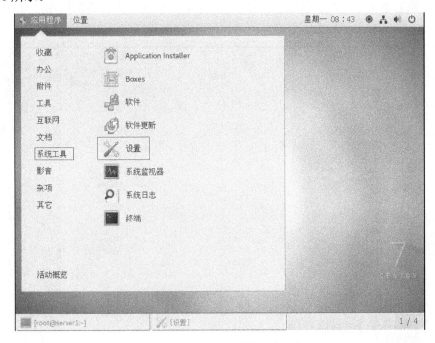

图 1-56 选择 CentOS 7 系统的"设置"命令

6）在打开的"设置"窗口中选择"网络"选项，设置有线连接为打开状态，单击右侧的齿轮图标，如图 1-57 所示，进入 IP 地址设置界面。

图 1-57　打开有线连接

7）选择"IPv4"选项卡，选择"自动（DHCP）"单选按钮，打开 DNS 和路由的自动获取功能，然后单击"应用"按钮，如图 1-58 所示。至此，完成虚拟机连接互联网的全部设置。

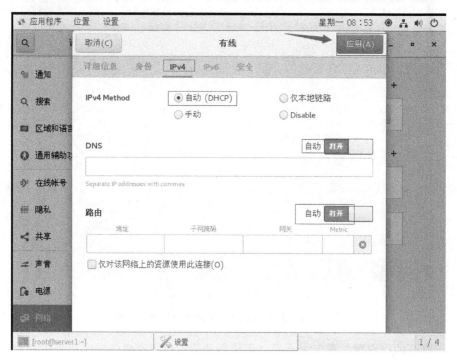

图 1-58　设置使用 DHCP 自动获取 IP 地址

2. 宿主机通过固定 IP 地址上网

如果宿主机通过 DHCP 服务器用固定 IP 地址上网，则要将虚拟机的网络连接方式改为"NAT 模式"，并设置虚拟机中的 Linux 系统使用 DHCP 自动获取 IP 地址即可。具体步骤在此不再赘述。

1.10 项目实训：Linux 系统安装与基本配置

1. 项目背景

某计算机已经安装了 Windows 7/8 操作系统，该计算机的磁盘分区情况如图 1-59 所示。要求增加安装 RHEL 7/CentOS 7 系统，并保证原来的 Windows 7/8 仍可使用。

2. 项目要求

要求增加安装 RHEL 7/CentOS 7，并保证原来的 Windows 7/8 仍可使用，从图 1-59 可知，此硬盘有 300GB，分为 C、D、E 三个分区。对于此类硬盘比较简便的操作方法是将 E 盘上的数据转移到 C 盘或 D 盘，利用 E 盘的硬盘空间来安装 Linux。

1-2　安装与基本配置 Linux 操作系统

对于要安装的 Linux 操作系统，需要进行磁盘分区规划。分区规划如图 1-60 所示。

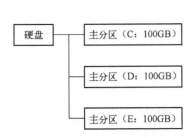

图 1-59　计算机硬盘分区

图 1-60　Linux 硬盘分区规划

E 盘大小为 100GB，分区规划如下。
- /boot 分区大小为 600MB。
- swap 分区大小为 4GB。
- /分区大小为 10GB。
- /usr 分区大小为 8GB。
- /home 分区大小为 8GB。
- /var 分区大小为 8GB。
- /tmp 分区大小为 6GB。
- 预留约 55GB 不进行分区。

3. 深度思考

在观看视频时思考下面几个问题。

1）如何进行双启动安装？

2）分区规划为什么要慎之又慎？

3）安装系统前，对 E 盘是如何处理的？

4）第一个系统的虚拟内存至少要设置为多大？为什么？

4. 做一做

根据项目要求及视频内容，将项目完整地做一遍。

1.11 练习题

一、填空题

1. GNU 的含义是_____。

2. Linux 一般有 3 个主要部分，分别为_____、_____、_____。

3. 目前被称为纯种的 UNIX 指的就是_____以及_____这两套操作系统。

4. Linux 是基于_____的软件模式进行发布的，它是 GNU 计划制定的通用公共许可证，英文是_____。

5. 史托曼成立了自由软件基金会，它的英文是_____。

6. POSIX 是_____的缩写，重点在规范核心与应用程序之间的接口，这是由美国电气与电子工程师学会（IEEE）所发布的一项标准。

7. 当前 Linux 常见的应用可分为_____与_____两个方面。

8. Linux 的版本分为_____和_____两种。

9. 安装 Linux 最少需要两个分区，分别是_____和_____。

10. Linux 默认的系统管理员账号是_____。

二、选择题

1. Linux 最早是由计算机爱好者（　　）开发的。

    A. Richard Petersen   B. Linus Torvalds

    C. Rob Pick   D. Linux Sarwar

2. 下列选项中（　　）是自由软件。

    A. Windows XP   B. UNIX

    C. Linux   D. Windows 2008

3. 下列选项中（　　）不是 Linux 的特点。

    A. 多任务   B. 单用户   C. 设备独立性   D. 开放性

4. Linux 的内核版本 2.3.20 是（　　）的版本。

    A. 不稳定   B. 稳定的   C. 第三次修订   D. 第二次修订

5. Linux 安装过程中的硬盘分区工具是（　　）。

    A. PQmagic   B. FDISK   C. FIPS   D. Disk Druid

6. Linux 的根分区系统类型可以设置成（　　）。

    A. FAT16   B. FAT32   C. ext4   D. NTFS

三、简答题

1. 简述 Linux 的体系结构。

2. 使用虚拟机安装 Linux 系统中，在选择虚拟机的安装来源时，为什么要先选择"稍后安装操作系统"，而不是选择"安装程序系统映像文件（ISO）"？

3．简述 RPM 与 Yum 软件仓库的作用。

4．安装 Red Hat Linux 系统的基本磁盘分区有哪些？

5．Red Hat Linux 系统支持的文件类型有哪些？

6．若丢失 root 管理员密码，应如何解决？

7．CentOS 7 系统采用了 systemd 作为初始化进程，那么如何查看某个服务的运行状态？

1.12　实践题

使用虚拟机和安装光盘安装和配置 CentOS 7，试着在安装过程中对 IPV4 进行配置。

第2章　管理用户和组群

背景

由于 Linux 是多用户、多任务的网络操作系统，而作为网络管理员，掌握用户和组群的创建与管理至关重要。本章将主要介绍利用命令行和图形工具对用户和组群进行创建与管理。

职业能力目标和要求

● 了解用户和组群。

● 熟练掌握 Linux 下用户的创建与维护管理。

● 熟练掌握 Linux 下组群的创建与维护管理。

● 熟悉用户账户管理器的使用方法。

2.1 文件目录类命令

2.1.1 目录操作类命令

1. 使用 mkdir 命令

mkdir 命令用于创建一个目录。该命令的格式如下。

2-1　熟练使用 Linux 基本命令

> mkdir　[参数]　目录名

上述目录名可以为相对路径，也可以为绝对路径。

mkdir 命令的常用参数如下。

-p：在创建目录时，如果父目录不存在，则同时创建该目录及该目录的父目录。

例如：

```
[root@server1 ~]#mkdir dir1          #在当前目录下创建 dir1 子目录
[root@server1 ~]#mkdir -p dir2/subdir2   #在当前目录的 dir2 目录中创建 subdir2 子目录，如果 dir2
                                     #目录不存在，则同时创建 dir2 父目录和 subdir2 子目录。
```

2. 使用 rmdir 命令

rmdir 命令用于删除空目录。该命令的格式如下。

> rmdir　[参数]　目录名

上述目录名可以为相对路径，也可以为绝对路径。但所删除的目录必须为空目录。

rmdir 命令的常用参数如下。

-p：在删除目录时，一起删除父目录，但父目录中必须没有其他目录及文件。

例如：

```
[root@server1 ~]#rmdir dir1          #在当前目录下删除 dir1 空子目录
[root@server1 ~]#rmdir -p dir2/subdir2  #删除当前目录中的 dir2/subdir2 子目录，删除 subdir2 目录
                                     #时，如果 dir2 目录中无其他目录，则一起删除
```

2.1.2　浏览目录类命令

1. 使用 pwd 命令

pwd 命令用于显示用户当前所处的目录。如果用户不知道自己当前所处的目录，就必须使用它。例如：

```
[root@server1 ~]# pwd
/root
```

2. 使用 cd 命令

cd 命令用来在不同的目录之间进行切换。用户在登录系统后，会处于用户的家目录（$HOME）中。该目录一般以/home 开始，后跟用户名，这个目录就是用户的初始登录目录（root 用户的家目录为/root）。如果用户想切换到其他的目录，就可以使用 cd 命令，后跟想要切换到的目录名。例如：

```
[root@server1 ~]# cd /etc           #改变目录位置至/etc
[root@server1 etc]# cd              #改变目录位置至用户登录时的工作目录
[root@server1 ~]# mkdir dir1         #在当前目录下新建 dir1 子目录
[root@server1 ~]# mkdir dir1/subdir1  #在 dir1 子目录下新建子目录 subdir1
[root@server1 ~]# cd dir1            #改变目录位置至当前目录下的 dir1 子目录下
[root@server1 dir1]# cd ~            #改变目录位置至用户登录时的工作目录（用户的家目录）
[root@server1 ~]# cd ..             #改变目录位置至当前目录的父目录
[root@server1 /]# cd               #改变目录位置至用户登录时的工作目录
[root@server1 ~]# cd ../etc          #改变目录位置至当前目录的父目录下的 etc 子目录下
[root@server1 etc]# cd /dir1/subdir1  #利用绝对路径表示改变目录到 /dir1/ subdir1 目录下
```

说明

在 Linux 系统中，用"."代表当前目录；用".."代表当前目录的父目录；用"~"代表用户的家目录（主目录）。例如，root 用户的家目录是/root，则不带任何参数的"cd"命令相当于"cd~"，即将目录切换到用户的家目录。

3. 使用 ls 命令

ls 命令用来列出文件或目录信息。该命令的格式如下。

```
ls  [参数]  [目录或文件名]
```

ls 命令的常用参数如下。
- -a：显示所有文件，包括以"."开头的隐藏文件。
- -A：显示指定目录下所有的子目录及文件，包括隐藏文件。但不显示"."和".."。
- -c：按文件的修改时间排序。

- -C：分成多列显示各行。
- -d：如果参数是目录，则只显示其名称而不显示其下的各个文件。往往与"l"参数一起使用，以得到目录的详细信息。
- -l：以长格形式显示文件的详细信息。
- -i：在输出的第一列显示文件的 i 节点号。

例如：

[root@server1 ~]#ls	#列出当前目录下的文件及目录
[root@server1 ~]#ls -a	#列出包括以"."开始的隐藏文件在内的所有文件
[root@server1 ~]#ls -t	#依照文件最后修改时间的顺序列出文件
[root@server1 ~]#ls -F	#列出当前目录下文件的名称及类型。以"/"结尾表示为目录名，以
	#"*"结尾表示为可执行文件，以"@"结尾表示为符号连接
[root@server1 ~]#ls -l	#列出当前目录下所有文件的权限、所有者、文件大小、修改时间及
	#名称
[root@server1 ~]#ls -lg	#同上，并显示出文件的所有者工作组名
[root@server1 ~]#ls -R	#显示出目录及其所有子目录下的文件名

2.2 用户和组群概述

　　Linux 操作系统是多用户、多任务的操作系统，它允许多个用户同时登录到系统并使用系统资源。用户账户是用户的身份标识，用户通过用户账户可以登录到系统，并且访问已经被授权的资源。系统依据账户来区分属于每个用户的文件、进程、任务，并给每个用户提供特定的工作环境（例如用户的工作目录、Shell 版本，以及图形化的环境配置等），使每个用户都能各自独立而不受干扰地工作。

2-2 Linux 用户和软件包管理

2.2.1 用户和组群的基本概念

　　Linux 系统下的用户账户分为两种：普通用户账户和超级用户账户（root）。普通用户账户在系统中只能进行普通工作，只能访问其拥有的或有权限执行的文件。超级用户账户也叫管理员账户，它的任务是对普通用户和整个系统进行管理。超级用户账户对系统具有绝对的控制权，能够对系统进行一切操作，如操作不当很容易对系统造成损坏。

　　因此即使系统只有一个用户使用，也应该在超级用户账户之外再建立一个普通用户账户，在用户进行普通工作时以普通用户账户登录系统。

　　在 Linux 系统中为了方便管理员的管理和用户工作的方便，产生了组群的概念。组群是具有相同特性的用户的逻辑集合，使用组群有利于系统管理员按照用户的特性组织和管理用户，提高工作效率。有了组群，在做资源授权时可以把权限赋予某个组群，组群中的成员即可自动获得这种权限。一个用户账户可以同时是多个组群的成员，其中某个组群是该用户的主组群（私有组群），其他组群为该用户的附属组群（标准组群）。表 2-1 列出了与用户和组群相关的一些基本概念。

表 2-1 用户和组群的基本概念

概　念	描　述
用户名	用于标识用户的名称，可以是字母、数字组成的字符串，区分大小写
密码	用于验证用户身份的特殊验证码
用户标识	用于表示用户的数字标识符
用户主目录	用户的私人目录，也是用户登录系统后默认所在的目录
登录 Shell	用户登录后默认使用的 Shell 程序，默认为/bin/bash
组群	具有相同属性的用户属于同一个组群
组群标识	用于表示组群的数字标识符

2.2.2　用户标识和组群标识

在 Linux 系统中，用户标识（User IDentification，UID）就相当于我们的身份证号码一样具有唯一性，因此可通过用户的用户标识来判断用户身份。

用户账户信息和组群信息分别存储在用户账户文件和组群文件中。

1. 用户标识

Linux 系统的管理员之所以是 root，并不是因为它的名字叫 root，而是因为该用户的身份号码，即 UID 的数值为 0。在 CentOS 7 系统中，用户身份如下所示。

● 管理员的 UID 为 0：系统的管理员用户。

● 系统用户的 UID 为 1~999：Linux 系统为了避免因某个服务程序出现漏洞而被黑客授权至整台服务器，默认服务程序会由独立的系统用户负责运行，进而有效控制被破坏范围。

● 普通用户的 UID 从 1000 开始：这是由管理员创建的用于日常工作的用户。

需要注意的是，UID 是不能冲突的，而且管理员创建的普通用户的 UID 默认是从 1000开始的（即使前面有闲置的号码）。

2. 组群标识

为了方便管理属于同一组群的用户，Linux 系统中还引入了用户组群的概念。通过使用用户组群标识（Group IDentification，GID），可以把多个用户加入到同一个组群中，从而方便为组群中的用户统一规划权限或指定任务。假设有一个公司中有多个部门，每个部门中又有很多员工。如果想让员工只访问本部门内的资源，则可以针对部门而非具体的员工来设置权限。例如，可以通过对技术部门设置权限，使得只有技术部门的员工可以访问公司的数据库信息等。

另外，在 Linux 系统中创建每个用户时，将自动创建一个与其同名的基本用户组群，而且这个基本用户组群只有该用户一个人。如果该用户以后被归纳入其他用户组群，则这个用户组群称之为扩展用户组群。一个用户只有一个基本用户组群，但是可以有多个扩展用户组群，从而满足日常的工作需要。

2.3　用户账户和组群文件

用户账户信息和组群信息分别存储在用户账户文件和组群文件中。

2.3.1 用户账户文件

1. /etc/passwd 文件

新建用户 bobby、user1、user2，将 user1 和 user2 加入到 bobby 组群。（后面有详解）

```
[root@server1 ~]# useradd bobby
[root@server1 ~]# useradd user1
[root@server1 ~]# useradd user2
[root@server1 ~]# usermod -G bobby user1
[root@server1 ~]# passwd user1                        #设置 user1 的密码为 12345678
[root@server1 ~]# usermod -G bobby user2
```

在 Linux 系统中，所创建的用户账户及其相关信息（密码除外）均放在/etc/passwd 配置文件中。用 vim 编辑器（或者使用 cat /etc/passwd 命令）打开 passwd 文件（其他文件的打开方式与此类似），其内容形式如下。

```
root:x:0:0:root:/root:/bin/bash
bin:x:1:1:bin:/bin:/sbin/nologin
daemon:x:2:2:daemon:/sbin:/sbin/nologin
<省略部分内容>
bobby:x:1001:1001::/home/bobby:/bin/bash
user1:x:1002:1002::/home/user1:/bin/bash
user2:x:1003:1003::/home/user2:/bin/bash
```

文件中的每一行代表一个用户账户的资料，可以看到第一个用户是 root；然后是一些标准账户，此类账户的 Shell 为/sbin/nologin，代表无本地登录权限；最后一行是由系统管理员创建的普通账户 user2。

passwd 文件的每一行被 ":" 分隔为 7 个域，每一行中各个域的内容如下。

用户名:加密口令:UID:GID:用户的描述信息:主目录:命令解释器（登录 Shell）

passwd 文件中各字段的含义如表 2-2 所示。其中少数字段的内容是可以为空的，但仍需使用 ":" 进行占位来表示该字段。

表 2-2   passwd 文件字段说明

字　　段	说　　明
用户名	用户账号名称，用户登录时所使用的用户名
加密口令	用户口令，出于安全性考虑，现在已经不使用该字段保存口令，而用字母 "x" 来填充该字段，真正的密码保存在 shadow 文件中
UID	用户标识，表示某用户的唯一数字标识
GID	用户所属的私有组群标识，该数字对应 group 文件中的 GID
用户描述信息	可选的关于用户全名、用户电话等描述性信息
主目录	用户的宿主目录，用户成功登录后的默认目录
命令解释器	用户所使用的 Shell，默认为 "/bin/bash"

2. /etc/shadow 文件

由于所有用户对/etc/passwd 文件均有读取权限，为了增强系统的安全性，用户经过加密之后的口令都存放在/etc/shadow 文件中。/etc/shadow 文件只对 root 用户可读，因而大大提高了系统的安全性。shadow 文件的内容形式如下。

    root:6H2b6tU3lh8nDK6Tb$AXYSz8DlU.o97DYxn0qN3mZbZO0LNCHH9Ua2tcZzWZ02poXRN/8ZNPALD69BQN1dZUFCA4agsiquTnhqnKqei1::0:99999:7:::

    bin:*:17632:0:99999:7:::

    <省略部分内容>

    bobby:**!!**:18122:0:99999:7:::

    user1:**6EQrT.dRD$2qGgDx.VT6fdSAZ6iQ.vHz60LtTD0MaTswcmx4ZStqpvjljlajBe/4Zxqy5plGn.zZzHHW9QOt0P/BRNsGG8M.**:18124:0:99999:7:::

    user2:**!!**:18124:0:99999:7:::

说明：bobby 和 user2 的密码域是空，即没有设置密码，以 "!!" 显示。user1 用户设置了密码，其密码域以加密形式显示，即 user1 后面的黑体部分。

shadow 文件保存加密之后的口令以及与口令相关的一系列信息。每个用户的信息在 shadow 文件中占用一行，并且用 ":" 分隔为 9 个域，各个域的含义如表 2-3 所示。

表 2-3   shadow 文件字段说明

字　段	说　　明
1	用户登录名
2	加密后的用户口令，"*" 表示非登录用户，"!!" 表示没设置密码
3	从 1970 年 1 月 1 日起，到用户最近一次口令被修改的天数
4	从 1970 年 1 月 1 日起，到用户可以更改密码的天数，即最短口令存活期
5	从 1970 年 1 月 1 日起，到用户必须更改密码的天数，即最长口令存活期
6	口令过期前几天提醒用户更改口令
7	口令过期后几天账户被禁用
8	口令被禁用的具体日期（相对日期，从 1970 年 1 月 1 日至禁用时的天数）
9	保留域，用于功能扩展

3. /etc/login.defs 文件

建立用户账户时会根据/etc/login.defs 文件的配置设置用户账户的某些选项。该配置文件的有效设置内容及中文注释如下。

```
MAIL_DIR        /var/spool/mail        #用户邮箱目录

MAIL_FILE       .mail
PASS_MAX_DAYS   99999                  #账户密码最长有效天数
PASS_MIN_DAYS   0                      #账户密码最短有效天数
PASS_MIN_LEN    5                      #账户密码的最小长度
PASS_WARN_AGE   7                      #账户密码过期前提前警告的天数
UID_MIN                  1000          #用 useradd 命令创建账户时自动产生的最小 UID 值
UID_MAX                  60000         #用 useradd 命令创建账户时自动产生的最大 UID 值
GID_MIN                  1000          #用 groupadd 命令创建组群时自动产生的最小 GID 值
GID_MAX                  60000         #用 groupadd 命令创建组群时自动产生的最大 GID 值
USERDEL_CMD     /usr/sbin/userdel_local #如果定义的话，将在删除用户时执行，以删除相应
                                          用户的计划作业和打印作业等
CREATE_HOME     yes                    #创建用户账户时是否为用户创建主目录
```

2.3.2　组群文件

组群账户的信息存放在/etc/group 文件中，而关于组群管理的信息（组群口令、组群管理员等）则存放在/etc/gshadow 文件中。

1. /etc/group 文件

group 文件位于/etc 目录下，用于存放用户的组群账户信息，对于该文件的内容任何用户都可以读取。每个组群账户在 group 文件中占用一行，并且用“:”分隔为 4 个域。每一行中各个域的内容如下。

组群名称:组群口令（一般为空，用 x 占位）:GID:组群成员列表

group 文件的内容形式如下。

```
root:x:0:
bin:x:1:
daemon:x:2:
<省略部分内容>
bobby:x:1001:user1,user2
user1:x:1002:
user2:x:1003:
```

可以看出，root 的 GID 为 0，没有其他组群成员。group 文件的组群成员列表中如果有多个用户账户属于同一个组群，则各成员之间以“,”分隔。在/etc/group 文件中，用户的主组群并不把该用户作为成员列出，只有用户的附属组群才会把该用户作为成员列出。例如，用户 bobby 的主组群是 bobby，但/etc/group 文件中组群 bobby 的成员列表中并没有用户 bobby，只有用户 user1 和 user2。

2. /etc/gshadow 文件

/etc/gshadow 文件用于存放组群的加密口令、组管理员等信息，该文件只有 root 用户可以读取。每个组群账户在 gshadow 文件中占用一行，并且用“:”分隔为 4 个域。每一行中各个域的内容如下。

组群名称:加密后的组群口令（没有就用“!”表示）:组群的管理员:组群成员列表

gshadow 文件的内容形式如下。

```
root:::
bin:::
daemon:::
<省略部分内容>
bobby:!::user1,user2
user1:!::
```

2.4　管理用户账户

用户账户管理包括新建用户账户、设置用户账户口令和维护用户账户等内容。

2.4.1　新建用户账户

在系统中新建用户账户可以使用 useradd 或 adduser 命令。useradd 命令的格式如下。

　　　　useradd　[参数]　<username>

useradd 命令有很多参数，如表 2-4 所示。

表 2-4　useradd 命令参数

参　　数	说　　明
-c comment	用户的注释性信息
-d home_dir	指定用户的主目录
-e expire_date	禁用账号的日期，格式为 YYYY-MM-DD
-f inactive_days	设置账户过期多少天后用户账户被禁用。如果为 0，账户过期后将立即被禁用；如果为-1，账户过期后，将不被禁用
-g initial_group	用户所属主组群的组群名称或 GID
-G group-list	用户所属的附属组群列表，多个组群之间用逗号分隔
-m	若用户主目录不存在，则创建它
-M	不要创建用户主目录
-n	不要为用户创建用户私人组群
-p passwd	加密的口令
-r	创建 UID 小于 500 的不带主目录的系统账号
-s shell	指定用户的登录 Shell，默认为/bin/bash
-u UID	指定用户的 UID，它必须是唯一的，且大于 499

【例 2-1】　新建用户 user3，UID 为 1010，指定其所属的私有组群为 group1，GID 为 1010，用户的主目录为/home/user3，用户的 Shell 为/bin/bash，用户的密码为 12345678，账户永不过期。

```
[root@server1 ~]# groupadd -g 1010    group1
[root@server1 ~]# useradd -u 1010 -g 1010    -d /home/user3 -s /bin/bash -p 12345678 -f -1 user3
[root@server1 ~]# tail -1 /etc/passwd
user3:x:1010:1010::/home/user3:/bin/bash
[root@server1 ~]# id    user3
uid=1010(user3) gid=1010(group1) 组=1010(group1)
```

如果新建用户已经存在，那么在执行 useradd 命令时，系统会提示该用户已经存在。

```
[root@server1 ~]# useradd user3
useradd: user user3 exists
```

2.4.2　设置用户账户密码

1. passwd 命令

指定和修改用户账户密码的命令是 passwd。超级用户可以为自己和其他用户设置密码，而普通用户只能为自己设置密码。passwd 命令的格式如下。

　　　　passwd　[参数]　[用户名]

passwd 命令的常用参数如表 2-5 所示。

表 2-5 passwd 命令参数

参　　数	说　　明
-l	锁定（停用）用户账户
-u	密码解锁
-d	将用户密码设置为空，这与未设置密码的账户不同。未设置密码的账户无法登录系统，而密码为空的账户可以
-f	强制用户下次登录时修改密码
-n	指定密码的最短存活期
-x	指定密码的最长存活期
-w	密码到期前多少天发出警告
-i	密码过期后多少天停用账户
-S	显示账户密码的简短状态信息

【例 2-2】 假设当前用户为 root，则下面的两个命令分别为 root 用户修改自己的密码和 root 用户修改 user1 用户的密码。

#root 用户修改自己的密码，直接用 passwd 命令即可
[root@server1 ~]# passwd

#root 用户修改 user1 用户的密码
[root@server1 ~]# passwd user1

需要注意的是，普通用户修改密码时，passwd 命令会首先询问原来的密码，只有验证通过才可以修改。而 root 用户为用户指定密码时，不需要知道原来的密码。为了系统安全，用户应选择包含字母、数字和特殊符号组合的复杂密码，且密码长度应至少为 8 个字符。

如果密码复杂度不够，系统会提示"无效的密码：密码未通过字典检查 - 它基于字典单词"。这时有两种处理方法，一种方法是再次输入刚才输入的简单密码，系统也会接受；另一种方法是更改为符合要求的密码，如将密码改为 P@ssw02d，包含大小写字母、数字、特殊符号等的 8 位或 8 位以上的字符组合。

2. chage 命令

要修改用户账户密码，也可以用 chage 命令实现。chage 命令的常用参数如表 2-6 所示。

表 2-6 chage 命令参数

参　　数	说　　明
-l	列出账户密码属性的各个数值
-m	指定密码最短存活期
-M	指定密码最长存活期
-W	密码到期前多少天发出警告
-I	密码过期后多少天停用账户
-E	用户账户到期作废的日期
-d	设置密码上一次修改的日期

【例 2-3】 设置 user1 用户的最短密码存活期为 6 天，最长密码存活期为 60 天，密码到期前 5 天提醒用户修改密码。设置完成后查看各属性值。

```
[root@server1 ~]# chage -m 6 -M 60 -W 5 user1
[root@server1 ~]# chage -l user1
最近一次密码修改时间                    : 5 月 04, 2019
密码过期时间                          : 7 月 03, 2019
密码失效时间                          : 从不
账户过期时间                          : 从不
两次改变密码之间相距的最小天数          : 6
两次改变密码之间相距的最大天数          : 60
在密码过期之前警告的天数                : 5
```

2.4.3 维护用户账户

1. 修改用户账户

usermod 命令用于修改用户的属性，格式为 "usermod [选项] 用户名"。

前文曾反复强调，Linux 系统中的一切都是文件，因此在系统中创建用户的过程也就是修改配置文件的过程。用户的信息保存在/etc/passwd 文件中，可以直接用文本编辑器来修改其中的用户参数项目，也可以用 usermod 命令修改已经创建的用户信息，如用户的 UID、基本/扩展用户组群、默认终端等。usermod 命令的参数如表 2-7 所示。

表 2-7　usermod 命令参数

参　数	说　明
-c	填写用户账户的备注信息
-d -m	参数-m 与参数-d 连用，可重新指定用户的家目录并自动把旧的数据转移过去
-e	账户的到期时间，格式为 YYYY-MM-DD
-g	变更所属用户组群 UID
-G	变更扩展用户组群 UID
-L	锁定用户，禁止其登录系统
-U	解锁用户，允许其登录系统
-s	变更默认终端
-u	修改用户的 UID

1）查看用户 user1 的默认信息。

```
[root@server1 ~]# id user1
uid=1002(user1) gid=1002(user1) 组=1002(user1),1001(bobby)
```

2）将用户 user1 加入到 root 用户组群中，这样扩展组群列表中会出现 root 用户组群的字样，而基本组群不会受到影响。

```
[root@server1 ~]# usermod -G root user1
[root@server1 ~]# id user1
uid=1002(user1) gid=1002(user1) 组=1002(user1),0(root)
```

3）再来试试用-u 参数修改 user1 用户的 UID。除此之外，还可以用-g 参数修改用户的基本组群 UID，用 G 参数修改用户扩展组群 UID。

```
[root@server1 ~]# usermod -u 8888 user1
[root@server1 ~]# id user1
uid=8888(user1) gid=1002(user1) 组=1002(user1),1001(bobby)
[root@server1 ~]# usermod -g 1010 user1
[root@server1 ~]# id user1
uid=8888(user1) gid=1010(group1) 组=1010(group1),1001(bobby)
```

4）修改用户 user1 的主目录为/var/user1，把启动 Shell 修改为/bin/tcsh，完成后恢复到初始状态。

```
[root@server1 ~]# usermod -d /var/user1 -s /bin/tcsh user1
[root@server1 ~]# tail -3 /etc/passwd
user1:x:8888:1010::/var/user1:/bin/tcsh
user2:x:1003:1003::/home/user2:/bin/bash
user3:x:1010:1010::/home/user3:/bin/bash
[root@server1 ~]# usermod -d /var/user1 -s /bin/bash user1
```

2．禁用和恢复用户账户

有时需要临时禁用一个账户而不删除它。禁用用户账户可以用 passwd 或 usermod 命令实现，也可以通过直接修改/etc/passwd 或/etc/shadow 文件实现。

例如，暂时禁用和恢复账户，可以使用以下三种方法实现。

1）使用 passwd 命令锁定账户密码，使密码失效。

```
#使用 passwd 命令锁定 user1 账户的密码，利用 tail 命令可以看到被锁定账户的密码栏前面加上
了 "!!"
[root@server1 ~]# passwd -l user1
锁定用户 user1 的密码。
passwd: 操作成功
[root@server1 ~]# passwd -S user1          #查看账户锁定状态
user1 LK 2019-08-16 0 99999 7 -1 (密码已被锁定。)

[root@server1 ~]# tail -3 /etc/shadow
user1:!!$6$EQrT.dRD$2qGgDx.VT6fdSAZ6iQ.vHz60LtTD0MaTswcmx4ZStqpvjljlajBe/4Zxqy5plGn.z
ZzHHW9QOt0P/BRNsGG8M.:18124:0:99999:7:::
user2:!!:18124:0:99999:7:::
user3:12345678:18124:0:99999:7:::

#利用 passwd 命令的-u 参数解除账户密码锁定。注意，使用这个命令的首要前提是用户使用
passwd 命令设置了密码，不能是空密码
[root@server1 ~]# passwd -u user1
解锁用户 user1 的密码。
passwd: 操作成功
```

特别注意，如果用户设置了空密码，使用-u 参数解锁密码锁定时，必须使用-f 参数强制

解锁。操作过程如下。

```
[root@server1 ~]# passwd -l user2
锁定用户 user2 的密码。
passwd: 操作成功
[root@server1 ~]# passwd -S user2
user2 LK 2019-08-16 0 99999 7 -1 (密码已被锁定。)
[root@server1 ~]# passwd -u user2
解锁用户 user2 的密码。
passwd: 警告：未锁定的密码将是空的。
passwd: 不安全的操作(使用 -f 参数强制进行该操作)
[root@server1 ~]# passwd -u user2 -f
解锁用户 user2 的密码。
passwd: 操作成功
[root@server1 ~]# passwd -S user2
user2 NP 2019-08-16 0 99999 7 -1 (密码为空。)
```

如果不是使用 passwd 命令设置的密码（如 user3 用户），是否可以正常锁定密码呢？操作过程如下。

```
[root@server1 ~]# passwd -l user3                    #显示锁定密码成功
锁定用户 user3 的密码。
passwd: 操作成功
[root@server1 ~]# passwd -S user3                    #查看账户锁定状态，显示未成功锁定密码
user3 PS 2019-08-16 0 99999 7 -1 (更改当前使用的认证方案。)
[root@server1 ~]# tail -3 /etc/shadow               #user3 的密码前没有"!!"
user1:$6$EQrT.dRD$2qGgDx.VT6fdSAZ6iQ.vHz60LtTD0MaTswcmx4ZStqpvjljlajBe/4Zxqy5plGn.zZ
zHHW9QOt0P/BRNsGG8M.:18124:0:99999:7:::
user2::18124:0:99999:7:::
user3:12345678:18124:0:99999:7:::
[root@server1 ~]# passwd -u user3                    #仍然显示解锁成功
解锁用户 user3 的密码。
passwd: 操作成功
```

2）使用 usermod 命令，分以下两种情况进行操作。

① 密码非空的账户，以 user1 为例。

```
[root@server1 ~]# usermod -L user1                   #禁用 user1 账户
[root@server1 ~]# tail -3 /etc/shadow               #禁用账户 user1 的密码前面加上了"!"
user1:!$6$EQrT.dRD$2qGgDx.VT6fdSAZ6iQ.vHz60LtTD0MaTswcmx4ZStqpvjljlajBe/4Zxqy5plGn.zZ
zHHW9QOt0P/BRNsGG8M.:18124:0:99999:7:::
user2:!!:18124:0:99999:7:::                          # "!!"表示 user2 设置了空密码
user3:12345678:18124:0:99999:7:::
[root@server1 ~]# usermod -U user1                   #解除禁用
[root@server1 ~]# tail -3 /etc/shadow               #user1 密码前的"!"消失了
user1:$6$EQrT.dRD$2qGgDx.VT6fdSAZ6iQ.vHz60LtTD0MaTswcmx4ZStqpvjljlajBe/4Zxqy5plGn.zZ
zHHW9QOt0P/BRNsGG8M.:18124:0:99999:7:::
user2:!!:18124:0:99999:7:::
```

user3:12345678:18124:0:99999:7:::

② 密码为空的账户，以 user2 为例。

```
[root@server1 ~]# usermod -L user2
[root@server1 ~]# passwd -S user2
user2 LK 2019-08-16 0 99999 7 -1 (密码已被锁定。)
[root@server1 ~]# tail -3 /etc/shadow
user1:$6$EQrT.dRD$2qGgDx.VT6fdSAZ6iQ.vHz60LtTD0MaTswcmx4ZStqpvjljlajBe/4Zxqy5plGn.zZ
zHHW9QOt0P/BRNsGG8M.:18124:0:99999:7:::
    user2:!!:18124:0:99999:7:::
    user3:12345678:18124:0:99999:7:::
[root@server1 ~]# usermod -U user2          #无法解锁空密码的账户，提示使用-p 参数
usermod：解锁用户密码将产生没有密码的账户。
您应该使用 usermod -p 设置密码并解锁用户密码。
[root@server1 ~]# usermod -p 87654321    user2
[root@server1 ~]# passwd -S user2          #解除账户锁定成功
user2 PS 2019-08-16 0 99999 7 -1 (更改当前使用的认证方案。)
```

3）直接修改用户账户配置文件。

可将/etc/shadow 文件中关于 user1 账户的 passwd 域的第一个字符前面加上一个“！”，达到禁用账户的目的，在需要恢复的时候只要删除字符“！”即可。操作过程如下。

```
[root@server1 ~]# vim /etc/shadow              #user1 第一个域前面加“！”
[root@server1 ~]# tail -3 /etc/shadow
user1:!$6$G/KsqmDu$aK0lHfDtsTej8NJST5EDeBmMXX89dOWRPYe.fNQx2iwcFcmKs/G9O4r4700v
gSkWZQyla9zowd4aItjPJd47f/:18124:0:99999:7:::
    user2:87654321:18124:0:99999:7:::
    user3:12345678:18124:0:99999:7:::
[root@server1 ~]# passwd -S    user1
user1 LK 2019-08-16 0 99999 7 -1  密码已被锁定
[root@server1 ~]# vim /etc/shadow         #去掉 user1 第一个域前面的“！”
[root@server1 ~]# tail -3 /etc/shadow
user1:$6$G/KsqmDu$aK0lHfDtsTej8NJST5EDeBmMXX89dOWRPYe.fNQx2iwcFcmKs/G9O4r4700v
gSkWZQyla9zowd4aItjPJd47f/:18124:0:99999:7:::
    user2:87654321:18124:0:99999:7:::
    user3:12345678:18124:0:99999:7:::
[root@server1 ~]# passwd -S    user1
user1 PS 2019-08-16 0 99999 7 -1 (密码已设置，使用 SHA512 算法。)
```

如果只是禁止用户账户登录系统，可以将其启动 Shell 设置为/bin/false 或/dev/null。

3. 删除用户账户

要删除一个账户，可以直接编辑删除/etc/passwd 和/etc/shadow 文件中要删除的用户所对应的行，或者用 userdel 命令删除。userdel 命令的格式如下。

```
userdel   [-r]   用户名
```

如果不加-r 参数，userdel 命令会在系统中所有与账户有关的文件中（如/etc/passwd、

/etc/shadow、/etc/group）将用户的信息全部删除。

如果加-r 参数，则在删除用户账户的同时，还将用户主目录以及其下的所有文件和目录全部删除。另外，如果用户使用 e-mail 的话，同时也将/var/spool/mail 目录下的用户文件删除。

2.5 管理组群

组群管理包括维护组群账户和为组群添加用户等内容。

2.5.1 维护组群账户

1. 新建组群
新建和删除组群的命令与创建和删除用户账户的命令相似。

新建组群可以使用命令 groupadd 或 addgroup。

例如，创建一个新的组群，组群的名称为 testgroup，可用以下命令。

> [root@server1 ~]# groupadd testgroup

2. 删除组群
要删除一个组群，可以用 groupdel 命令。例如，删除刚创建的 testgroup 组群，可用以下命令。

> [root@server1 ~]# groupdel testgroup

需要注意的是，主组群不能被删除。

3. 修改组群
修改组群的命令是 groupmod。其命令格式如下。

> groupmod [参数] 组名

groupmod 命令常用的参数如表 2-8 所示。

表 2-8 groupmod 命令参数

参　　数	说　　明
-g gid	把组群的 GID 改为 gid
-n group-name	把组群的名称改为 group-name
-o	强制接受更改的组群的 GID 为重复的号码

2.5.2 为组群添加用户

在 Red Hat Linux 中使用不带任何参数的 useradd 命令创建用户账户时，会同时创建一个和用户账户同名的组群，称为主组群。当一个组群中必须包含多个用户时，需要使用附属组群。在附属组群中增加、删除用户都用 gpasswd 命令。gpasswd 命令的格式如下。

> gpasswd [参数] [用户名] [组群]

只有 root 用户和组群管理员才能够使用这个命令。该命令的参数如表 2-9 所示。

表 2-9 gpasswd 命令参数

参　　数	说　　明
-a	把用户加入组
-d	把用户从组群中删除
-r	取消组群的密码
-A	给组群指派管理员

例如，要把 user1 用户加入 testgroup 组群，并指派 user1 为管理员，可以执行以下命令。

```
[root@server1 ~]# groupadd   testgroup
[root@server1 ~]# gpasswd -a user1 testgroup
[root@server1 ~]# gpasswd -A user1 testgroup
```

2.6 使用 su 命令切换用户

su 命令可以用来切换用户身份，使得当前用户在不退出登录的情况下就可以顺畅地切换到其他用户，如从 root 管理员切换至普通用户。

```
[root@server1 ~]# id
uid=0(root) gid=0(root) 组=0(root) 环境=unconfined_u:unconfined_r:unconfined_t:s0-s0:c0.c1023
[root@server1 ~]# useradd -G testgroup   test
[root@server1 ~]# su - test
[test@server1 ~]$ id
uid=8889(test)  gid=8889(test)  组 =8889(test),1011(testgroup)  环 境 =unconfined_u:unconfined_
r:unconfined_t:s0-s0:c0.c1023
```

注意，上面的 su 命令与用户名之间有一个连字符（-），这意味着完全切换到新的用户，即把环境变量信息也变更为新用户的相应信息，而不是保留原始的信息。强烈建议在切换用户身份时添加这个连字符（-）。

另外，当从 root 管理员切换到普通用户时是不需要密码验证的，而从普通用户切换成 root 管理员就需要进行密码验证了。这也是一个必要的安全检查环节。

```
[test@server1 ~]$ su root
Password:
[root@server1 ~]# su - test
上一次登录：日 5 月 6 05:22:57 CST 2018pts/0 上
[test@server1 ~]$ exit
logout
[root@server1 ~]#
```

2.7 使用用户管理器管理用户和组群

默认的图形界面操作系统是没有安装用户管理器的，需要安装 system-config-users 工具。

2.7.1　安装 system-config-users 工具

1）检查是否安装有 system-config-users。

```
[root@server1 ~]# rpm   -qa|grep   system-config-users
```

2）如果没有安装，可以使用 yum 命令安装所需软件包。

① 挂载 ISO 安装镜像。

```
//挂载光盘到 /iso 下
[root@server1 ~]# mkdir   /iso
[root@server1 ~]# mount   /dev/cdrom   /iso
mount: /dev/sr0 写保护，将以只读方式挂载
```

② 制作用于安装的 yum 源文件。

```
[root@server1 ~]# vim   /etc/yum.repos.d/dvd.repo
```

dvd.repo 文件的内容如下（后面不再赘述）。

```
# /etc/yum.repos.d/dvd.repo
# or for ONLY the media repo, do this:
# yum --disablerepo=\* --enablerepo=c6-media [command]
[dvd]
name=dvd
#特别注意本地源文件的表示，3 个 "/"。
baseurl=file:///iso
gpgcheck=0
enabled=1
```

③ 使用 yum 命令查看 system-config-users 软件包的信息，如图 2-1 所示。

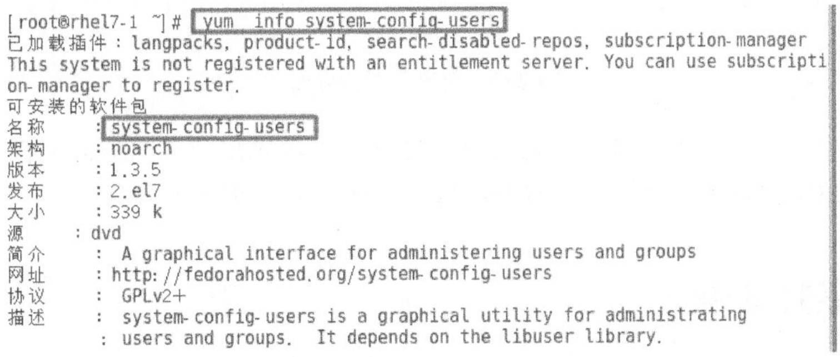

```
[root@rhel7-1 ~] # yum  info system-config-users
已加载插件: langpacks, product-id, search-disabled-repos, subscription-manager
This system is not registered with an entitlement server. You can use subscripti
on-manager to register.
可安装的软件包
名称       : system-config-users
架构       : noarch
版本       : 1.3.5
发布       : 2.el7
大小       : 339 k
源         : dvd
简介       : A graphical interface for administering users and groups
网址       : http://fedorahosted.org/system-config-users
协议       : GPLv2+
描述       : system-config-users is a graphical utility for administrating
           : users and groups.  It depends on the libuser library.
```

图 2-1　使用 yum 命令查看 system-config-users 软件包的信息

④ 使用 yum 命令安装 system-config-users。

```
[root@server1 ~]# yum clean all                        //安装前先清除缓存
[root@server1 ~]# yum   install   system-config-users   -y
```

正常安装完成后，最后的提示信息如下。

```
..................
已安装:
```

```
system-config-users.noarch 0:1.3.5-2.el7
```
作为依赖被安装：
```
system-config-users-docs.noarch 0:1.0.9-6.el7
```
完毕！

⑤ 所有软件包安装完毕之后，可以使用 rpm 命令再一次进行查询。

```
[root@server1 etc]# rpm -qa | grep system-config-users
system-config-users-docs-1.0.9-6.el7.noarch
system-config-users-1.3.5-2.el7.noarch
```

2.7.2　使用用户管理器

使用命令 system-config-users 会打开如图 2-2 所示的用户管理器界面。

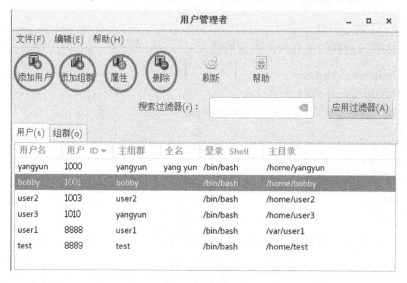

图 2-2　用户管理器界面

使用用户管理器可以方便地进行添加用户或组群、编辑用户或组群的属性、删除用户或组群、加入或退出组群等操作。图形界面的操作比较简单，在此不再赘述。

2.8　账户管理实例

1. 情境

假设需要的账户数据如表 2-10 所示，该如何操作？

表 2-10　账户数据

账户名称	账户全称	支持次要组群	是否可登录主机	密码
myuser1	1st user	mygroup1	可以	Password
myuser2	2nd user	mygroup1	可以	Password
myuser3	3rd user	无额外支持	不可以	password

2. 解决方案

```
#先处理账户相关属性的数据
[root@server1 ~]# groupadd mygroup1
[root@server1 ~]# useradd -G mygroup1 -c "1st user" myuser1
[root@server1 ~]# useradd -G mygroup1 -c "2nd user" myuser2
[root@server1 ~]# useradd -c "3rd user" -s /sbin/nologin myuser3


#再处理账户密码相关属性的数据
[root@server1 ~]# echo "password" | passwd --stdin myuser1
[root@server1 ~]# echo "password" | passwd --stdin myuser2
[root@server1 ~]# echo "password" | passwd --stdin myuser3
```

注意，myuser1 与 myuser2 都支持次要组群，但该组群不见得存在，因此需要先手动创建。另外，myuser3 是"不可登录系统"的账户，因此需要在/sbin/nologin 文件中设置，这样该账号就成为非登录账户了。

2.9 项目实训：管理用户和组群

1. 实训目的
- 熟悉 Linux 用户的访问权限。
- 掌握在 Linux 系统中增加、修改、删除用户或组群的方法。
- 掌握用户账户管理及安全管理。

2. 项目背景

2-3 管理用户和组

某公司有 60 个员工，分别在 5 个部门工作，每个人的工作内容不同。需要在服务器上为每个人创建不同的账号，把相同部门的用户放在一个组群中，每个用户都有自己的工作目录。并且需要根据工作性质对每个部门和每个用户在服务器上的可用空间进行限制。

3. 实训内容
练习设置用户的访问权限，练习账户的创建、修改和删除。

4. 做一做
根据项目实训内容及视频，将项目完整地做一遍，检查学习效果。

2.10 练习题

一、填空题

1．Linux 是_____的操作系统，它允许多个用户同时登录到系统，使用系统资源。

2．Linux 系统下的用户账户分为两种：_____和_____。

3．root 用户的 UID 为_____，普通用户的 UID 可以在创建时由管理员指定，如果不指定，用户的 UID 默认从_____开始顺序编号。

4．在 Linux 系统中，创建用户账户的同时也会创建一个与用户账户同名的组群，该组群是用户的_____。普通组群的 GID 默认也从_____开始编号。

5．一个用户账户可以同时是多个组群的成员，其中某个组群是该用户的_____（私有组群），其他组群为该用户的_____（标准组群）。

6．在 Linux 系统中，所创建的用户账户及其相关信息（密码除外）均放在_____配置文件中。

7．由于所有用户对/etc/passwd 文件均有_____权限，为了增强系统的安全性，用户经过加密之后的密码都存放在_____文件中。

8．组群账户的信息存放在_____文件中，而关于组群管理的信息（组群密码、组群管理员等）则存放在_____文件中。

二、选择题

1．下列哪个目录用于存放用户密码信息？（　　）

　　A．/etc　　　　　　　B．/var　　　　　　C．/dev　　　　　D．/boot

2．请选出创建 UID 为 200、GID 为 1000、用户主目录为/home/user01 的正确命令。（　　）

　　A．useradd -u:200 -g:1000 -h:/home/user01 user01

　　B．useradd -u=200 -g=1000 -d=/home/user01 user01

　　C．useradd -u 200 -g 1000 -d /home/user01 user01

　　D．useradd -u 200 -g 1000 -h /home/user01 user01

3．用户登录系统后首先进入下列哪个目录？（　　）

　　A．/home　　　　　　　　　　B．/root 的主目录

　　C．/usr　　　　　　　　　　　D．用户自己的家目录

4．在使用了 shadow 密码的系统中，/etc/passwd 和/etc/shadow 两个文件的权限正确的是（　　）。

　　A．-rw-r----- , -r--------　　　　　　　B．-rw-r--r-- , -r--r--r—

　　C．-rw-r--r-- , -r--------　　　　　　　D．-rw-r--rw- , -r-----r—

5．下面哪个参数可以在删除一个用户的同时删除用户的主目录？（　　）

　　A．rmuser -r　　　B．deluser -r　　　C．userdel -r　　　D．usermgr -r

6．系统管理员应该采用哪些安全措施？（　　）

　　A．把 root 密码告诉每一位用户

　　B．设置 telnet 服务来提供远程系统维护

　　C．经常检测账户数量、内存信息和磁盘信息

　　D．当员工辞职后，立即删除该用户账户

7．在/etc/group 中有一行 students::600:z3,14,w5，表示有多少用户在 student 组群里？（　　）

　　A．3　　　　　　　B．4　　　　　　　C．5　　　　　　D．不知道

8．下列哪些命令可以用来检测用户 lisa 的信息？（　　）

　　A．finger lisa　　　　　　　　B．grep lisa /etc/passwd

　　C．find lisa /etc/passwd　　　　D．who lisa

第3章　管理文件权限

背景

作为 Linux 系统的网络管理员，学习 Linux 文件系统和磁盘管理是至关重要的。尤其对于初学者来说，文件的权限与属性是学习 Linux 的一个相当重要的关卡，如果没有学习这部分的概念，那么当遇到 "Permission deny" 等错误提示时将会一筹莫展。

本章将详细讲解文件的所有者、所属组群以及其他人可对文件进行的读（r）、写（w）、执行（x）等操作，使用 SUID、SGID 与 SBIT 特殊权限更加灵活地设置系统权限功能，以及使用文件的访问控制列表（Access Control List，ACL）进一步让单一用户、用户组群对单一文件或目录进行特殊的权限设置等内容，让文件具有能满足工作需求的最小权限。

职业能力目标和要求

- Linux 文件系统结构。
- Linux 系统的文件权限管理。
- 文件访问控制列表。

3.1　全面理解文件系统与目录

文件系统（File System）是磁盘上有特定格式的一片区域，操作系统利用文件系统保存和管理文件。

3.1.1　认识文件系统

用户在硬件存储设备中执行的文件建立、写入、读取、修改、转存与控制等操作都是依靠文件系统来完成的。文件系统的作用是合理规划硬盘，以保证用户正常的使用需求。Linux 系统支持数十种文件系统，其中较常见的文件系统有以下几种。

3-1　Linux 的文件系统

1）Ext3 是一款日志文件系统，能够在系统异常死机时避免文件系统资料丢失，并能自动修复数据的不一致与错误。然而，当硬盘容量较大时，所需的修复时间也会很长，而且不能百分之百地保证资料不会丢失。它会把整个磁盘的每个写入动作的细节都预先记录下来，以便在发生异常死机后能回溯追踪到断点所在状态，然后尝试进行修复。

2）Ext4 是 Ext3 的改进版本，作为 RHEL 6 系统中默认的文件管理系统，它支持的存储容量高达 1EB（1EB=1 073 741 824GB），且能够有无限多的子目录。另外，Ext4 文件系统能够批量分配 block 块，从而极大地提高了读写效率。

3）XFS 是一种高性能的日志文件系统，而且是 RHEL 7 中默认的文件管理系统，它的优势在发生意外死机时尤其突出，即可以快速地恢复可能被破坏的文件，而且强大的日志功能只用花费极低的计算和存储性能。并且它最大可支持的存储容量为 18EB，能满足几乎所有存储需求。

CentOS 7 系统中一个比较大的变化就是使用了 XFS 作为文件系统。

日常需要在硬盘保存的数据实在太多了，因此 Linux 系统中有一个名为 super block 的"硬盘地图"。Linux 并不是把文件内容直接写入这个硬盘地图，而是在里面记录整个文件系统的信息。因为如果把所有的文件内容都写入，它的体积将变得非常大，而且文件内容的查询与写入速度也会变得很慢。Linux 只是把每个文件的权限与属性记录在 i-node 表中，而且每个文件占用一个独立的 i-node 表格。该表格的大小默认为 128B，里面记录着如下信息。

- 该文件的访问权限（read、write、execute）。
- 该文件的所有者与所属组群（owner、group）。
- 该文件的大小（size）。
- 该文件的创建或内容修改时间（ctime）。
- 该文件的最后一次访问时间（atime）。
- 该文件的修改时间（mtime）。
- 文件的特殊权限（SUID、SGID、SBIT）。
- 该文件的真实数据地址（point）。

而文件的实际内容则保存在块（大小可以是 1KB、2KB 或 4KB）中，一个 i-node 表的默认大小仅为 128B（Ext3），记录一个块则消耗 4B。当文件的 i-node 表被写满后，Linux 系统会自动分配出一个块，专门用于像 i-node 那样记录其他块的信息，这样把各个块的内容串到一起，就能够让用户读到完整的文件内容了。对于存储文件内容的块，有下面两种常见情况（以 4KB 的块大小为例进行说明）。

情况 1：文件很小（1KB），但依然会占用一个块，因此会潜在地浪费 3KB。

情况 2：文件很大（5KB），那么会占用两个块（5KB-4KB 后剩下的 1KB 也要占用一个块）。

计算机系统在发展过程中产生了众多的文件系统，为了使用户在读取或写入文件时不用关心底层的硬盘结构，Linux 内核中的软件层为用户程序提供了一个 VFS（Virtual File System，虚拟文件系统）接口，这样用户在操作文件时实际上就是统一对这个虚拟文件系统进行操作。图 3-1 所示为 VFS 的架构示意图。从中可见，实际文件系统在 VFS 下隐藏了自己的特性和细节，这样用户在日常使用时会觉得"文件系统都是一样的"，也就可以随意使用各种命令在任何文件系统中进行各种操作了（比如使用 cp 命令来复制文件）。

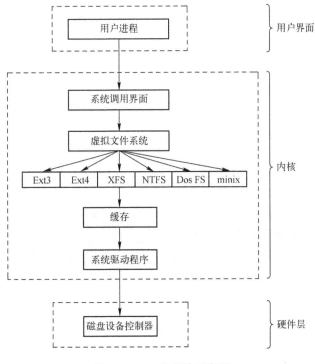

图 3-1 VFS 的架构示意图

3.1.2 Linux 文件系统目录结构

在 Linux 系统中，目录、字符设备、块设备、套接字、打印机等都被抽象成了文件，即 Linux 系统中的一切都是文件。既然平时与用户打交道的都是文件，那么应该如何找到它们呢？在 Windows 操作系统中，想要找到一个文件，要依次进入该文件所在的磁盘分区（如 D 盘），然后进入该分区下的具体目录，最终找到这个文件。但是在 Linux 系统中并不存在 C、D、E、F 等盘符，Linux 系统中的一切文件都是从根（/）目录开始的，并按照文件系统层次化标准（File system Hierarchy Standard，FHS）采用树形结构来存放文件，以及定义了常见目录的用途。另外，Linux 系统中的文件和目录名称是严格区分大小写的。例如，root、rOOt、Root、rooT 均代表不同的目录，并且文件名称中不得包含斜杠（/）。Linux 系统中的文件存储结构如图 3-2 所示。

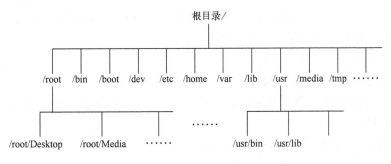

图 3-2 Linux 系统中的文件存储结构

在 Linux 系统中，最常见的目录及其对应的存放内容如表 3-1 所示。

表 3-1　Linux 系统中常见的目录名称及相应内容

目录名称	应放置的文件
/	Linux 文件的最上层根目录
/boot	开机所需文件，如内核、开机菜单以及所需配置文件等
/dev	以文件形式存放任何设备与接口
/etc	配置文件
/home	用户家目录
/bin	binary 的缩写，存放用户的可运行程序，如 ls、cp 等，也包含其他 Shell，如 bash、cs 等
/lib	开机时用到的函数库，以及/bin 与/sbin 下面的命令要调用的函数
/sbin	开机过程中需要的命令
/media	用于挂载设备文件的目录
/opt	放置第三方的软件
/root	系统管理员的家目录
/srv	一些网络服务的数据文件目录
/tmp	任何人均可使用的"共享"临时目录
/proc	虚拟文件系统，如系统内核、进程、外部设备及网络状态等
/usr/local	用户自行安装的软件
/usr/sbin	Linux 系统开机时不会使用到的软件、命令、脚本
/usr/share	帮助与说明文件，也可放置共享文件
/var	主要存放经常变化的文件，如日志
/lost+found	当文件系统发生错误时，将一些丢失的文件片段存放在这里

3.1.3　绝对路径与相对路径

了解绝对路径与相对路径的概念，对于 Linux 的学习非常重要。

● 绝对路径：由根目录（/）开始写文件名或目录的写法，如/home/dmtsai/basher。

● 相对路径：相对于目前路径的文件名或目录写法。如./home/dmtsai 或../../home/dmtsai/等。

技巧：开头不是"/"的就属于相对路径的写法。

相对路径是以当前所在路径的相对位置来表示的。例如，当前在/home 这个目录下，如果想进入/var/log 这个目录，有以下两个方法。

● cd　　/var/log　　（绝对路径）

● cd　　../var/log　　（相对路径）

因为目前在/home 下，所以要回到上一层（../）之后，才能进入/var/log 目录。特别注意以下两个特殊的目录。

● .代表当前目录，也可以使用./来表示。

● ..代表上一层目录，也可以用../来表示。

.和..目录是很重要的，常见的 cd ..或./command 之类的指令表达方式，就是代表上一层与目前所在目录的工作状态。

3.2 管理 Linux 文件权限

3.2.1 认识文件和文件权限

文件是操作系统用来存储信息的基本结构,是一组信息的集合。文件通过文件名来唯一地标识。Linux 中的文件名称最长可允许有 255 个字符,这些字符可用 A～Z、0～9、.、_、-等符号来表示。与其他操作系统相比,Linux 最大的不同点是没有"扩展名"的概念,也就是说,文件的名称和该文件的种类并没有直接的关联。例如,sample.txt 可能是一个可执行文件,而 sample.exe 也有可能是文本文件,甚至可以不使用扩展名。其另一个特性是,Linux 文件名区分大小写。例如,sample.txt、Sample.txt、SAMPLE.txt、samplE.txt 在 Linux 系统中代表不同的文件,但在 DOS 和 Windows 系统中它们指同一个文件。在 Linux 系统中,如果文件名以"."开始,表示该文件为隐藏文件,需要使用"ls -a"命令才能显示。

在 Linux 中的每一个文件或目录都包含访问权限,访问权限决定了谁能访问和如何访问这些文件和目录。通常有以下三种访问权限。

- 只允许用户自己访问。
- 允许一个预先指定的用户组群中的用户访问。
- 允许系统中的任何用户访问。

同时,用户能够控制一个给定的文件或目录的访问程度。一个文件或目录可能有读、写及执行权限。当创建一个文件时,系统会自动赋予文件所有者读和写的权限,这样可以允许所有者显示文件内容和修改文件。文件所有者可以将这些权限改变为任何他想指定的权限。一个文件也许只有读权限,禁止任何修改;也可能只有执行权限,允许它像一个程序一样被执行。

根据赋予权限的不同,三种不同的用户(所有者、用户组群或其他用户)能够访问不同的目录或文件。所有者是创建文件的用户,文件的所有者能够将文件访问权限授予所在用户组群的其他成员以及系统中除所属组群之外的其他用户。

每一个用户针对系统中的所有文件都有它自身的读、写和执行权限。第一套权限控制访问自己的文件权限,即所有者权限。第二套权限控制用户组访问其中一个用户的文件的权限。第三套权限控制其他所有用户访问一个用户的文件的权限。这三套权限赋予用户不同类型(即所有者、用户组群和其他用户)的读、写及执行权限,就构成了一个有 9 种类型的权限组。

3.2.2 文件的各种属性信息

可以用"ls -l"或 ll 命令显示文件的详细信息。

```
[root@server1 ~]# ll
总用量 1146888
-rw-------. 1 root root          1869  8 月    11 03:20 anaconda-ks.cfg
-rw-r--r--. 1 root root 1174405120  8 月    11 03:44 file1
```

```
-rw-r--r--. 1 root root        1917  8月  11 03:28 initial-setup-ks.cfg
drwxr-xr-x. 2 root root          6  8月  11 04:20 公共
            <此处有省略>
```

上面列出了各种文件的详细信息，共分 7 栏。各栏中信息的含义如图 3-3 所示。

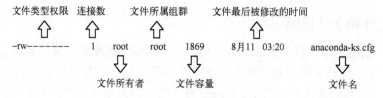

图 3-3　文件信息的含义

对照图 3-3，将文件信息从左到右分为 7 栏。

1）第 1 栏为文件类型权限。

每一行的第一个字符一般用来区分文件的类型，一般取值为 d、-、l、b、c、s、p。具体含义如下。

● d：表示该文件是一个目录。在 ext 文件系统中，目录也是一种特殊的文件。

● -：表示该文件是一个普通的文件。

● l：表示该文件是一个符号链接文件，实际上，它指向另一个文件。

● b、c：分别表示该文件为区块设备或其他的外围设备，是特殊类型的文件。

● s、p：这些文件关系到系统的数据结构和管道，通常很少见到。

每一行的第 2～10 个字符表示文件的访问权限。这 9 个字符每 3 个为一组，各个组代表的意义如下。

● 第 2～4 个字符表示该文件所有者的权限，有时也简称为 u（User）权限。

● 第 5～7 个字符表示该文件所有者所属组群的成员的权限。例如，此文件拥有者属于 user 组群，该组群中有 6 个成员，表示这 6 个成员都有此处指定的权限。简称为 g（Group）权限。

● 第 8～10 个字符表示该文件所有者所属组群以外的权限，简称为 o（Other）权限。

这 9 个字符根据权限种类的不同，也分为 3 种类型。

● r（Read，读取）：对文件而言，具有读取文件内容的权限；对目录来说，具有浏览目录的权限。

● w（Write，写入）：对文件而言，具有新增、修改文件内容的权限；对目录来说，具有删除、移动目录内文件的权限。

● x（eXecute，执行）：对文件而言，具有执行文件的权限；对目录来说，具有进入目录的权限。

● -：表示不具有该项权限。

下面举例说明。

● brwxr--r--：表示该文件是区块设备文件，文件所有者具有读、写与执行的权限，所属组群的成员和其他用户则具有读取的权限。

● -rw-rw-r-x：表示该文件是普通文件，文件所有者与同组群用户对文件具有读、写的权限，而其他用户仅具有读取和执行的权限。

- drwx--x--x：表示该文件是目录文件，目录所有者具有读、写与进入目录的权限，其他用户能进入该目录，却无法读取任何数据。
- lrwxrwxrwx：表示该文件是符号链接文件，文件所有者、同组群用户和其他用户对该文件都具有读、写和执行权限。

每个用户都拥有自己的主目录，通常在/home 目录下，这些主目录的默认权限为 rwx------。执行 mkdir 命令所创建的目录，其默认权限为 rwxr-xr-x，用户可以根据需要修改目录的权限。

此外，默认的权限可用 umask 命令修改，用法非常简单，只需要执行"umask 777"命令，便可以屏蔽所有的权限，因而之后建立的文件或目录，其权限都变成 000，依此类推。通常 root 账户搭配 umask 命令的数值为 022、027 和 077，普通用户则是采用 002，这样所产生的默认权限依次为 755、750、700、775。有关权限的数字表示法，后面将会详细说明。

用户登录系统时，用户环境就会自动执行 umask 命令来决定文件、目录的默认权限。

2）第 2 栏表示有多少文件名连接到此节点（i-node）。

每个文件都会将其权限与属性记录到文件系统的 i-node 表中，不过，使用的目录树却是用文件来记录的，因此每个文件名就会连接到一个 i-node 表。这个属性记录的就是有多少不同的文件名连接到相同的 i-node 表。

3）第 3 栏表示这个文件（或目录）的所有者账户。

在该例中，文件（或目录）的所有者是管理员账户 root。

4）第 4 栏表示这个文件的所属组群。

在 Linux 系统下，用户的账户会附属于一个或多个组群。例如，class1、class2、class3 均属于 projecta 这个组群，假设某个文件所属的组群为 projecta，且该组群对该文件的权限为（-rwxrwx---），则 class1、class2、class3 三个用户对于该文件都具有读、写、执行的权限（视组群权限而定）。但如果是不属于 projecta 组群的其他账户，对于此文件就不具有任何权限。

5）第 5 栏为这个文件的容量大小，默认单位为 Byte。

6）第 6 栏为这个文件的创建日期或最近的修改日期。

这一栏的内容分别为日期（月/日）及时间。如果这个文件被修改的时间距离现在太久，那么时间部分会仅显示年份。如果想要显示完整的时间格式，可以利用 ls 命令的参数，即使用"ls -l --full-time"命令显示出完整的时间格式。

7）第 7 栏为这个文件的文件名。

比较特殊的是，如果文件名之前多一个"."，则代表这个文件为隐藏文件。

3.2.3 使用数字表示法修改文件权限

在文件建立时系统会自动设置权限，如果这些默认权限无法满足需要，可以使用 chmod 命令来修改权限。在权限修改时，通常可以用两种方式来表示权限类型：数字表示法和文字表示法。

chmod 命令的格式如下。

chmod 参数 文件名

所谓数字表示法，是指将读取（r）、写入（w）和执行（x）分别以数字 4、2、1 来表示，没有授予的权限就用 0 表示，然后再把所授予的权限相加而成。表 3-2 所示为几个用数字表示法修改文件权限的范例。

表 3-2   用数字表示法修改文件权限的范例

原始权限	转换为数字			数字表示法
rwxrwxr-x	（421）	（421）	（401）	775
rwxr-xr-x	（421）	（401）	（401）	755
rw-rw-r--	（420）	（420）	（400）	664
rw-r--r--	（420）	（400）	（400）	644

例如，为文件/etc/file 设置权限，赋予所有者和组群成员读取和写入的权限，而其他人只有读取权限。则应该将权限设置为"rw-rw-r--"，而该权限的数字表示法为 664，因此可以输入下面的命令来设置权限。

```
[root@server1 ~]# touch /etc/file
[root@server1 ~]# chmod 664 /etc/file
[root@server11 ~]# ll   /etc/file
-rw-rw-r--. 1 root root 0 5 月  20 23:15 /etc/file
```

再如，要将.bashrc 这个文件所有的权限都启用，那么就使用如下命令。

```
[root@server1 ~]# ls      -al    .bashrc
-rw-r--r--. 1 root root 176 12 月  29 2013 .bashrc
[root@server1 ~]# chmod   777    .bashrc
[root@server1 ~]# ls      -al    .bashrc
-rwxrwxrwx. 1 root root 176 12 月  29 2013 .bashrc
```

另外，在实际的系统运行中常会发生的一个问题是，以 vim 编辑一个 Shell 的文本批处理文件 test.sh 后，它的权限通常是-rw-rw-r--，也就是 664。如果要将该文件变成可执行文件，并且不想让其他人修改此文件，那么就需要将权限设置为-rwxr-xr-x。此时就要执行"chmod   755   test.sh"命令。

技巧：如果有些文件是不希望被其他用户看到的，可以将文件的权限设置为-rwxr-----，也就是执行"chmod   740   filename"命令。

3.2.4 使用文字表示法修改文件权限

1. 文字表示法
使用权限的文字表示法时，系统用 4 种字母来表示不同的用户。
- u：user，表示所有者。
- g：group，表示所属组群。
- o：others，表示其他用户。
- a：all，表示以上三种用户。
操作权限使用下面三种字符的组合表示法。
- r：read，读取。

- w：write，写入。
- x：execute，执行。

操作符号包括以下几种。

- ＋：添加某种权限。
- -：减去某种权限。
- ＝：赋予给定权限并取消原来的权限。

以文字表示法修改文件权限时，rw-rw-r--权限的设置命令如下。

```
[root@server1 ~]# chmod u=rw,g=rw,o=r /etc/file
```

修改目录权限和修改文件权限相同，都是使用 chmod 命令，但不同的是，要使用通配符"*"来表示目录中的所有文件。

例如，同时将/etc/test 目录中的所有文件的权限设置为所有人都可读取及写入，应该使用下面的命令。

```
[root@server1 ~]# mkdir /etc/test;touch   /etc/test/f1.doc
[root@server1-1 ~]# chmod a=rw /etc/test/*
```

或者

```
[root@server1 ~]# chmod 666 /etc/test/*
```

如果目录中包含其他子目录，则必须使用-R（Recursive）参数来同时设置所有文件及子目录的权限。

2. 使用文字表示法的有趣实例

【实例3-1】 假如要设置一个文件的权限为-rwxr-xr-x 时，所表述的含义如下。

- user（u）：具有读取、写入、执行的权限。
- group 与 others（go）：具有读取与执行的权限。

具体操作如下。

```
[root@server1 ~]# chmod u=rwx,go=rx   .bashrc
#注意，u=rwx,go=rx 是连在一起的，中间没有任何空格。
[root@server1 ~]# ls   -al   .bashrc
-rwxr-xr-x 1 root root 395 Jul 4 11:45.bashrc
```

【实例3-2】 假如设置权限为-rwxr-xr--，该如何操作呢？可以使用"chmod u=rwx,g=rx,o=r filename"命令来设置。此外，如果不知道原先的文件属性，而想增加.bashrc 文件的所有人的写入权限，那么可以使用以下命令。

```
[root@server1 ~]# ls     -al     .bashrc
-rwxr-xr-x 1 root root 395 Jul 4 11:45.bashrc
[root@server1 ~]# chmod a+w   .bashrc
[root@server1 ~]# ls     -al     .bashrc
-rwxrwxrwx 1 root root 395 Jul 4 11:45.bashrc
```

【实例3-3】 将某个权限去掉而不改动其他已存在的权限，如去掉所有人的执行权限，则可以使用以下命令。

```
[root@server1 ~]# chmod   a-x    .bashrc
[root@server1 ~]# ls      -al    .bashrc
-rw-rw-rw- 1 root root 395 Jul 4 11:45.bashrc
```

特别提示：在+与-的状态下，只要没有指定到的项目，则权限不会变动。例如实例 6-3 中，由于仅去掉 x 权限，则其他权限值保持不变。举例来说，想让用户对某文件拥有执行权限，但又不知道该文件原来的权限，此时可以利用 "chmod a+x filename" 命令，实现。

3. 利用 chmod 命令修改文件的特殊权限

例如，设置/etc/file 文件的 SUID 权限的方法如下（先了解，后面会详细介绍，注意属主权限的执行权限位换成了大写的 "S"）。

```
[root@server1 ~]# ll /etc/file
-rw-rw-rw-. 1 root root 0 5 月    20 23:15 /etc/file
[root@server1 ~]#   chmod u+s /etc/file
[root@server1 ~]# ll /etc/file
-rwSrw-rw-. 1 root root 0 5 月    20 23:15 /etc/file
```

特殊权限也可以采用数字表示法。SUID、SGID 和 SBIT（Sticky Bit）权限分别以数字 4、2 和 1 来表示。使用 chmod 命令设置文件权限时，可以在普通权限的数字前面加上一位数字来表示特殊权限。例如，下例中数字权限中的第一个数字 6 表示设置了 SUID 和 SGID 权限，即属主和属组的执行位变成了大写的 "S"。

```
[root@server1 ~]# chmod 6664 /etc/file
[root@server1 ~]# ll     /etc/file
-rwSrwSr--   1 root root 22 11-27 11:42 file
```

3.2.5　权限与指令间的关系

权限对于用户账户来说非常重要，因为权限可以限制用户是否能读取、创建、删除、修改文件或目录。

1. 进入目录

可使用的命令：cd 等变换工作目录的命令。

目录所需权限：用户对这个目录至少需要具有 x 权限。

额外需求：如果用户想要在这个目录中利用 ls 命令查阅文件名，则用户对此目录还需要 r 权限。

2. 在目录中读取某个文件

可使用的命令：cat、more、less 等。

目录所需权限：用户对这个目录至少需要具有 x 权限。

文件所需权限：用户对文件至少需要具有 r 权限。

3. 修改文件

可使用的命令：nano 或 vim 编辑器等。

目录所需权限：用户对该文件所在的目录至少要具有 x 权限。

文件所需权限：用户对该文件至少要具有 r、w 权限。

4. 创建文件

目录所需权限：用户对该目录要具有 w、x 权限，重点是 w 权限。

5. 进入目录并执行该目录下的某个命令

目录所需权限：用户对该目录至少要具有 x 权限。

文件所需权限：用户对该文件至少要具有 x 权限。

思考：让用户 bobby 能够执行 "cp /dir1/file1 /dir2" 命令，bobby 对 dir1、file1、dir2 至少要有哪些权限？

参考解答：执行 cp 命令时，bobby 要能够读取源文件并且写入目标文件，所以应参考上述第 2 点与第 4 点的说明。因此各文件和目录的最小权限如下。

dir1 至少需要有 x 权限。

file1 至少需要有 r 权限。

dir2 至少需要有 w、x 权限。

3.3 项目实训：配置与管理文件权限

1. 实训目的

● 掌握利用 chmod 等命令实现 Linux 文件权限管理。

● 掌握磁盘限额的实现方法。

2. 项目背景

3-2 管理文件权限

某公司有 60 个员工，分别在 5 个部门工作，每个人的工作内容不同。需要在服务器上为每个人创建不同的账户，把相同部门的用户放在一个组群中，每个用户都有自己的工作目录。并且需要根据工作性质给每个部门和每个用户在服务器上的可用空间进行限制。

假设有用户 user1，设置 user1 对/dev/sdb1 分区的磁盘限额，将 user1 对 blocks 的 soft 设置为 5000，hard 设置为 10000；inodes 的 soft 设置为 5000，hard 设置为 10000。

3. 实训内容

练习 chmod、chgrp 等命令的使用，练习在 Linux 下实现磁盘限额的方法。

4. 做一做

根据项目实训内容及视频，将项目完整地做一遍，检查学习效果。

3.4 练习题

一、填空题

1. 文件系统是磁盘上有特定格式的一片区域，操作系统利用文件系统_____和_____文件。

2. ext 文件系统在 1992 年 4 月完成，称为_____，是第一个专门针对 Linux 操作系统的文件系统。

3. ext 文件系统结构的核心组成部分是_____、_____和_____。

4. Linux 的文件系统是采用阶层式的_____结构，在该结构中的最上层是_____。

5. 默认的权限可用_____命令修改。只需执行_____命令，便可以屏蔽所有的权限，之后建立的文件或目录，其权限都变成_____。

6. _____代表当前的目录，也可以使用./来表示。_____代表上一层目录，也可以用../来代表。

7. 若文件名前多一个"."，则代表该文件为_____。可以使用_____命令查看隐藏文件。

8. 当想要让用户拥有文件 filename 的执行权限却不知道该文件原来的权限时，应该执行_____命令。

二、选择题

1. 存放 Linux 基本命令的目录是什么？（   ）

    A．/bin   B．/tmp   C．/lib   D．/root

2. 对于普通用户创建的新目录，哪个是默认的访问权限？（   ）

    A．rwxr-xr-x   B．rw-rwxrw-   C．rwxrw-rw-   D．rwxrwxrw-

3. 如果当前目录是/home/sea/china，那么 china 的父目录是哪个目录？（   ）

    A．/home/sea   B．/home/   C．/   D．/sea

4. 系统中有用户 user1 和 user2，同属于 users 组群。在 user1 用户目录下有一个文件 file1，它拥有 644 的权限，如果 user2 想修改 user1 用户目录下的 file1 文件，应拥有（   ）权限。

    A．744   B．664   C．646   D．746

5. 用 ls -al 命令列出下面的文件列表，哪一个文件是符号连接文件？（   ）

    A．-rw------- 2 hel-s users 56 Sep 09 11:05 hello

    B．-rw------- 2 hel-s users 56 Sep 09 11:05 goodbey

    C．drwx----- 1 hel   users 1024 Sep 10 08:10 zhang

    D．lrwx----- 1 hel users 2024   Sep 12 08:12 cheng

6. 如果 umask 设置为 022，创建文件的默认权限为（   ）。

    A．----w--w-   B．-rwxr-xr-x   C．r-xr-x---   D．rw-r--r--

第4章　配置网络服务

背景

作为 Linux 系统的网络管理员，学习 Linux 服务器的网络配置是至关重要的，同时管理远程主机也是管理员必须熟练掌握的。这些是后续网络服务配置的基础，必须要学好。

本章将详细讲解如何使用 nmtui 命令配置网络参数，通过 nmcli 命令查看网络信息并管理网络会话服务，从而能够在不同工作场景中快速地切换网络运行参数；还讲解了如何手工绑定 mode6 模式双网卡，实现网络的负载均衡。本章还深入介绍了 SSH 协议与 sshd 服务程序的理论知识、Linux 系统的远程管理方法以及在系统中配置服务程序的方法。

职业能力目标和要求
- 掌握常见网络配置方法。
- 掌握创建网络会话的方法。

4.1　配置主机名

Linux 主机要与网络中的其他主机进行通信，首先要进行正确的网络配置。网络配置通常包括主机名、IP 地址、子网掩码、默认网关、DNS 服务器等。

4.1.1　检查并设置有线处于连接状态

单击桌面右上角的 ⏻ 按钮，单击 "Connect" 按钮，设置有线处于连接状态，如图 4-1 所示。

设置完成后，右上角将出现有线连接的小图标，如图 4-2 所示。

图 4-1　设置有线处于连接状态　　　　图 4-2　有线处于连接状态

特别提示：必须首先使有线处于连接状态，这是一切配置的基础。

4.1.2 设置主机名

RHEL 7 系统中有三种状态的主机名。

- 静态的（Static）。静态主机名也称内核主机名，是系统在启动时从/etc/hostname 自动初始化的主机名。
- 瞬态的（Transient）。瞬态主机名是在系统运行时临时分配的主机名，由内核管理。例如，通过 DHCP 或 DNS 服务器分配的，如 localhost。
- 灵活的（Pretty）。灵活主机名是 UTF8 格式的自由主机名，以展示给终端用户。

与之前版本不同，RHEL 7 系统中有主机名配置文件/etc/hostname，可以在配置文件中直接更改主机名。

1. 使用 nmtui 命令修改主机名

> [root@server1 ~]# nmtui

可按图 4-3、图 4-4 所示进行配置。

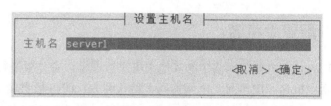

图 4-3　选择"设置系统主机名"　　　　图 4-4　修改主机名为 Server1

使用 NetworkManager 的 nmtui 界面修改了静态主机名后（/etc/hostname 文件），不会通知 hostnamectl。要想强制让 hostnamectl 知道静态主机名已经被修改，需要重启 hostnamed 服务，命令如下。

> [root@server1 ~]# systemctl restart systemd-hostnamed

2. 使用 hostnamectl 命令修改主机名

（1）查看主机名

> [root@server1 ~]# hostnamectl status
> 　　Static hostname: server1
> 　　　　Icon name: computer-vm
> 　　　　　Chassis: vm
> 　　　Machine ID: 798205aa11a94135868457f82b7723e0
> 　　　　Boot ID: 2078c76d9dac44739ff1484dc410cdc3
> 　　Virtualization: vmware
> Operating System: CentOS Linux 7 (Core)
> 　　CPE OS Name: cpe:/o:centos:centos:7
> 　　　　　Kernel: Linux 3.10.0-957.el7.x86_64
> 　　Architecture: x86-64

（2）设置新的主机名

```
[root@server1 ~]# hostnamectl set-hostname my.smile.com
```

（3）再次查看主机名

```
[root@server1 ~]# hostnamectl status
    Static hostname: my.smile.com

    ......
```

3．在 NetworkManager 的命令行界面中使用 nmcli 命令修改主机名

nmcli 命令可以修改/etc/hostname 中的静态主机名。

```
//查看主机名
[root@server1 ~]# nmcli general hostname
my.smile.com
//设置新主机名
[root@server1 ~]# nmcli general hostname server1
[root@server1 ~]# nmcli general hostname
server1
//重启 hostnamed 服务让 hostnamectl 知道静态主机名已经被修改
[root@server1 ~]# systemctl restart systemd-hostnamed
```

4.2 使用系统菜单配置网络

本节学习如何在 Linux 系统中配置服务，但在配置之前，必须先保证主机之间能够顺畅地通信。如果网络不通，即便服务部署得再正确用户也无法顺利访问，所以，配置网络并确保网络的连通性是学习部署 Linux 服务之前的最后一个重要知识点。

4-1　TCP-IP 网络接口配置

1）单击桌面右上角的网络连接图标 ，打开网络配置界面，单击"有线设置"按钮，如图 4-5 所示。

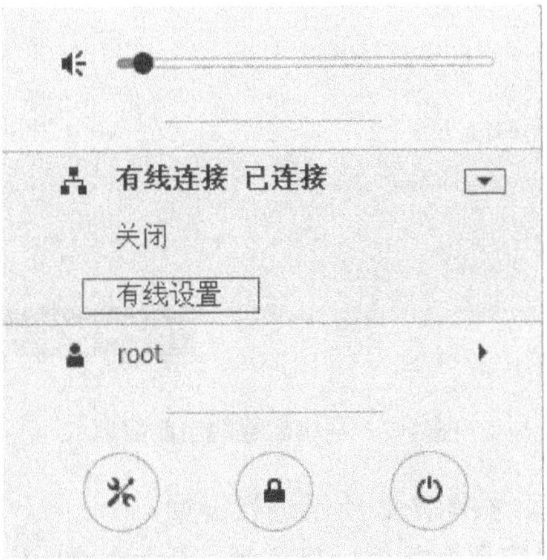

图 4-5　单击"有线设置"按钮

2）选择"网络"选项，设置有线连接为打开状态，单击右侧的齿轮图标，如图 4-6 所示。

图 4-6　打开有线连接

3）显示当前网络配置的详细信息，如图 4-7 所示。

图 4-7　网络配置的当前信息

4）选择"IPv4"选项卡，按图 4-8 所示进行设置。

5）设置完成后，单击"应用"按钮应用配置，返回如图 4-6 所示的界面。再次单击齿轮图标，会显示修改后的网络配置的详细信息，如图 4-9 所示。

图 4-8 配置 IPv4 等信息

图 4-9 显示修改后的网络配置信息

注意：网络连接应该设置为打开状态，如果在关闭状态，须在图 4-6 中进行修改。有时需要重启系统才能使配置生效。

建议：首选使用系统菜单配置网络。因为从 CentOS 7 系统开始，图形界面已经非常完善。在 Linux 系统桌面中依次选择"应用程序"→"系统工具"→"设置"→"网络"，同样可以打开网络配置界面。

4.3 使用网卡配置文件配置网络

网卡 IP 地址配置正确是两台服务器相互通信的前提。在 Linux 系统中，一切都是文件，因此配置网络服务的工作其实就是在编辑网卡配置文件。

在 CentOS 5、CentOS 6 中，网卡配置文件名的前缀为 eth，第 1 块网卡为 eth0，第 2 块网卡为 eth1；以此类推。而在 CentOS 7 中，网卡配置文件名的前缀则为 ifcfg，加上网卡名称共同组成网卡配置文件的名称，如 ifcfg-ens33。

现在有一个名称为 ifcfg-ens33 的网卡设备，将其配置为开机自启动，并且 IP 地址、子网、网关等信息由人工指定。具体配置步骤如下。

1）切换到/etc/sysconfig/network-scripts 目录（存放着网卡的配置文件）。由于每台设备的硬件及架构是不一样的，因此首先使用 ifconfig 命令确认网卡的默认名称（在此假设网卡名称为 ens33）。

```
[root@server1 ~]# ifconfig                        //查看网卡的名称等信息
[root@server1 ~]# cd   /etc/sysconfig/network-scripts
[root@server1 network-scripts]#
```

2）使用 vim 编辑器修改网卡文件 ifcfg-ens33，逐项输入下面的配置参数并保存退出。

设备类型：TYPE=Ethernet。

地址分配模式：BOOTPROTO=static。

网卡名称：NAME=ens33。

是否启动：ONBOOT=yes。

IP 地址：IPADDR=192.168.10.1。

子网掩码：NETMASK=255.255.255.0。

网关地址：GATEWAY=192.168.10.1。

DNS 地址：DNS1=192.168.10.1。

编辑网卡配置文件，输入相应信息，特别注意要将 ONBOOT 设置为 yes。

```
[root@server1 network-scripts]# vim ifcfg-ens33
TYPE=Ethernet
PROXY_METHOD=none
BROWSER_ONLY=no
BOOTPROTO=static
NAME=ens33
UUID=9d5c53ac-93b5-41bb-af37-4908cce6dc31
DEVICE=ens33
ONBOOT=yes
IPADDR=192.168.10.1
NETMASK=255.255.255.0
GATEWAY=192.168.10.1
DNS1=192.168.10.1
```

3）重启网络服务并测试网络是否连通。

执行重启网卡设备的命令（在正常情况下不会有提示信息），然后通过 ping 命令测试网络能否连通。由于在 Linux 系统中 ping 命令不会自动终止，因此需要手动按〈Ctrl+C〉组合键来强行结束进程。

```
[root@server1 network-scripts]# systemctl restart network
[root@server1 network-scripts]# ping 192.168.10.1
PING 192.168.10.1 (192.168.10.1) 56(84) bytes of data.
64 bytes from 192.168.10.1: icmp_seq=1 ttl=64 time=0.095 ms
64 bytes from 192.168.10.1: icmp_seq=2 ttl=64 time=0.048 ms
……
```

注意：使用配置文件进行网络配置，需要启动 network 服务，而从 CentOS 7 以后，network 服务已被 NetworkManager 服务替代，所以不建议使用网卡配置文件配置网络参数。

4.4 使用图形界面配置网络

使用图形界面配置网络是比较方便、简单的一种网络配置方式。具体配置步骤如下。

1）在终端中执行 nmtui 命令，进入如图 4-10 所示的图形配置界面。

```
[root@server1 network-scripts]# cd
[root@server1 ~]# nmtui
```

2）按〈Tab〉键选择"编辑连接"选项，然后按〈Enter〉键，进入如图 4-11 所示的配置界面，按〈Tab〉键选择要编辑的网卡名称，按〈Enter〉键。

图 4-10　选择"编辑连接"

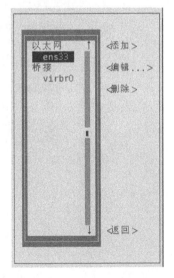

图 4-11　选择要编辑的网卡名称

3）按〈Tab〉键选择"编辑"选项，然后按〈Enter〉键，进入如图 4-12 所示的配置界面。

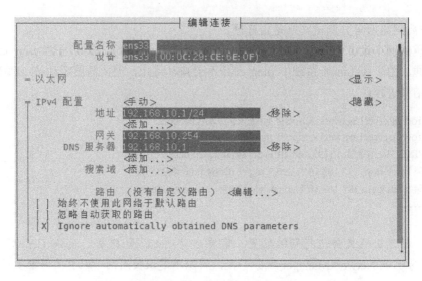

图 4-12 把网络 IPv4 的配置方式改成"手动"

注意: 本章中所有的服务器主机 IP 地址均为 192.168.10.1,而客户端主机一般设置为 192.168.10.20 及 192.168.10.30。之所以这样做,是为了方便后面服务器的配置。

另外,在菜单中,选项的切换一般使用〈Tab〉键,选中后可以使用空格键或〈Enter〉键进行选项下分项内容的选择。

4)若在"手动"选项上按〈Enter〉键,将调出 IPv4 配置模式的各个选项;若在"隐藏"选项上按〈Enter〉键,将隐藏 IPv4 的配置;若在"显示"选项上按〈Enter〉键,将会再次显示 IPv4 信息配置框,如图 4-13 所示。

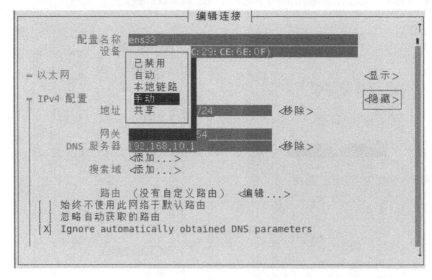

图 4-13 显示 IPv4 信息配置框

5)在服务器主机的网络配置信息中输入 IP 地址 192.168.10.1/24 等信息。结束后在"确定"选项上按〈Enter〉键保存配置,如图 4-14 所示。

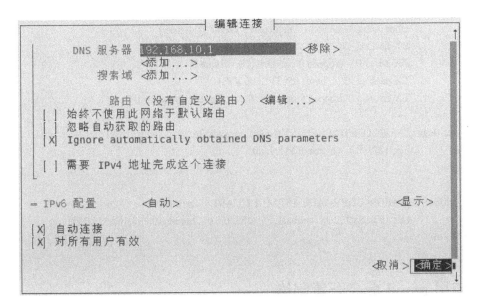

图 4-14　保存配置

6）在"返回"选项上按〈Enter〉键，返回 nmtui 图形界面初始状态，在"启用连接"选项上按〈Enter〉键，如图 4-15 所示。

7）启用刚才的有线连接"ens33"。前面有"*"符号表示已激活，如图 4-16 所示。

图 4-15　选择"启用连接"　　　图 4-16　启用（Activate）连接或禁用（Deactivate）连接

8）至此，在 Linux 系统中配置网络的步骤就结束了。下面使用 ifconfig 命令查看网络配置的结果。

```
[root@server1 ~]# ifconfig
ens33: flags=4163<UP,BROADCAST,RUNNING,MULTICAST>    mtu 1500
        inet 192.168.10.1   netmask 255.255.255.0   broadcast 192.168.10.255
        inet6 fe80::967e:fab:92c9:a1c0   prefixlen 64   scopeid 0x20<link>
```

```
        ether 00:0c:29:ce:6e:0f  txqueuelen 1000    (Ethernet)
        RX packets 430    bytes 59808 (58.4 KiB)
        RX errors 0   dropped 0   overruns 0    frame 0
        TX packets 932    bytes 85057 (83.0 KiB)
        TX errors 0   dropped 0 overruns 0   carrier 0   collisions 0

lo: flags=73<UP,LOOPBACK,RUNNING>    mtu 65536
        inet 127.0.0.1    netmask 255.0.0.0
......

virbr0: flags=4099<UP,BROADCAST,MULTICAST>    mtu 1500
        inet 192.168.122.1   netmask 255.255.255.0    broadcast 192.168.122.255
......
```

4.5 使用 nmcli 命令配置网络

NetworkManager 是管理和监控网络设置的守护进程。设备即网络接口，连接是对网络接口的配置。一个网络接口可以有多个连接配置，但同时只有一个连接配置生效。

1. nmcli 常用命令

nmcli 常用命令如表 4-1 所示。

表 4-1 nmcli 常用命令功能一览表

常 用 命 令	功　　能
nmcli connection show	显示所有连接
nmcli connection show --active	显示所有活动的连接状态
nmcli connection show "ens33"	显示网络连接配置
nmcli device status	显示设备状态
nmcli device show ens33	显示网络接口属性
nmcli connection add help	查看"nmcli connection add"命令的帮助信息
nmcli connection reload	重新加载配置
nmcli connection down ens33	禁用 ens33 的配置，注意一个网卡可以有多个配置
nmcli connection up ens33	启用 ens33 的配置
nmcli device disconnect ens33	禁用 ens33 物理网卡
nmcli device connect ens33	启用 ens33 网卡

2. 创建新连接

（1）创建新的连接 default，IP 地址通过 DHCP 自动获取

```
[root@server1 ~]# nmcli connection show
NAME      UUID                                        TYPE       DEVICE
ens33     0a98aa3f-a59b-4c1b-b374-9ce54f6931ad   ethernet    ens33
virbr0    4a05c8a4-9da1-4207-8e65-b7c66541c901    bridge       virbr0
[root@server1 ~]# nmcli connection add con-name default type Ethernet ifname ens
```

连接'default' (cdce1e27-8a6a-4fe2-9cb9-35022b2e7563) 已成功添加。

[root@server1 ~]# nmcli connection show

NAME	UUID	TYPE	DEVICE
ens33	0a98aa3f-a59b-4c1b-b374-9ce54f6931ad	ethernet	ens33
virbr0	4a05c8a4-9da1-4207-8e65-b7c66541c901	bridge	virbr0
default	cdce1e27-8a6a-4fe2-9cb9-35022b2e7563	ethernet	--

（2）删除连接

[root@server1 ~]# nmcli connection delete default
成功删除连接 'default'（cdce1e27-8a6a-4fe2-9cb9-35022b2e7563）。
[root@server1 ~]# nmcli connection show

NAME	UUID	TYPE	DEVICE
ens33	0a98aa3f-a59b-4c1b-b374-9ce54f6931ad	ethernet	ens33
virbr0	4a05c8a4-9da1-4207-8e65-b7c66541c901	bridge	virbr0

（3）创建新的连接 test2，指定静态 IP 地址，不自动连接

[root@server1 ~]# nmcli connection add con-name test2 ipv4.method manual ifname ens33 autoconnect no type Ethernet ipv4.addresses 192.168.10.100/24 gw4 192.168.10.1
连接'test2' (ba40a6df-35f5-48b6-992e-dbaf1ff7afd2) 已成功添加。
[root@server1 ~]# nmcli connection show

（4）参数说明

- con-name：指定连接名称，没有特殊要求。
- ipv4.methmod：指定获取 IP 地址的方式。
- ifname：指定网卡设备名，也就是这次配置所生效的网卡。
- autoconnect：指定是否自动启动。
- ipv4.addresses：指定 IPv4 地址。
- gw4：指定网关。

3. 查看/etc/sysconfig/network-scripts/目录

[root@server1 ~]# ls /etc/sysconfig/network-scripts/ifcfg-*
/etc/sysconfig/network-scripts/ifcfg-ens33
/etc/sysconfig/network-scripts/ifcfg-lo
/etc/sysconfig/network-scripts/ifcfg-test2

发现多出一个文件/etc/sysconfig/network-scripts/ifcfg-test2，说明前面添加的连接已生效。

4. 启用 test2 连接

[root@server1 ~]# nmcli connection up test2
连接已成功激活（D-Bus 活动路径：/org/freedesktop/NetworkManager/ActiveConnection/10）
[root@server1 ~]# nmcli   connection show

NAME	UUID	TYPE	DEVICE
test2	ba40a6df-35f5-48b6-992e-dbaf1ff7afd2	ethernet	ens33
virbr0	4a05c8a4-9da1-4207-8e65-b7c66541c901	bridge	virbr0
ens33	0a98aa3f-a59b-4c1b-b374-9ce54f6931ad	ethernet	--

5. 查看连接设置是否生效

```
[root@server1 ~]# nmcli device show ens33
GENERAL.DEVICE:                    ens33
GENERAL.TYPE:                      ethernet
GENERAL.HWADDR:                    00:0C:29:CE:6E:0F
GENERAL.MTU:                       1500
GENERAL.STATE:                     100 (连接的)
GENERAL.CONNECTION:                test2
GENERAL.CON-PATH:                  /org/freedesktop/NetworkManager/ActiveCo
WIRED-PROPERTIES.CARRIER:          开
IP4.ADDRESS[1]:                    192.168.10.100/24
IP4.GATEWAY:                       192.168.10.1
IP4.ROUTE[1]:                      dst = 192.168.10.0/24, nh = 0.0.0.0, mt
IP4.ROUTE[2]:                      dst = 0.0.0.0/0, nh = 192.168.10.1, mt =
IP6.ADDRESS[1]:                    fe80::8047:b2d1:f790:4e9c/64
IP6.GATEWAY:                       --
IP6.ROUTE[1]:                      dst = fe80::/64, nh = ::, mt = 100
IP6.ROUTE[2]:                      dst = ff00::/8, nh = ::, mt = 256, table
```

基本的 IP 地址配置成功。

6. 修改连接设置

（1）修改 test2 为自动启动

```
[root@server1 ~]#    nmcli connection modify test2 connection.autoconnect yes
```

（2）修改 DNS 为 192.168.10.1

```
[root@server1 ~]# nmcli connection modify test2 ipv4.dns 192.168.10.1
```

（3）添加 DNS 114.114.114.114

```
[root@server1 ~]# nmcli connection modify test2 +ipv4.dns 114.114.114.114
```

（4）查看是否修改成功

```
[root@server1 ~]# cat /etc/sysconfig/network-scripts/ifcfg-test2
TYPE=Ethernet
PROXY_METHOD=none
BROWSER_ONLY=no
BOOTPROTO=none
IPADDR=192.168.10.100
PREFIX=24
GATEWAY=192.168.10.1
DEFROUTE=yes
IPV4_FAILURE_FATAL=no
IPV6INIT=yes
IPV6_AUTOCONF=yes
IPV6_DEFROUTE=yes
IPV6_FAILURE_FATAL=no
```

```
IPV6_ADDR_GEN_MODE=stable-privacy
NAME=test2
UUID=ba40a6df-35f5-48b6-992e-dbaf1ff7afd2
DEVICE=ens33
ONBOOT=yes
DNS1=192.168.10.1
DNS2=114.114.114.114
```

可以看到配置均已生效。

（5）删除 DNS

```
[root@server1 ~]# nmcli connection modify test2 -ipv4.dns 114.114.114.114
```

（6）修改 IP 地址和默认网关

```
[root@server1 ~]# nmcli connection modify test2 ipv4.addresses 192.168.10.200/24 gw4 192.168.10.254
```

（7）添加多个 IP 地址

```
[root@server1 ~]# nmcli connection modify test2 +ipv4.addresses 192.168.10.250/24
[root@server1 ~]# nmcli   connection   show   "test2"
```

（8）删除 test2 连接

```
[root@server1 ~]# nmcli connection delete test2
成功删除连接 'test2'（ba40a6df-35f5-48b6-992e-dbaf1ff7afd2）。
```

7. nmcli 命令和/etc/sysconfig/network-scripts/ifcfg-*文件的对应关系

nmcli 命令和/etc/sysconfig/network-scripts/ifcfg-*文件的对应关系如表 4-2 所示。

表 4-2　nmcli 命令和/etc/sysconfig/network-scripts/ifcfg-*文件的对应关系

nmcli 命令	/etc/sysconfig/network-scripts/ifcfg-*文件
ipv4.method manual	BOOTPROTO=none
ipv4.method auto	BOOTPROTO=dhcp
ipv4.addresses 192.0.2.1/24	IPADDR=192.0.2.1 PREFIX=24
gw4 192.0.2.254	GATEWAY=192.0.2.254
ipv4.dns 8.8.8.8	DNS1=8.8.8.8
ipv4.dns-search example.com	DOMAIN=example.com
ipv4.ignore-auto-dns true	PEERDNS=no
connection.autoconnect yes	ONBOOT=yes
connection.id ens33	NAME=ens33
connection.interface-name ens33	DEVICE=ens33
802-3-ethernet.mac-address . . .	HWADDR= . . .

4.6　创建网络会话实例

RHEL 和 CentOS 系统默认使用 NetworkManager 来提供网络服务，这是一种动态管理网络配置的守护进程，能够让网络设备保持连接状态。前面讲过，可以使用 nmcli 命令来管理 NetworkManager 服务。nmcli 是一款基于命令行的网络配置工具，功能丰富，参数众多。它可以轻松地查看网络信息或网络状态。

```
[root@server1 ~]# nmcli connection show
NAME    UUID                                      PE            DEVICE
ens33   9d5c53ac-93b5-41bb-af37-4908cce6dc31    802-3-ethernet  --
```

另外，CentOS 7 系统支持网络会话功能，允许用户在多个配置文件中快速切换（类似于 firewalld 防火墙服务中的区域技术）。如果在公司网络中使用笔记本计算机时需要手动指定网络的 IP 地址，而回到家中则使用 DHCP 自动分配 IP 地址，就需要频繁地修改 IP 地址。但是使用了网络会话功能操作就简单多了，只需在不同的使用环境中激活相应的网络会话，就可以实现网络配置信息的自动切换。

可以使用 nmcli 命令并按照 "connection add con-name type ifname" 的格式来创建网络会话。假设公司网络中的网络会话为 company，家庭网络中的网络会话为 home，下面依次创建各自的网络会话。

1）使用 con-name 参数指定公司所使用的网络会话名称 company，然后依次用 ifname 参数指定本机的网卡名称（要以实际网卡名称为准）。用 autoconnect no 参数设置该网络会话默认不被自动激活，以及用 ip4 及 gw4 参数手动指定网络的 IP 地址。

```
[root@server1 ~]# nmcli connection add con-name company ifname ens33 autoconnect no type ethernet
ip4 192.168.10.1/24 gw4 192.168.10.1
连接'company' (733ad063-d3b2-4c53-8003-6a1970bfef8b) 已成功添加。
```

2）使用 con-name 参数指定家庭所使用的网络会话名称 home。因为想从外部 DHCP 服务器自动获得 IP 地址，因此这里不需要进行手动指定。

```
[root@server1~]# nmcli connection add con-name  home type ethernet ifname ens33
连接'home' (a463f69c-0af1-4fe1-a5ae-d4366162aa0c) 已成功添加。
```

3）在成功创建网络会话后，可以使用 nmcli 命令查看创建的所有网络会话。

```
[root@server1 ~]# nmcli connection show
NAME      UUID                                      TYPE       DEVICE
ens33     0a98aa3f-a59b-4c1b-b374-9ce54f6931ad    ethernet   ens33
virbr0    4a05c8a4-9da1-4207-8e65-b7c66541c901    bridge     virbr0
company   733ad063-d3b2-4c53-8003-6a1970bfef8b    ethernet   --
home      a463f69c-0af1-4fe1-a5ae-d4366162aa0c    ethernet   --
```

4）使用 nmcli 命令配置过的网络会话是永久生效的，这样以后启用 home 网络会话时，网卡就能自动通过 DHCP 获取到 IP 地址了。

```
[root@server1 ~]# nmcli connection up home
连接已成功激活（D-Bus 活动路径：/org/freedesktop/NetworkManager/ActiveConnection/12）
[root@server1 ~]# ifconfig
ens33: flags=4163<UP,BROADCAST,RUNNING,MULTICAST>  mtu 1500
        inet 192.168.1.102  netmask 255.255.255.0  broadcast 192.168.1.255
```

inet6 fe80::3b3:ecb4:80eb:66ee   prefixlen 64   scopeid 0x20<link>

ether 00:0c:29:ce:6e:0f   txqueuelen 1000   (Ethernet)

RX packets 1550   bytes 176282 (172.1 KiB)

RX errors 0   dropped 0   overruns 0   frame 0

TX packets 1200   bytes 119431 (116.6 KiB)

TX errors 0   dropped 0 overruns 0   carrier 0   collisions 0

lo: flags=73<UP,LOOPBACK,RUNNING>   mtu 65536

　　inet 127.0.0.1   netmask 255.0.0.0

　　……

virbr0: flags=4099<UP,BROADCAST,MULTICAST>   mtu 1500

　　inet 192.168.122.1   netmask 255.255.255.0   broadcast 192.168.122.255

　　……

　　5）如果使用的是虚拟机，要把虚拟机系统的网卡（网络适配器）切换成桥接模式，如图 4-17 所示。然后重启虚拟机系统即可。

图 4-17　设置虚拟机网卡的模式

　　6）到公司后，可以停止 home 网络会话，启动 company 网络会话。

[root@server1 ~]#　nmcli connection down home
成功取消激活连接 'home'（D-Bus 活动路径：/org/freedesktop/NetworkManager/ActiveConnection/12）
[root@server1 ~]#　nmcli connection up company
连接已成功激活（D-Bus 活动路径：/org/freedesktop/NetworkManager/ActiveConnection/14）
[root@server1 ~]# ifconfig

```
ens33: flags=4163<UP,BROADCAST,RUNNING,MULTICAST>    mtu 1500
        inet 192.168.10.1    netmask 255.255.255.0    broadcast 192.168.10.255
        inet6 fe80::b8bf:56de:6a98:8acc    prefixlen 64    scopeid 0x20<link>
        ether 00:0c:29:ce:6e:0f    txqueuelen 1000    (Ethernet)
        RX packets 1568    bytes 178257 (174.0 KiB)
        RX errors 0    dropped 0    overruns 0    frame 0
        TX packets 1275    bytes 130560 (127.5 KiB)
        TX errors 0    dropped 0 overruns 0    carrier 0    collisions 0
......
```

7）如果要删除会话连接，则执行 nmtui 命令，打开图形界面，选择"编辑连接"选项，然后选中要删除的网络会话，选择"删除"选项即可，如图 4-18 所示。

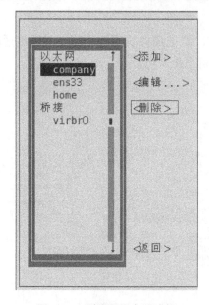

图 4-18　删除网络会话连接

也可以使用命令删除会话连接。

```
[root@server1 ~]# nmcli connection delete company
成功删除连接 'company'（733ad063-d3b2-4c53-8003-6a1970bfef8b）。
[root@server1 ~]# nmcli connection delete home
成功删除连接 'home'（a463f69c-0af1-4fe1-a5ae-d4366162aa0c）。
[root@server1 ~]# nmcli connection show
NAME      UUID                                      TYPE       DEVICE
ens33     0a98aa3f-a59b-4c1b-b374-9ce54f6931ad     ethernet   ens33
virbr0    4a05c8a4-9da1-4207-8e65-b7c66541c901     bridge     virbr0
```

4.7　常用网络测试工具

利用网络测试工具可以测试网络状态，判断和分析网络故障。

1．ping 命令

ping 命令主要用于测试本主机和目标主机的连通性。ping 命令的语法格式如下。

ping [参数] 主机名/IP 地址

对常用参数的说明如下。

- -c count：设置 ping 命令发出的 ICMP 的消息数量，不加此参数，则会发无限次的信息。
- -i interval：设置两次 ICMP 消息包的时间间隔，不加此参数，默认时间间隔为 1s。
- -s：设置发出的每个消息的数据包的大小，默认为 64B。
- -t：设置 TTL（Time To Live，生存时间）值。

例如：

```
[root@RHEL7-1 ~]# ping -c 4 -i 0.5 192.168.10.1
PING 192.168.1.1 （192.168.1.1） 56（84） bytes of data.
64 bytes from 192.168.10.1: icmp_seq=0 ttl=128 time=1.34ms
64 bytes from 192.168.10.1: icmp_seq=1 ttl=128 time=0.355ms
64 bytes from 192.168.10.1: icmp_seq=2 ttl=128 time=0.330ms
64 bytes from 192.168.10.1: icmp_seq=3 ttl=128 time=0.362ms

--- 192.168.10.1 ping statistics ---
4 packets transmitted, 4 received, 0% packet loss, time 1502ms
rtt min/avg/max/mdev = 0.330/0.596/1.340/0.430ms, pipe 2
```

以上命令共发送 4 次信息，每次信息的时间间隔为 0.5s。

2．traceroute 命令

traceroute 命令用于实现路由跟踪。例如：

```
[root@RHEL7-1 ~]# traceroute www.sina.com.cn
traceroute to jupiter.sina.com.cn （218.57.9.53），30 hops max, 38 byte packets
1 60.208.208.1 4.297ms 1.366ms 1.286ms
2 124.128.40.149 1.602ms 1.415ms 1.996ms
3 60.215.131.105 1.496ms 1.470ms 1.627ms
4 60.215.131.154 1.657ms 1.861ms 3.198ms
5 218.57.8.234 1.736ms 218.57.8.222 4.349ms 1.751ms
6 60.215.128.9*** 1.523ms 1.550ms 1.516ms
```

该命令输出中的每一行代表一个路由器或网关，利用该命令可以跟踪从当前主机到达目标主机所经过的路径。如果目标主机无法到达，通过该命令可以很容易分析出问题所在。

3．netstat 命令

当网络连通之后，可以利用 netstat 命令查看网络当前的连接状态。netstat 命令能够显示出网络的连接状态、路由表、网络接口的统计资料等信息。netstat 命令的网络连接状态只对 TCP 有效。常见的连接状态有 ESTABLISHED（已建立连接）、SYN SENT（尝试发起连接）、SYN RECV（接受发起的连接）、TIME WAIT（等待结束）和 LISTEN（监听）。

对 netstat 命令常用参数的说明如下。

- -a：显示所有的套接字。
- -c：连续显示，每秒更新一次信息。
- -i：显示所有网络接口的列表。
- -n：以数字形式显示网络地址。
- -o：显示和网络 Timer 相关的信息。
- -r：显示核心路由表。
- -t：只显示 TCP 套接字。
- -u：只显示 UDP 套接字。
- -v：显示版本信息。

例如：

```
//显示网络接口状态信息
[root@RHEL7-1 ~]# netstat -i
//显示所有监控中的服务器的 Socket 和正在使用 Socket 的程序信息
[root@RHEL7-1 ~]# netstat -lpe
//显示核心路由表信息
[root@RHEL7-1 ~]# netstat -nr
//显示 TCP 的连接状态
[root@RHEL7-1 ~]# netstat -t
```

4．arp 命令

可以使用 arp 命令配置并查看 Linux 系统的 ARP（Address Resolution Protocol，网络地址协议）缓存，包括查看 ARP 缓存、删除某个缓存条目、添加新的 IP 地址和 MAC 地址的映射关系。

例如：

```
//查看 ARP 缓存
[root@RHEL7-1 ~]# arp
//添加 IP 地址 192.168.1.1 和 MAC 地址 00:14:22:AC:15:94 的映射关系
[root@RHEL7-1 ~]# arp -s 192.168.1.1 00:14:22:AC:15:94
//删除 IP 地址和 MAC 地址对应的缓存记录
[root@RHEL7-1 ~]# arp -d 192.168.1.1
```

4.8 项目实训：配置 Linux 下的 TCP/IP 和远程管理

4-2 配置 TCP-IP 网络接口

1．实训目的

- 掌握 Linux 下 TCP/IP 网络的设置方法。
- 学会使用命令检测网络配置。
- 学会启用和禁用系统服务。
- 掌握 SSH 服务及应用。

2. 项目背景

某企业新增了一台 Linux 服务器，但还没有配置 TCP/IP 网络参数，请设置好各项
TCP/IP 参数，并连通网络。（使用不同的方法）

要求用户在多个配置文件之间快速切换。在公司网络中使用笔记本计算机时需要手动指
定网络的 IP 地址，而回到家中则使用 DHCP 自动获取 IP 地址。

3. 实训内容

练习在 Linux 系统下配置 TCP/IP 网络参数、检测网络、创建实用的网络会话。

4. 做一做

根据项目实训内容及视频，将项目完整地做一遍，检查学习效果。

4.9 练习题

一、填空题

1. _____文件主要用于设置基本的网络配置，包括主机名称、网关等。

2. 一块网卡对应一个配置文件，配置文件位于目录_____中，文件名以_____
开始。

3. _____文件是 DNS 客户端用于指定系统所用的 DNS 服务器的 IP 地址。

4. 查看系统的守护进程可以使用_____命令。

二、选择题

1. 以下哪个命令能用来显示服务器当前正在监听的端口？（　　　）

    A. ifconfig   B. netlst

    C. iptables   D. netstat

2. 以下哪个文件存放机器名到 IP 地址的映射？（　　　）

    A. /etc/hosts   B. /etc/host

    C. /etc/host.equiv   D. /etc/hdinit

3. Linux 系统提供了一些网络测试命令，当与某远程网络连接不上时，就需要跟踪路由
查看，以便了解在网络的什么位置出现了问题，请从下面的命令中选出符合该目的的命令。
（　　　）

    A. ping   B. ifconfig

    C. traceroute   D. netstat

4. 拨号上网使用的协议通常是（　　　）。

    A. PPP   B. UUCP

    C. SLIP   D. Ethernet

三、补充表格

请将表 4-3 中的 nmcli 常用命令及功能补充完整。

表 4-3　nmcli 常用命令

常　用　命　令	功　　能
	显示所有连接
	显示所有活动的连接状态
nmcli connection show "ens33"	
nmcli device status	
nmcli device show ens33	
	查看帮助
	重新加载配置
nmcli connection down test2	
nmcli connection up test2	
	禁用 ens33 网卡，物理网卡
nmcli device connect ens33	

四、简答题

1．在 Linux 系统中有多种方法可以配置网络参数？请列举几种。

2．在 Linux 系统中，当通过修改其配置文件中的参数来配置服务程序时，若想要让新配置的参数生效，还需要执行什么操作？

第 5 章　使用 shell 与 vim 编辑器

背景

系统管理员的一项重要工作就是修改与设定某些重要软件的配置文件，因此至少要学会使用一种以上的文字接口的文本编辑器。所有的 Linux 发行版本都内置有 vi 文本编辑器，很多软件也默认使用 vi 作为编辑的接口，因此读者一定要学会使用 vi 文本编辑器。vim 是进阶版的 vi，vim 不但可以用不同颜色显示文本内容，还能够进行诸如 Shell Script、C 等程序的编辑，因此，可以将 vim 视为一种程序编辑器。

职业能力目标和要求

● 了解 shell 的强大功能和 shell 的命令解释过程。

● 掌握正则表达式的使用方法。

● 学会使用重定向和管道。

● 学会使用 vim 编辑器。

5.1　shell 命令解释器

shell 是用户与操作系统内核之间的接口，起着协调用户与系统的一致性和在用户与系统之间进行交互的作用。

5.1.1　shell 概述

1. shell 的地位

shell 在 Linux 系统中具有极其重要的地位。Linux 系统结构组成如图 5-1 所示。

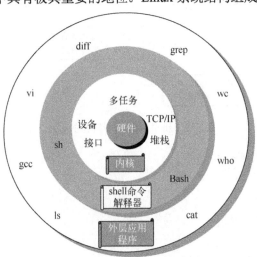

图 5-1　Linux 系统结构组成

2．shell 的功能

shell 最重要的功能是命令解释，从这个意义上来说，shell 是一个命令解释器。Linux 系统中的所有可执行文件都可以作为 shell 命令来执行。表 5-1 中列出了可执行文件的分类。

表 5-1　可执行文件的分类

类　别	说　明
Linux 命令	存放在/bin、/sbin 目录下
内置命令	出于效率的考虑，将一些常用命令的解释程序构造在 shell 内部
实用程序	存放在/usr/bin、/usr/sbin、/usr/local/bin 等目录下
用户程序	用户程序经过编译生成可执行文件后，也可作为 shell 命令运行
shell 脚本	由 shell 语言编写的批处理文件

当用户提交了一个命令后，shell 首先判断它是否为内置命令。如果是内置命令，就通过 shell 内部的解释器将其解释为系统功能调用并转交给内核执行；若是外部命令或实用程序就试图在硬盘中查找该命令并将其调入内存，再将其解释为系统功能调用并转交给内核执行。在查找该命令时分为以下两种情况。

1）用户给出了命令路径，shell 就沿着用户给出的路径查找，若找到则调入内存，若没有找到则输出提示信息。

2）用户没有给出命令路径，shell 就在环境变量 PATH 所指定的路径中依次进行查找，若找到则调入内存，若没有找到则输出提示信息。

图 5-2 描述了 shell 是如何完成命令解释的。

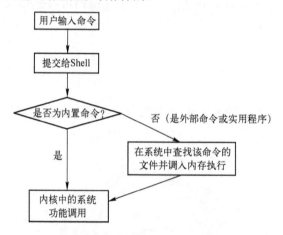

图 5-2　shell 执行命令解释的过程

此外，shell 还具有以下一些功能。

1）shell 环境变量。

2）正则表达式。

3）输入/输出重定向与管道。

3．shell 的主要版本

表 5-2 列出了几种常见的 shell 版本。

表 5-2　shell 的不同版本

版　　本	说　　明
Bash（bsh 的扩展）	Bash（Bourne Again shell）是大多数 Linux 系统的默认 shell。 Bash 与 bsh 完全向后兼容，并且在 bsh 的基础上增加和增强了很多特性。Bash 也包含了很多 C shell 和 Korn shell 中的优点。Bash 有很灵活和强大的编程接口，同时又有很友好的用户界面
Korn shell（ksh）	Korn shell （ksh）由 Dave Korn 所写。它是 UNIX 系统上的标准 shell。另外，在 Linux 环境下有一个专门为 Linux 系统编写的 Korn shell 的扩展版本，即 Public Domain Korn shell（pdksh）
tcsh（csh 的扩展）	tcsh 是 C shell 的扩展。tcsh 与 csh 完全向后兼容，但它包含了更多的使用户感觉方便的新特性，其最大的提高是在命令行编辑和历史浏览方面

5.1.2　shell 环境变量

shell 支持具有字符串值的变量。shell 变量不需要专门的说明语句，通过赋值语句完成变量说明并予以赋值。在命令行或 shell 脚本文件中使用 $name 的形式引用变量 name 的值。

5-1　使用 Shell 编程

1．变量的定义和引用

在 shell 中，变量的赋值格式如下。

　　name=string

其中，name 是变量名，它的值就是 string，"="是赋值符号。变量名是以字母或下画线开头的字母、数字和下画线字符序列。

通过在变量名（name）前加$符号（如$name）引用变量的值，引用的结果就是用字符串 string 代替$name。此过程也称为变量替换。

在定义变量时，若 string 中包含空格、制表符和换行符，则 string 必须用'string'（或者"string"）的形式，即用单（双）引号将其括起来。双引号内允许变量替换，而单引号内则不可以。

下面给出一个定义和使用 shell 变量的例子。

```
//显示字符常量，由于要输出的字符串中没有特殊字符，因此不用引号和用'或""的效果是一样的
$ echo who are you
who are you
$ echo 'who are you'
who are you
$ echo "who are you"
who are you
$
$ echo Je t'aime
>
//如果出现特殊字符'（单个引号），则由于没有与其相匹配的'，shell 认为命令行没有结束，按〈Enter〉键后会出现系统第二提示符，
//让用户继续输入命令行，按〈Ctrl+C〉组合键结束
$
//为了解决这个问题，可以使用下面的两种方法
$ echo "Je t'aime"
Je t'aime
$ echo Je t\'aime
Je t'aime
```

2．shell 变量的作用域

与程序设计语言中的变量一样，shell 变量有其规定的作用范围。shell 变量分为局部变量和全局变量。

1）局部变量的作用范围仅仅限制在其命令行所在的 shell 或 shell 脚本文件中。

2）全局变量的作用范围则包括本 shell 进程及其所有子进程。

3）可以使用 export 内置命令将局部变量设置为全局变量。

下面给出一个 shell 变量作用域的例子。

```
$ var1=Linux                //在当前 shell 中定义变量 var1
$ var2=unix                 //在当前 shell 中定义变量 var2 并将其输出
$ export var2
$ echo $var1                //引用变量的值
Linux
$ echo $var2
unix
$ echo $$                   //显示当前 shell 的 PID
2670
$ bash                      //调用子 shell
$ echo $$                   //显示当前 shell 的 PID
2709
$ echo $var1                //由于 var1 没有被设置为全局变量，因此在子 shell 中已无值
$ echo $var2                //由于 var2 被设置为全局变量，因此在子 shell 中仍有值
unix
$ exit                      //返回主 shell，并显示变量的值
$ echo $$
2670
$ echo $var1
Linux
$ echo $var2
unix
$
```

3．环境变量

环境变量是指由 shell 定义和赋初值的 shell 变量。shell 用环境变量来确定查找路径、注册目录、终端类型、终端名称、用户名等。所有环境变量都是全局变量，并可以由用户重新设置。表 5-3 列出了一些系统中常用的环境变量。

表 5-3　shell 中的环境变量

环境变量名	说　明	环境变量名	说　明
EDITOR、FCEDIT	Bash fc 命令的默认编辑器	PATH	Bash 寻找可执行文件的搜索路径
HISTFILE	用于存储历史命令的文件	PS1	命令行的一级提示符
HISTSIZE	历史命令列表的大小	PS2	命令行的二级提示符
HOME	当前用户的用户目录	PWD	当前工作目录
OLDPWD	前一个工作目录	SECONDS	当前 shell 开始后所流逝的秒数

不同类型的 shell 的环境变量有不同的设置方法。在 Bash 中，设置环境变量用 set 命令，命令的格式如下。

> set 环境变量=变量的值

例如，设置用户的主目录为/home/john，可以用以下命令。

> $ set HOME=/home/john

使用不加任何参数的 set 命令可以显示出用户当前所有环境变量的设置，如下所示。

```
$ set
BASH=/bin/Bash
BASH_ENV=/root/.bashrc
（略）
PATH=/usr/local/sbin:/usr/local/bin:/usr/sbin:/usr/bin:/sbin:/bin:/usr/bin/X11
PS1='[\u@\h \W]\$'
PS2='>'
SHELL=/bin/Bash
```

可以看到其中路径 PATH 的设置为：

> PATH=/usr/local/sbin:/usr/local/bin:/usr/sbin:/usr/bin:/sbin:/bin:/usr/bin/X11

总共有 7 个目录，Bash 会在这些目录中依次搜索用户输入命令的可执行文件。

在环境变量前面加上$符号，表示引用环境变量的值，下面以 root 用户登录计算机进行操作。例如：

> # cd $HOME

将把目录切换到用户的主目录。

当修改 PATH 变量时，如将一个路径/tmp 加到 PATH 变量前，应设置为：

> # PATH=/tmp:$PATH

此时，在保存原有 PATH 路径的基础上进行了添加。shell 在执行命令前，会先查找这个目录。

要将环境变量重新设置为系统默认值，可以使用 unset 命令。例如，下面的命令用于将当前的语言环境重新设置为默认的英文状态。

> # unset LANG

4．工作环境设置文件

shell 环境依赖于多个文件的设置。用户并不需要在每次登录后都对各种环境变量进行手工设置，通过环境设置文件，用户的工作环境设置可以在登录的时候自动由系统来完成。环境设置文件有两种，一种是系统环境设置文件，另一种是个人环境设置文件。

（1）系统环境设置文件

1）登录环境设置文件：/etc/profile。

2）非登录环境设置文件：/etc/bashrc。

（2）个人环境设置文件

1）登录环境设置文件：$HOME/.Bash_profile。

2）非登录环境设置文件：$HOME/.bashrc。

注意：*只有在特定的情况下才读取 profile 文件，确切地说是在用户登录的时候。当运行 shell 脚本以后，就无须再读 profile。*

系统中的用户环境文件设置对所有用户均生效，而用户设置的环境设置文件对用户自身生效。用户可以修改自己的用户环境设置文件来覆盖在系统环境设置文件中的全局设置。例如：

1）用户可以将自定义的环境变量存放在$HOME/.Bash_profile 中。

2）用户可以将自定义的别名存放在$HOME/.bashrc 中，以便在每次登录和调用子 Shell 时生效。

5.1.3 正则表达式

1. grep 命令

在第 3 章已介绍过 grep 命令的用法。grep 命令用来在文本文件中查找内容，它的英文全称为"global regular expression print"，意思就是全局正则表达式输出。指定给 grep 的文本模式称为正则表达式。它可以是普通的字母或数字，也可以使用特殊字符来匹配不同的文本模式。grep 命令打印出所有符合指定规则的文本行。例如：

> $ grep 'match_string' file

即从指定文件中找到含有字符串的行。

2. 正则表达式字符

Linux 定义了一个使用正则表达式的模式识别机制。Linux 系统库包含了对正则表达式的支持，鼓励在程序中使用这个机制。

遗憾的是，shell 的特殊字符辨认系统没有利用正则表达式，因为它们比 shell 自己的缩写更加难用。shell 的特殊字符和正则表达式是很相似的，为了正确利用正则表达式，用户必须了解两者之间的区别。

注意：*由于正则表达式使用了一些特殊字符，因此所有的正则表达式都必须用单引号括起来。*

正则表达式字符可以包含某些特殊的模式匹配字符。句点匹配任意一个字符，相当于 shell 的问号。紧接句号之后的星号匹配零个或多个任意字符，相当于 shell 的星号。方括号的用法跟 shell 的一样，只是用"^"代替了"!"，表示匹配不在指定列表内的字符。

表 5-4 列出了正则表达式的模式匹配字符。

表 5-4 模式匹配字符

模式匹配字符	说　　明
.	匹配单个任意字符
[list]	匹配字符串列表中的其中一个字符
[range]	匹配指定范围中的一个字符
[^　]	匹配指定字符串或指定范围中以外的一个字符

表 5-5 列出了与正则表达式模式匹配字符配合使用的量词。

表 5-5　量词

量　　词	说　　明
*	匹配前一个字符零次或多次
\\{n\\}	匹配前一个字符 n 次
\\{n, \\}	匹配前一个字符至少 n 次
\\{n, m\\}	匹配前一个字符 n~m 次

表 5-6 列出了正则表达式中可用的控制字符。

表 5-6　控制字符

控 制 字 符	说　　明
^	只在行头匹配正则表达式
$	只在行末匹配正则表达式
\\	引用特殊字符

控制字符是用来标记行头或行尾的，支持统计字符串的出现次数。

非特殊字符代表它们自己，如果要表示特殊字符，需要在前面加上反斜杠。

例如：

help	//匹配包含 help 的行
\\..$	//匹配倒数第 2 个字符是句点的行
^...$	//匹配只有 3 个字符的行
^[0-9]\\{3\\}[^0-9]	//匹配以 3 个数字开头跟着是一个非数字字符的行
^\\([A-Z][A-Z]\\)*$	//匹配只包含偶数个大写字母的行

5.1.4　输入/输出重定向与管道

1. 重定向

所谓重定向，就是不使用系统的标准输入端口、标准输出端口或标准错误端口，而进行重新指定。所以，重定向分为输入重定向、输出重定向和错误重定向。通常情况下，重定向到一个文件。在 shell 中，要实现重定向主要依靠重定向符实现，即 shell 检查命令行中有无重定向符来决定是否需要实施重定向。表 5-7 列出了常见的重定向符。

表 5-7　常见的重定向符

重 定 向 符	说　　明
<	实现输入重定向。输入重定向并不经常使用，因为大多数命令都以参数的形式在命令行上指定输入文件的文件名。尽管如此，当使用一个不接受文件名为输入多数的命令，而需要的输入又是在一个已存在的文件中时，就能用输入重定向解决问题
>或>>	实现输出重定向。输出重定向比输入重定向较常用。输出重定向使用户能把一个命令的输出重定向到一个文件中，而不是显示在屏幕上。很多情况下都可以使用这种功能。例如，某个命令的输出很多，在屏幕上不能完全显示时，即可把它重定向到一个文件中，再用文本编辑器打开这个文件
2>或2>>	实现错误重定向
&>	同时实现输出重定向和错误重定向

要注意的是，在实际执行命令之前，命令解释程序会自动打开（如果文件不存在则自动创建）且清空该文件（文件中已存在的数据将被删除）。当命令完成时，命令解释程序会正确地关闭该文件，而命令在执行时并不知道它的输出流已被重定向。

下面举几个使用重定向的例子。

1）将 ls 命令生成的/tmp 目录的一个清单保存到当前目录下的 dir 文件中。

    $ ls –l　/tmp >dir

2）将 ls 命令生成的/tmp 目录的一个清单以追加的方式保存到当前目录下的 dir 文件中。

    $ ls –l /tmp >>dir

3）将 passwd 文件的内容作为 wc 命令的输入。

    $ wc</etc/passwd

4）将 myprogram 命令的错误信息保存在当前目录下的 err_file 文件中。

    $ myprogram 2>err_file

5）将 myprogram 命令的输出信息和错误信息保存在当前目录下的 output_file 文件中。

    $ myprogram &>output_file

6）将 ls 命令的错误信息保存在当前目录下的 err_file 文件中。

    $ ls –l　2>err_file

注意：ls 命令并没有产生错误信息，但 err_file 文件中的原文件内容会被清空。

当输入重定向符时，命令解释程序会检查目标文件是否存在。如果不存在，命令解释程序将会根据给定的文件名创建一个空文件；如果文件已经存在，命令解释程序则会清除其内容并准备写入命令的输出结果。这种操作方式表明，当重定向到一个已存在的文件时需要十分小心，数据很容易在用户意识到之前就丢失了。

Bash 输入/输出重定向可以通过使用下面的选项设置为不覆盖已存在的文件。

    $ set　-o　noclobber

这个选项仅用于对当前命令解释程序输入/输出进行重定向，而其他程序仍可能覆盖已存在的文件。

7）通过将错误重定向到空设备，丢弃从 find 或 grep 等命令送来的错误信息。

    $ grep delegate　/etc/* 2>/dev/null

上面的 grep 命令的含义是从/etc 目录下的所有文件中搜索包含字符串 delegate 的所有行。由于是在普通用户的权限下执行该命令，grep 命令是无法打开某些文件的，系统会显示许多"未得到允许"的错误提示。通过将错误重定向到空设备，可以在屏幕上只显示有用的输出。

2. 管道

许多 Linux 命令具有过滤特性，即一条命令通过标准输入端口接收一个文件中的数据，命令执行后产生的结果数据又通过标准输出端口送给后一条命令，作为该命令的输入数据。后一条命令也是通过标准输入端口接收输入数据的。

Shell 提供管道命令"|"将这些命令前后衔接在一起，形成一个管道线，格式如下。

命令 1|命令 2|···|命令 *n*

管道线中的每一条命令都作为一个单独的进程运行，每一条命令的输出作为下一条命令的输入。由于管道线中的命令总是按从左到右的顺序执行，因此管道线是单向的。

管道线的实现创建了 Linux 系统管道文件并进行重定向，但是管道不同于输入/输出重定向。输入重定向导致一个程序的标准输入来自某个文件，输出重定向是将一个程序的标准输出写到一个文件中，而管道是直接将一个程序的标准输出与另一个程序的标准输入相连接，不需要经过任何中间文件。

例如，运行 who 命令来找出谁已经登录系统。

$ who   >tmpfile

该命令的输出结果是每个用户对应一行数据，其中包含一些有用的信息，将这些信息保存在临时文件中。

然后运行下面的命令。

$ wc -l   <tmpfile

该命令会统计临时文件的行数，最后的结果是登录系统的用户人数。

可以将以上两个命令组合起来使用。

$ who|wc -l

管道符号告诉命令解释程序将左边的命令（在本例中为 who）的标准输出流连接到右边的命令（在本例中为 wc -l）的标准输入流。因此可让 who 命令的输出不经过临时文件就可以直接送到 wc 命令中。

下面再举几个使用管道的例子。

1）以长格式递归的方式分屏显示/etc 目录下的文件和目录列表。

$ ls -Rl   /etc | more

2）分屏显示文本文件/etc/passwd 的内容。

$ cat /etc/passwd | more

3）统计文本文件/etc/passwd 的行数、字数和字符数。

$ cat /etc/passwd | wc

4）查看是否存在 john 用户账号。显示为空表示不存在该用户。

$ cat /etc/passwd | grep john

5）查看系统是否安装了 apache 和 yum 软件包。显示为空表示没有安装该软件。

$ rpm -qa | grep apache
$ rpm -qa | grep yum

6）显示文本文件中的若干行。

$ tail -15 myfile | head -3

管道仅能操纵命令的标准输出流。如果标准错误输出未重定向，那么任何写入其中的信息都会在终端显示屏幕上显示。管道可用来连接两个以上的命令。由于使用了一种称为过滤器的服务程序，多级管道在 Linux 中是很普遍的。过滤器只是一段程序，它从自己的标准输入流读入数据，然后写到自己的标准输出流中，这样就能沿着管道过滤数据。例如：

$ who|grep ttyp| wc -l

who 命令的输出结果由 grep 命令来处理，而 grep 命令则过滤（丢弃）掉所有不包含字符串"ttyp"的行。这个输出结果经过管道送到 wc 命令，而该命令的功能是统计剩余的行数，这些行数与网络用户的人数相对应。

Linux 系统的一个最大优势就是按照这种方式将一些简单的命令连接起来，形成更复杂的、功能更强的命令。那些标准的服务程序仅仅是一些管道应用的单元模块，在管道中它们的作用更加明显。

5.1.5　shell 脚本

shell 最强大的功能在于它是一个功能强大的编程语言。用户可以在文件中存放一系列的命令，这个文件被称为 shell 脚本或 shell 程序，将命令、变量和流程控制有机地结合起来将会得到一个功能强大的编程工具。shell 脚本语言非常擅长处理文本类型的数据，由于 Linux 系统中的所有配置文件都是纯文本的，因此 shell 脚本语言在管理 Linux 系统中发挥了巨大作用。

1．脚本的内容

shell 脚本是以行为单位的，在执行脚本的时候会分解成一行一行依次执行。脚本中所包含的成分主要有注释、命令、shell 变量和流程控制语句。其中：

1）注释。注释用于对脚本进行解释和说明，在注释行的前面要加上符号"#"，这样在执行脚本的时候 shell 就不会对该行进行解释。

2）命令。在 shell 脚本中可以出现任何在交互方式下可以使用的命令。

3）shell 变量。shell 支持具有字符串值的变量。shell 变量不需要专门的说明语句，通过赋值语句完成变量说明并予以赋值。在命令行或 shell 脚本文件中使用$name 的形式引用变量 name 的值。

4）流程控制。其主要为一些用于流程控制的内部命令。

表 5-8 列出了 shell 中用于流程控制的内置命令。

表 5-8　shell 中用于流程控制的内置命令

命　　令	说　　明
text expr 或[expr]	用于测试一个表达式 expr 值的真假
if expr then command-table fi	用于实现单分支结构
if expr then command-table else command-talbe fi	用于实现双分支结构
case…case	用于实现多分支结构
for…do…done	用于实现 for 型循环

命　　令	说　　明
while…do…done	用于实现当型循环
until…do…done	用于实现直到型循环
break	用于跳出循环结构
continue	用于重新开始下一轮循环

2．脚本的建立与执行

用户可以使用任何文本编辑器编辑 shell 脚本文件，如 vi、gedit 等。

shell 对 shell 脚本文件的调用可以采用以下 3 种方式。

1）将文件名（script_file）作为 shell 命令的参数。其调用格式如下。

　　　$ bash script_file

当要被执行的脚本文件没有可执行权限时，只能使用这种调用方式。

2）先将脚本文件（script_file）的访问权限改为可执行，以便该文件可以作为执行文件调用。具体方法如下。

　　　$ chmod +x script_file
　　　$ PATH=$PATH:$PWD
　　　$ script_file

3）当执行一个脚本文件时，shell 就产生一个子 shell（即一个子进程）去执行文件中的命令。因此，脚本文件中的变量值不能传递到当前 shell（即父进程）。为了使脚本文件中的变量值传递到当前 shell，必须在命令文件名前面加“.”命令。例如：

　　　$ ./script_file

“.”命令的功能是在当前 shell 中执行脚本文件中的命令，而不是产生一个子 shell 执行命令文件中的命令。

3．编写一个 Shell Script 程序

在编写下面这个示例程序前，要先以 root 用户身份登录计算机。

```
[root@RHEL7-1 ~]# mkdir   scripts; cd   scripts
[root@RHEL7-1 scripts]# vim   sh01.sh
#!/bin/bash
# Program:
# This program shows "Hello World!" in your screen.
# History:
# 2012/08/23      Bobby      First release
PATH=/bin:/sbin:/usr/bin:/usr/sbin:/usr/local/bin:/usr/local/sbin:~/bin
export PATH
echo -e "Hello World! \a \n"
exit 0
```

将所有撰写的脚本放置到家目录的~/scripts 目录内，以利于管理。下面分析一下上面的程序。

1）第三行#!/bin/bash 是声明这个脚本使用的 shell 名称。

因为使用的是 Bash，所以必须要以"#!/bin/bash"来声明这个文件内的语法使用 Bash 的语法。那么当这个程序被运行时，就能够加载 Bash 的相关环境配置文件（一般来说就是 non-login shell 的 ~/.bashrc），并且运行 Bash 使下面的命令能够运行。在很多情况下会因为没有设置好这一行导致该程序无法运行，因为系统无法判断该程序需要使用什么 shell 来运行。

2）程序内容的说明。

整个脚本当中，除了第一行的"#!"是用来声明 shell 的之外，其他的"#"都用于注释。

请读者一定要养成说明脚本的内容与功能、版本信息、作者及联络方式、创建日期、历史记录等的习惯，这将有助于未来程序的编辑与调试。

3）主要环境变量的声明。

务必将一些重要的环境变量设置好，PATH 与 LANG（使用与输出相关的信息时）是其中最重要的。这样可以让这个程序在运行时直接执行一些外部命令，而不必写绝对路径。

4）主要程序部分。

在该示例程序中，就是 echo 所在的行。

5）运行结果（定义回传值）。

一个命令的运行成功与否，可以使用"$?"变量查看。也可以利用 exit 命令让程序中断，并且回传一个数值给系统。在该示例程序中，使用"exit 0"命令，代表退出脚本并且将 0 回传给系统，所以当运行完这个脚本后，若接着执行"echo $?"命令，则可得到 0 的值。举一反三，利用"exit n"（n 是数字），还可以自定义错误信息，让程序变得更加智能。

该程序的运行结果如下。

```
[root@RHEL7-1 scripts]# sh   sh01.sh
Hello World！
```

而且应该还会听到"咚"的一声，这是 echo 加上 -e 选项的原因。

另外，也可以利用"chmod   a+x   sh01.sh； ./sh01.sh"命令来运行这个脚本。

5.2   vim 编辑器

vi 是 Visual Interface（可视化界面）的简称，vim（Visual Interface iMproved，增强版的可视化界面）在 vi 的基础上改进和增加了很多特性。vim 是纯粹的自由软件，可以执行输出、删除、查找、替换、块操作等众多文本操作，而且用户可以根据自己的需要对其进行定制，这是其他文本编辑软件所不具备的。vim 不是一个排版软件，它不像 Word 或 WPS 那样可以对字体、格式、段落等其他属性进行编排，它只是一个文本编辑软件。vim 是全屏幕文本编辑器，它没有菜单，只有命令。

5-2   使用 vim 编辑器

5.2.1   vim 的启动与退出

在系统提示符后输入 vim 和想要编辑（或创建）的文件名，便可进入 vim。例如：

```
$ vim
$ vim myfile
```

如果只输入 vim，不带文件名，也可以进入 vim，如图 5-3 所示。

图 5-3   vim 编辑环境

在命令模式下输入:q、:q!、:wq 或:x（注意加:号）命令，就会退出 vim。其中，:wq 和:x 命令是保存并退出，而:q 命令是直接退出。如果文件已有新的变化，vim 会提示保存文件，:q 命令也会失效，这时可以用:w 命令保存文件后再用:q 命令退出，或用:wq、:x 命令退出。如果不想保存改变后的文件，就需要用:q!命令，这个命令将不保存文件而直接退出 vim。例如：

```
:w                  //保存
:w filename         //另存为 filename
:wq!                //保存并退出
:wq! filename       //以 filename 为文件名保存后退出
:q!                 //不保存就退出
:x                  //保存并退出，功能和:wq 相同
```

5.2.2   vim 的工作模式

vim 有 3 种基本工作模式：编辑模式、插入模式和命令模式。考虑到各种用户的需要，采用状态切换的方法实现工作模式的转换。切换只是习惯性的问题，一旦能够熟练使用 vim，就会觉得它其实很好用。

进入 vim 之后，首先进入的是编辑模式。进入编辑模式后 vim 等待编辑命令输入而不是文本输入，也就是说，这时输入的字母都将作为编辑命令来解释。

进入编辑模式后光标停在屏幕第一行的行首，用"_"表示，其余各行的行首均有一个"～"符号，表示该行为空行。最后一行是状态行，显示出当前正在编辑的文件名及其状态。如果是[New File]，则表示该文件是一个新建的文件；如果输入 vim 和文件名后，文件

已在系统中存在，则在屏幕上显示该文件的内容，并且光标停在第一行的行首，在状态行显示出该文件的文件名、行数和字符数。

在编辑模式下输入插入命令 i、附加命令 a、打开命令 o、修改命令 c、取代命令 r 或替换命令 s 都可以进入插入模式。在插入模式下，用户输入的任何字符都被 vim 当作文件内容保存起来，并将其显示在屏幕上。在文本输入过程中（插入模式下），若想回到命令模式，按〈Esc〉键即可。

在编辑模式下，用户按〈:〉键即可进入命令模式，此时 vim 会在显示窗口的最后一行（通常也是屏幕的最后一行）显示一个:符号作为命令模式的提示符，等待用户输入命令。多数文件管理命令都是在此模式下执行的。末行命令执行完后，vim 自动回到编辑模式。

若在命令模式下输入命令的过程中改变了主意，可用退格键将输入的命令全部删除之后，再按一下〈Backspace〉键，即可使 vim 回到编辑模式。

5.2.3 vim 命令

在编辑模式下，输入表 5-9 所示的命令均可进入插入模式。

表 5-9 进入插入模式的命令

命　令	说　明
i	从光标所在位置前开始插入文本
I	将光标移到当前行的行首，然后在其前插入文本
a	用于在光标当前所在位置之后追加新文本
A	将光标移到所在行的行尾，从那里开始插入新文本
o	在光标所在行的下面新开一行，并将光标置于该行行首，等待输入
O	在光标所在行的上面插入一行，并将光标置于该行行首，等待输入

表 5-10 列出了常用的命令模式下的命令。

表 5-10 常用的命令模式下的命令

类　型	命　令	说　明
跳行	:n	直接输入要移动到的行号即可实现跳行
退出	:q	退出 vim
	:wq	保存并退出 vim
	:q!	不保存就退出 vim
文件相关	:w	在光标所在行的下面新开一行，并将光标置于该行行首，等待输入
	:w file	在光标所在行的上面插入一行，并将光标置于该行行首，等待输入
	:nl,n2 w file	将从 n1 开始到 n2 行结束的行写到 file 文件中
	:n w file	将第 n 行写到 file 文件中
	:l,. w file	将从第 1 行起到光标当前位置的所有内容写到 file 文件中
	:.,$ w file	将从光标当前位置起到文件结尾的所有内容写到 file 文件中
	:r file	打开另一个文件 file
	:e file	新建 file 文件
	:f file	把当前文件改名为 file 文件

类　型	命　令	说　　明
字符串搜索、替换和删除	:/str/	从当前光标开始往右移动到有 str 的地方
	:?str?	从当前光标开始往左移动到有 str 的地方
	:/str/w file	将包含 str 的行写到 file 文件中
	:/str1/,/str2/w file	将从 str1 开始到 str2 结束的内容写到 file 文件中
	:s/str1/str2/	将第 1 个 str1 替换为 str2
	:s/str1/str2/g	将所有的 str1 替换为 str2
文本的复制、删除和移动	:n1,n2 co n3	将从 n1 行开始到 n2 行为止的所有内容复制到 n3 后面
	:n1,n2 m n3	将从 n1 行开始到 n2 行为止的所有内容移动到 n3 后面
	:d	删除当前行
	:nd	删除第 n 行
	:n1,n2 d	删除从 n1 开始到 n2 为止的所有内容
	:.,$d	删除从当前行到结尾的所有内容
	:/str1/,/str2/d	删除从 str1 开始到 str2 为止的所有内容
执行 Shell 命令	:!Cmd	运行 Shell 命令 Cmd
	:n1,n2 w ! Cmd	将从 n1 开始到 n2 行为止的内容作为 Cmd 命令的输入，如果不指定 n1 和 n2，则将整个文件的内容作为命令 Cmd 的输入
	:r ! Cmd	将命令运行的结果写入当前行位置

　　上面这些命令看似复杂，其实使用非常简单。例如，删除也带有剪切的功能，可以把光标移动到某处，输入:d 就能把当前行删除，然后移动光标到某处，然后按〈P〉键或〈Shift+P〉组合键粘贴。按〈P〉键是在光标之后粘贴；按〈Shift+P〉键是在光标之前粘贴。

　　当进行查找和替换时，按〈Esc〉键进入命令模式，然后输入 "/" 或 "?" 就可以进行查找。例如，在一个文件中查找 swap 单词，首先按〈Esc〉键进入命令模式，然后输入：

　　　　/swap

或

　　　　?swap

　　再如，把光标所在行中的所有单词 the 替换成 THE，则可输入：

　　　　:s /the/THE/g

　　若仅仅是把第 1～10 行中的 the 替换成 THE，则可输入：

　　　　:1,10　s /the/THE/g

　　这些编辑指令非常灵活，基本上都是由指令与范围所构成的。需要注意的是，此处采用 PC 端的键盘说明 vim 操作，但在具体的环境中还要参考相应的资料。

5.3 项目实训

5.3.1 项目实训一：使用 shell 编程

1. 实训目的

- 掌握 shell 环境变量、管道、输入/输出重定向的使用方法。
- 熟悉 shell 程序设计。

视频 5-2
项目实训
使用 shell 编程

2. 项目背景

1）如果想要计算 1+2+3+...+100 的值，该怎样利用循环结构编写程序？

如果想要让用户自行输入一个数字，让程序从 1 一直加到输入的数字为止，该如何编写程序呢？

2）创建一个脚本，名为/root/batchusers，此脚本能实现为系统创建本地用户，并且这些用户的用户名来自一个包含用户名列表的文件。同时满足下列要求。

- 此脚本要求提供一个参数，此参数就是包含用户名列表的文件。
- 如果没有提供参数，此脚本应该给出提示信息 "Usage: /root/batchusers"，然后退出并返回相应的值。
- 如果提供一个不存在的文件名，此脚本应该给出提示信息 "input file not found"，然后退出并返回相应的值。
- 创建的用户登录 shell 为/bin/false。
- 此脚本需要为用户设置默认密码 "123456"。

3. 实训内容

练习 shell 程序设计方法及 shell 环境变量、管道、输入/输出重定向的使用方法。

4. 做一做

根据项目实训内容及视频，将项目完整地做一遍，检查学习效果。

5.3.2 项目实训二：使用 vim 编辑器

1. 实训目的

- 掌握 vim 编辑器的启动与退出。
- 掌握 vim 编辑器的 3 种模式及使用方法。
- 熟悉 C/C++编译器 gcc 的使用。

2. 项目背景

视频 5-3
项目实训
使用 vim 编辑器

在 Linux 操作系统中设计一个 C 语言程序，程序运行效果如图 5-4 所示。

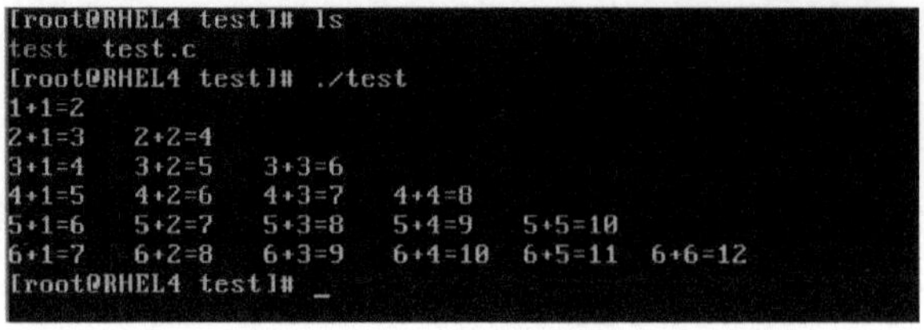

图 5-4 程序运行效果

3. 实训内容

练习 vim 编辑器的启动与退出；练习 vim 编辑器的使用方法；练习 C/C++编译器 gcc 的使用。

4. 做一做

根据项目实训内容及视频，将项目完整地做一遍，检查学习效果。

5.4 练习题

一、填空题

1. 由于 Kernel 在内存中是受保护的区块，因此必须通过_____将输入的命令与 Kernel 沟通，以便让 Kernel 可以控制硬件正确无误地工作。

2. 系统合法的 Shell 均写在_____文件中。

3. 用户默认登录取得的 Shell 记录于_____的最后一个字段。

4. Bash 的功能主要有_____；_____；_____；_____；_____等。

5. shell 变量有其规定的作用范围，可以分为_____与_____。

6. _____可以观察目前 Bash 环境下的所有变量。

7. 通配符主要有_____、_____、_____等。

8. 正则表示法就是处理字符串的方法，是以_____为单位来进行字符串的处理的。

9. 正则表示法通过一些特殊符号的辅助，可以让使用者轻易地_____、_____、_____某个或某些特定的字符串。

10. 正则表示法与通配符是完全不一样的，_____代表的是 Bash 操作接口的一个功能，_____则是一种字符串处理的表示方式。

二、简述题

1. vim 的 3 种运行模式是什么？如何切换？

2. 什么是重定向？什么是管道？什么是命令替换？

3. shell 变量有哪两种？分别如何定义？

4. 如何设置用户自己的工作环境？

三、关于正则表达式的练习

首先设置工作环境，输入以下命令。

```
$cd
$cd   /etc
$ls   -a   >~/data
$cd
```

这样，/etc 目录下的所有文件的列表就会保存在主目录下的 data 文件中。

写出可以在 data 文件中查找满足条件的所有行的正则表达式。

1）以"P"开头。

2）以"y"结尾。

3）以"m"开头以"d"结尾。

4）以"e""g"或"l"开头。

5）包含"o"，它后面跟着"u"。

6）包含"o"，隔一个字母之后是"u"。

7）以小写字母开头。

8）包含一个数字。

9）以"s"开头，包含一个"n"。

10）只含有4个字母。

11）只含有4个字母，但其中不包含"f"。

第6章 配置与管理 samba 服务器

背景

是谁最先搭起 Windows 和 Linux 沟通的桥梁，并且提供不同系统间的共享服务，还能拥有强大的打印服务功能？答案就是 samba。以上这些特点使得它的应用环境非常广泛。当然，samba 的魅力还远远不止这些。

职业能力目标和要求

● 了解 samba 环境及协议。
● 掌握 samba 的工作原理。
● 掌握主配置文件 samba.conf 的主要配置。
● 掌握 samba 服务密码文件。
● 掌握 samba 文件和打印共享的设置。
● 掌握 Linux 和 Windows 客户端共享 samba 服务器资源的方法。

6.1 samba 概述

对于接触 Linux 的用户来说，听得最多的就是 samba 服务，为什么是 samba 呢？原因是 samba 最先在 Linux 和 Windows 两个平台之间架起了一座桥梁。正是由于 samba，才可以实现在 Linux 系统和 Windows 系统之间通信，如复制文件、实现不同操作系统之间的资源共享等，可以将其架设成一个功能非常强大的文件服务器，也可以将其架设成打印服务器提供本地和远程联机打印，甚至可以使用 samba Server 完全取代 NT/2K/2K3 中的域控制器，进行域管理工作。

6-1 管理与维护 samba 服务器

6.1.1 samba 应用环境

1）文件和打印机共享。文件和打印机共享是 samba 的主要功能，SMB 进程实现资源共享，将文件和打印机发布到网络上，以供用户访问。

2）身份验证和权限设置。smbd 服务支持 user mode 和 domain mode 等身份验证和权限设置模式，通过加密方式保护共享的文件和打印机。

3）名称解析。samba 通过 nmbd 服务可以搭建 NBNS（NetBIOS Name Service）服务器，提供名称解析，将计算机的 NetBIOS 名解析为 IP 地址。

4）浏览服务。局域网中，samba 服务器可以成为本地主浏览服务器，保存可用资源列表，当使用客户端访问 Windows 网上邻居时会提供浏览列表，显示共享目录、打印机等资源。

6.1.2 SMB 协议

SMB（Server Message Block，服务器信息块）通信协议可以看作是局域网上共享文件和打印机的一种协议。它是 Microsoft 和 Intel 两家公司在 1987 年制定的协议，主要是作为 Microsoft 网络的通信协议，而 samba 则是将 SMB 协议搬到 UNIX 系统上来使用。通过 NBT （NetBIOS over TCP/IP，在 TCP/IP 上的 NetBIOS）使用 samba 不但能与局域网中的主机共享资源，还能与互联网中的计算机共享资源。因为互联网中成千上万的主机所使用的通信协议就是 TCP/IP。SMB 是位于会话层和表示层以及小部分的应用层的协议，SMB 使用了 NetBIOS 的应用程序接口 API。另外，它是一个开放性的协议，允许协议扩展，这使得它变得庞大而复杂，大约有 65 个最上层的作业，而每个作业都超过 120 个函数。

6.1.3 samba 工作原理

samba 服务功能强大，这与其通信基于 SMB 协议有关。SMB 不仅提供目录和打印机共享，还支持认证、权限设置。在早期，SMB 运行于 NBT 协议上，使用 UDP 的 137、138 端口以及使用 TCP 的 139 端口，后期经过开发，SMB 可以直接运行于 TCP/IP 上，没有额外的 NBT 层，使用 TCP 的 445 端口。

1. samba 工作流程

当客户端访问服务器时，信息通过 SMB 协议进行传输，其工作过程可以分成 4 个步骤。

1）协议协商。客户端在访问 samba 服务器时，发送 negprot 指令数据包，告知目标计算机其支持的 SMB 类型；samba 服务器根据客户端的情况，选择最优的 SMB 类型并作出回应，如图 6-1 所示。

2）建立连接。当 SMB 类型确认后，客户端会发送 session setup 指令数据包，提交账号和密码，请求与 samba 服务器建立连接；如果客户端通过身份验证，samba 服务器会对 session setup 报文作出回应，并为用户分配唯一的 UID，在客户端与其通信时使用，如图 6-2 所示。

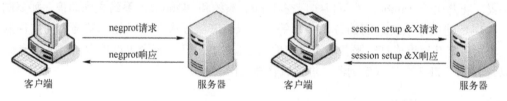

图 6-1 协议协商   图 6-2 建立连接

3）访问共享资源。客户端访问 samba 共享资源时，发送 tree connect 指令数据包，通知服务器需要访问的共享资源名；如果设置允许，samba 服务器会为每个客户端与共享资源连接分配 TID（Thread Identifier，线程标识符），客户端即可访问需要的共享资源，如图 6-3 所示。

4）断开连接。共享使用完毕，客户端向服务器发送 tree disconnect 报文关闭共享，与服务器断开连接，如图 6-4 所示。

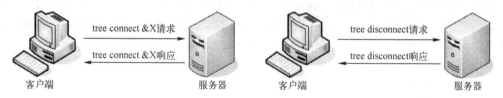

图 6-3 访问共享资源   图 6-4 断开连接

2. samba 相关进程

samba 服务由两个进程组成，分别是 nmbd 和 smbd。

- nmbd。其功能是进行 NetBIOS 名解析，并提供浏览服务显示网络上的共享资源列表。
- smbd。其主要功能是管理 samba 服务器上的共享目录、打印机等，主要是针对网络上的共享资源进行管理的服务。当要访问服务器时，要查找共享文件，这时就要依靠 smbd 进程来管理数据传输。

6.2 配置 samba 服务

1. 了解 samba 服务器配置的工作流程

在 samba 服务安装完毕之后，不可以直接使用 Windows 或 Linux 的客户端访问 samba 服务器，还必须对服务器进行设置，即告诉 samba 服务器将哪些目录共享出来给客户端进行访问，并根据需要设置其他选项，如添加对共享目录内容的简单描述信息和访问权限等具体设置。

基本的 samba 服务器的搭建流程主要分为 5 个步骤。

1）编辑主配置文件 smb.conf，指定需要共享的目录，并为共享目录设置共享权限。

2）在 smb.conf 文件中指定日志文件名称和存放路径。

3）设置共享目录的本地系统权限。

4）重新加载配置文件或重新启动 SMB 服务，使配置生效。

5）配置防火墙，同时设置 SELinux 为允许。

samba 工作流程如图 6-5 所示。

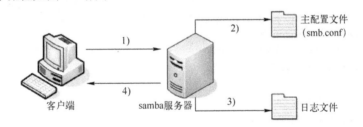

图 6-5 samba 工作流程示意图

1）客户端请求访问 samba 服务器上的 Share 共享目录。

2）samba 服务器接收到请求后，会查询主配置文件 smb.conf，看是否共享了 Share 目录，如果共享了这个目录，则查看客户端是否有权限访问。

3）samba 服务器会将本次访问信息记录在日志文件中，日志文件的名称和路径都需要设置。

4）如果客户端满足访问权限设置，则允许客户端进行访问。

2. 安装并启动 samba 服务

建议在安装 samba 服务之前，使用 **rpm -qa |grep samba** 命令检测系统是否安装了 samba 相关软件包。

```
[root@server1 ~]#rpm -qa |grep samba
```

如果系统还没有安装 samba 软件包，可以使用 yum 命令安装所需软件包。

1）挂载 ISO 安装镜像。

```
[root@server1 ~]# mkdir /iso
[root@server1 ~]# mount /dev/cdrom /iso
mount: /dev/sr0 is write-protected, mounting read-only
```

2）制作用于安装的 yum 源文件 dvd.repo，内容如下。

```
# /etc/yum.repos.d/dvd.repo
# or for ONLY the media repo, do this:
# yum --disablerepo=\* --enablerepo=c6-media [command]
[dvd]
name=dvd
baseurl=file:///iso                    //特别注意本地源文件的表示，3 个 "/"
gpgcheck=0
enabled=1
```

3）使用 yum 命令查看 samba 软件包的信息。

```
[root@server1 ~]# yum info samba
```

4）使用 yum 命令安装 samba 服务。

```
[root@server1 ~]# yum clean all                          //安装前先清除缓存
[root@server1 ~]# yum install samba -y
```

5）所有软件包安装完毕之后，可以使用 rpm 命令再一次进行查询。

```
[root@server1 ~]# rpm -qa | grep samba
samba-libs-4.8.3-4.el7.x86_64
samba-common-libs-4.8.3-4.el7.x86_64
samba-common-tools-4.8.3-4.el7.x86_64
samba-common-4.8.3-4.el7.noarch
samba-4.8.3-4.el7.x86_64
samba-client-libs-4.8.3-4.el7.x86_64
```

6）启动与停止 samba 服务，设置开机启动。

```
[root@server1 ~]# systemctl start smb
[root@server1 ~]# systemctl enable smb
Created symlink from /etc/systemd/system/multi-user.target.wants/smb.service
 to /usr/lib/systemd/system/smb.service.
[root@server1 ~]# systemctl restart smb
[root@server1 ~]# systemctl stop smb
[root@server1 ~]# systemctl start smb
```

注意：在 Linux 系统中，当更改服务配置文件后，一定要记得重启服务，让服务重新加载配置文件，这样新的配置才可以生效。

3．主要配置文件 smb.conf

samba 的配置文件一般放在/etc/samba 目录中，主配置文件名为 smb.conf。

（1）samba 服务程序中的参数及作用

使用 ll 命令查看 smb.conf 文件属性，并使用"cat /etc/samba/smb.conf"命令查看文件的详细内容，如图 6-6 所示。

```
[root@rhel-7 ~]# cat /etc/samba/smb.conf
# See smb.conf.example for a more detailed config file or
# read the smb.conf manpage.
# Run 'testparm' to verify the config is correct after
# you modified it.

[global]
        workgroup = SAMBA
        security = user

        passdb backend = tdbsam

        printing = cups
        printcap name = cups
        load printers = yes
        cups options = raw

[homes]
        comment = Home Directories
        valid users = %S, %D%w%S
        browseable = No
        read only = No
        inherit acls = Yes

[printers]
        comment = All Printers
        path = /var/tmp
        printable = Yes
        create mask = 0600
        browseable = No

[print$]
        comment = Printer Drivers
        path = /var/lib/samba/drivers
```

图 6-6　查看 smb.conf 配置文件

CentOS 7 的 smb.conf 配置文件已经很精简，只有 37 行左右。如果要更清楚地了解配置文件，建议研读 smb.conf.example。samba 开发组按照功能不同，对 smb.conf 文件进行了分段划分，条理非常清楚。表 6-1 列出了主配置文件的参数及其说明。

表 6-1　samba 服务程序中的参数及其说明

	参　　数	说　　明
全局参数[global]	workgroup = MYGROUP	工作组名称
	server string = samba Server Version %v	服务器描述，参数%v 为 SMB 版本号
	log file = /var/log/samba/log.%m	定义日志文件的存放位置与名称，参数%m 为来访的主机名
	max log size = 50	定义日志文件的最大容量为 50KB
	security = user	安全验证的方式，总共有 4 种。 share，来访主机无须验证口令，比较方便，但安全性很差；user，须验证来访主机提供的口令后才可以访问，提升了安全性，系统默认方式；server，使用独立的远程主机验证来访主机提供的口令（集中管理账户）；domain，使用域控制器进行身份验证
	passdb backend = tdbsam	定义用户后台的类型，共有 3 种，分别为 smbpasswd、tdbsam、ldapsam。 smbpasswd，使用 smbpasswd 命令为系统用户设置 samba 服务程序的密码；tdbsam，创建数据库文件并使用 pdbedit 命令建立 samba 服务程序的用户；ldapsam，基于 LDAP 服务进行账户验证
	load printers = yes	设置在 samba 服务启动时是否共享打印机设备
	cups options = raw	打印机的选项

	参　数	说　明
共享参数[homes]	comment = Home Directories	描述信息
	browseable = no	指定共享信息是否在"网上邻居"中可见
	writable = yes	定义是否可以执行写入操作，与"read only"相反
打印机共享参数[printers]	printable=yes	定义是否可以打印

注意： 为了方便配置，建议先备份 smb.conf 配置文件，一旦发现错误可以随时从备份文件中恢复主配置文件。另外，强烈建议，每开始一个新实训时，使用备份的主配置文件进行重新配置，避免上一个实训的配置影响下一个实训的结果。备份操作如下。

```
[root@server1 ~]# cd /etc/samba
[root@server1 samba]# ls
[root@server1 samba]# cp smb.conf    smb.conf.bak
```

（2）Share Definitions 共享服务的定义

Share Definitions 设置对象为共享目录和打印机，如果想发布共享资源，需要对 Share Definitions 部分进行配置。Share Definitions 字段非常丰富，设置灵活。

先来看几个最常用的字段。

① 设置共享名。共享资源发布后，必须为每个共享目录或打印机设置不同的共享名，供网络用户访问时使用，并且共享名可以与原目录名不同。

格式：

　　[共享名]

② 共享资源描述。网络中存在各种共享资源，为了方便用户识别，可以为其添加备注信息，以方便用户查看时了解共享资源的内容。

格式：

　　comment = 备注信息

③ 共享路径。共享资源的原始完整路径，可以使用 path 字段进行发布，务必正确指定。

格式：

　　path = 绝对地址路径

④ 设置匿名访问。设置是否允许对共享资源进行匿名访问，可以更改 public 字段。

格式：

```
public = yes        #允许匿名访问
public = no         #禁止匿名访问
```

【例 6-1】 samba 服务器中有个/share 目录，需要发布该目录成为共享目录，定义共享名为 public，要求允许浏览、允许只读、允许匿名访问。设置如下。

　　[public]

```
comment = public
path = /share
browseable = yes
read only = yes
public = yes
```

⑤ 设置访问用户。如果共享资源存在重要数据的话，需要对访问用户审核，可以使用
valid users 字段进行设置。

格式：

```
valid users = 用户名
valid users = @组名
```

【例 6-2】 samba 服务器的/share/tech 目录中存放了公司技术部数据，只允许技术部员工
和经理访问，技术部组为 tech，经理账号为 manger。设置如下。

```
[tech]
        comment=tecch
        path=/share/tech
        valid users=@tech,manger
```

⑥ 设置目录只读。共享目录如果限制用户的读写操作，可以通过 read only 实现。
格式：

```
read only = yes          #只读
read only = no           #读写
```

⑦ 设置过滤主机。
设置过滤主机时请注意网络地址的写法。
格式：

```
hosts allow = 192.168.10.    server.abc.com
#表示允许来自 192.168.10.0 或 server.abc.com 网络的主机访问 samba 服务器资源
hosts deny = 192.168.2.
#表示不允许来自 192.168.2.0 网络的主机访问当前 samba 服务器资源
```

【例 6-3】 samba 服务器的公共目录/public 用于存放大量共享数据，为保证目录安全，
仅允许来自 192.168.10.0 网络的主机访问，并且只允许读取，禁止写入。设置如下。

```
[public]
        comment=public
        path=/public
        public=yes
        read only=yes
        hosts allow = 192.168.10.
```

⑧ 设置目录可写。如果共享目录允许用户写操作，可以使用 writable 或 write list 两个
字段进行设置。
writable 设置格式：

```
writable = yes          #读写
writable = no           #只读
```

write list 设置格式:

```
write list = 用户名
write list = @组名
```

4. 配置 samba 服务日志文件

日志文件对于 samba 非常重要,它存储着客户端访问 samba 服务器的信息,以及 samba 服务的错误提示信息等,可以通过分析日志文件,帮助解决客户端访问和服务器维护等问题。

在/etc/samba/smb.conf 配置文件中,log file 为设置 samba 日志的字段。

```
log file = /var/log/samba/log.%m
```

samba 服务的日志文件默认存放在/var/log/samba 目录中,其中 samba 会为每个连接到 samba 服务器的计算机分别建立日志文件。可使用"ls-a /var/log/samba"命令查看所有的日志文件。

当客户端通过网络访问 samba 服务器后,会自动添加客户端的相关日志。所以,Linux 管理员可以根据这些文件来查看用户的访问情况和服务器的运行情况。另外,当 samba 服务器工作异常时,也可以通过/var/log/samba 目录下的日志文件进行分析。

5. 配置 samba 服务密码文件

samba 服务器发布共享资源后,客户端访问 samba 服务器,需要提交用户名和密码进行身份验证,验证合格后才可以登录。samba 服务为了实现客户身份验证功能,将用户名和密码信息存放在/etc/samba/smbpasswd 文件中。在客户端访问时,将用户提交的资料与 smbpasswd 文件中存放的信息进行比对,如果相同并且符合 samba 服务器的其他安全设置许可,客户端与 samba 服务器连接才能建立成功。

那如何创建 samba 账号呢?首先,samba 账号并不能直接创建,需要先创建同名的 Linux 系统账号。例如,要创建一个名为 yy 的 samba 账号,则在 Linux 系统中必须提前创建一个同名的 yy 系统账号。

在 samba 中创建账号的命令为 smbpasswd,命令格式如下。

```
smbpasswd  -a   用户名
```

【例 6-4】 在 samba 服务器中创建 samba 账号 reading。

① 创建 Linux 系统账号 reading。

```
[root@server1 ~]# useradd   reading
[root@server1 ~]# passwd   reading
```

② 创建 reading 用户的 samba 账号。

```
[root@server1 ~]# smbpasswd   -a   reading
```

如果在创建 samba 账号时输入完两次密码后出现错误信息 "Failed to modify password entry for user amy",则是因为 Linux 本地用户中没有 reading 账号,在 Linux 系统中添加该用户账号就可以了。

经过上面的设置，再次访问 samba 共享文件时就可以使用 reading 账号访问了。

6.3 user 服务器实例解析

在 CentOS 7 系统中，samba 服务程序默认使用用户口令认证模式（user）。这种认证模式可以确保仅让有密码且受信任的用户访问共享资源，而且验证过程十分简单。

【例 6-5】 如果公司有多个部门，因工作需要必须分门别类地创建相应部门的目录。要求将销售部的资料存放在 samba 服务器的/companydata/sales 目录下集中管理，以便销售人员浏览，并且该目录只允许销售部员工访问。samba 共享服务器和客户端的 IP 地址可以根据表 6-2 来设置。

表 6-2　samba 服务器和 Windows 客户端使用的操作系统及 IP 地址

主 机 名 称	操 作 系 统	IP 地址	网络连接方式
samba 共享服务器：server1	CentOS 7	192.168.10.1	VMnet1
Linux 客户端：client1	CentOS 7	192.168.10.20	VMnet1
Windows 客户端：Win7-1	Windows 7	192.168.10.30	VMnet1

在/companydata/sales 目录下存放了销售部的重要数据，为了保证其他部门无法查看其内容，需要将全局配置中的 security 设置为 user 安全级别，这样就启用了 samba 服务器的身份验证机制。然后在共享目录/companydata/sales 下设置 valid users 字段，配置只允许销售部员工访问这个共享目录。设置步骤如下。

1. 在 server1 上配置 samba 共享服务器（前面已安装 samba 服务器并启动）

1）创建共享目录，并在其下创建测试文件。

```
[root@server1 ~]# mkdir   /companydata
[root@server1 ~]# mkdir   /companydata/sales
[root@server1 ~]# touch  /companydata/sales/test_share.tar
```

2）添加销售部用户和组并添加相应的 samba 账号。

① 使用 groupadd 命令添加 sales 组，然后执行 useradd 命令和 passwd 命令添加销售部员工的账号及密码。此处单独增加一个 test_user1 账号，test_user1 账号不属于 sales 组，仅供测试用。

```
[root@server1 ~]# groupadd   sales              #创建销售组 sales
[root@server1 ~]# useradd   -g  sales  sale1     #创建用户 sale1，添加到 sales 组
[root@server1 ~]# useradd   -g  sales  sale2     #创建用户 sale2，添加到 sales 组
[root@server1 ~]# useradd   test_user1           #供测试用
[root@server1 ~]# passwd   sale1                 #设置用户 sale1 的密码
[root@server1 ~]# passwd   sale2                 #设置用户 sale2 的密码
[root@server1 ~]# passwd   test_user1            #设置用户 test_user1 的密码
```

② 为销售部成员创建相应的 samba 账号。

```
[root@server1 ~]# smbpasswd   -a   sale1
```

```
[root@server1 ~]# smbpasswd   -a   sale2
```

3）修改 samba 主配置文件 smb.conf（vim /etc/samba/smb.conf）。

```
[global]
            workgroup = Workgroup
            server string = File Server
            security = user                              #设置 user 安全级别模式，默认值
            passdb backend = tdbsam
            printing = cups
            printcap name = cups
            load printers = yes
            cups options = raw
[sales]                                                  #设置共享目录的共享名为 sales
            comment=sales
            path=/companydata/sales                      #设置共享目录的绝对路径
            writable = yes
            browseable = yes
            valid users = @sales                         #设置可以访问的用户为 sales 组
```

4）设置共享目录的本地系统权限。将属主、属组分别改为 sale1、sales 和 sale2、sales。

```
[root@server1 ~]# chmod    777    /companydata/sales -R
[root@server1 ~]# chown    sale1:sales   /companydata/sales   -R
[root@server1 ~]# chown    sale2:sales   /companydata/sales   -R
```

5）更改共享目录的 context 值，或者禁止 SELinux。

```
[root@server1 ~]# chcon -t samba_share_t /companydata/sales   -R
```

或者

```
[root@server1 ~]# getenforce
Enforcing
[root@server1 ~]# setenforce Permissive
```

6）让防火墙对 samba 服务放行，这一步很重要。

```
[root@server1 ~]# systemctl restart firewalld
[root@server1 ~]# systemctl enable firewalld
[root@server1 ~]# firewall-cmd --permanent -add-service=samba
[root@server1 ~]# firewall-cmd –reload          //重新加载防火墙
[root@server1 ~]# firewall-cmd --list-all
public (active)
    target: default
    icmp-block-inversion: no
    interfaces: ens33
    sources:
    services: ssh dhcpv6-client http squid samba //已经加入防火墙的允许服务
    ports:
```

```
        protocols:
        masquerade: no
        forward-ports:
        source-ports:
        icmp-blocks:
        rich rules:
```

7) 重新加载 samba 服务。

```
[root@server1 ~]# systemctl restart smb
```

或者

```
[root@server1 ~]# systemctl reload smb
```

8) 测试。

一是在 Windows 7 中利用资源管理器进行测试, 二是通过 Linux 客户端进行测试。

注意: samba 服务器在将本地文件系统共享给 samba 客户端时, 涉及本地文件系统权限和 samba 共享权限。当客户端访问共享资源时, 最终的权限取这两种权限中最严格的。

2. 在 Windows 客户端访问 samba 共享

无论将 samba 共享服务部署在 Windows 系统上还是部署在 Linux 系统上, 通过 Windows 系统进行访问时, 其步骤和方法都是一样的。下面假设 samba 共享服务部署在 Linux 系统上, 并通过 Windows 系统来访问 samba 服务。

1) 在 Windows 系统中依次选择"开始"→"运行"命令, 使用 UNC 路径直接进行访问, 如\\192.168.10.1。弹出"Windows 安全"对话框, 如图 6-7 所示。输入账号 sale1 或 sale2 及其密码, 登录后可以正常访问。

图 6-7 "Windows 安全"对话框

试一试: 注销 Windows 7 客户端账户, 使用 test_user1 用户和密码登录会出现什么情况?

2) 映射网络驱动器访问 samba 服务器共享目录。双击打开"我的电脑"窗口, 再依次选择"工具"→"映射网络驱动器"命令, 在"映射网络驱动器"对话框中选择 Z 驱动器,并输入 tech 共享目录的地址，如\\192.168.10.1\sales。单击"完成"按钮，在打开的对话框中输入可以访问 sales 共享目录的 samba 账号和密码。

3）再次打开"我的电脑"窗口，Z 驱动器就是共享目录 sales，可以很方便地访问了。

3. 在 Linux 客户端访问 samba 共享

samba 服务程序当然还可以实现 Linux 系统之间的文件共享。先按照表 6-2 设置 samba 服务程序所在主机（即 samba 共享服务器）和 Linux 客户端使用的 IP 地址，然后在客户端安装 samba 服务和支持文件共享服务的软件包（cifs-utils）。

1）在 client1 上安装 samba-client 和 cifs-utils。

```
[root@client1 ~]# mount /dev/cdrom /iso
mount: /dev/sr0 is write-protected, mounting read-only
[root@client1 ~]# vim    /etc/yum.repos.d/dvd.repo
[root@client1 ~]# yum install samba-client -y
[root@client1 ~]# yum install cifs-utils -y
```

2）在 Linux 客户端使用 smbclient 命令访问服务器。

① 使用 smbclient 命令可以列出目标主机共享目录列表。smbclient 命令格式如下。

smbclient -L 目标 IP 地址或主机名 -U 登录用户名%密码

当查看 server1（192.168.10.1）主机的共享目录列表时，提示输入密码，这时候可以不输入密码，而直接按〈Enter〉键，表示匿名登录，然后就会显示匿名用户可以看到的共享目录列表。

```
[root@client1 ~]# smbclient   -L   192.168.10.1
```

若想使用 samba 账号查看 samba 服务器端共享的目录，可以加上-U 参数，后面跟"用户名%密码"。执行下面的命令将显示只有 sale2 账号（其密码为 12345678）才有权限浏览和访问的 sales 共享目录。

```
[root@client1 ~]# smbclient   -L    192.168.10.1   -U    sale2%12345678
```

注意：不同用户使用 smbclient 命令浏览的结果可能是不一样的，这要根据服务器设置的访问控制权限而定。

② 还可以使用 smbclient 命令行共享访问模式浏览共享的资料。

smbclient 命令行共享访问模式的命令格式如下。

smbclient   //目标 IP 地址或主机名/共享目录   -U   用户名%密码

执行下面的命令将进入交互式界面（输入"?"符号可以查看具体命令）。

```
[root@client1 ~]# smbclient   //192.168.10.1/sales   -U    sale2%12345678
Domain=[server1] OS=[Windows 6.1] Server=[samba 4.6.2]
smb: \> ls
  .                                    D        0    Mon Jul 16 21:14:52 2018
  ..                                   D        0    Mon Jul 16 18:38:40 2018
  test_share.tar                       A        0    Mon Jul 16 18:39:03 2018
```

```
                    9754624 blocks of size 1024. 9647416 blocks available
    smb: \> mkdir testdir                     //新建一个目录进行测试
    smb: \> ls
      .                                       D          0    Mon Jul 16 21:15:13 2018
      ..                                      D          0    Mon Jul 16 18:38:40 2018
      test_share.tar                          A          0    Mon Jul 16 18:39:03 2018
      testdir                                 D          0    Mon Jul 16 21:15:13 2018

                    9754624 blocks of size 1024. 9647416 blocks available
    smb: \> exit
    [root@client1 ~]#
```

试一试：使用 test_user1 登录会是什么结果？

另外，用户登录 samba 服务器后，可以使用 help 查询所支持的命令。

2）在 Linux 客户端使用 mount 命令挂载共享目录。

格式：

mount -t cifs //目标 IP 地址或主机名/共享目录名称 挂载点 -o username=用户名

下面的命令结果为挂载 192.168.10.1 主机上的共享目录 sales 到/mnt/sambadata 目录下，cifs 是 samba 所使用的文件系统。

```
    [root@client1 ~]# mkdir -p /mnt/sambadata
    [root@client1 ~]# mount -t cifs //192.168.10.1/sales /mnt/sambadata/ -o username=sale1
    Password for sale1@//192.168.10.1/sales:    ********
    //输入 sale1 的 samba 用户密码，不是系统用户密码

    [root@client1 sambadata]# cd /mnt/sambadata
    [root@client1 sambadata]# touch testf1;ls
    testdir    testf1    test_share.tar
```

注意：如果配置匿名访问，则需要配置 samba 的全局参数，添加 "map to guest = bad user" 字段。

6.4 share 服务器实例解析

第 6.2 节已经对 samba 的相关配置文件进行了简单介绍，现在通过一个实例来掌握如何搭建 samba 服务器。

【**例 6-6**】 某公司需要添加 samba 服务器作为文件服务器，工作组名为 Workgroup，发布共享目录/share，共享名为 public，这个共享目录允许所有公司员工访问。

这个案例属于 samba 的基本配置，可以使用 share 安全级别模式，既然允许所有员工访问，则需要为每个用户创建一个 samba 账号。如果公司拥有大量用户，如 1 000 个用户或100 000 个用户，一个个设置会非常麻烦，这时可以通过配置 security=share 来让所有用户登

录时采用匿名账户 nobody 访问，这样实现起来非常简单。

1）在 server1 上创建 share 目录，并在其下创建测试文件。

```
[root@server1 ~]# mkdir   /share
[root@server1 ~]# touch   /share/test_share.tar
```

2）修改 samba 主配置文件 smb.conf，并保存结果。

```
[root@server1 ~]# vim   /etc/samba/smb.conf
```

```
[global]
        workgroup = Workgroup              #设置 samba 服务器工作组名为 Workgroup
        server string = File Server        #添加 samba 服务器注释信息为 "File Server"
        security = user
        map to guest = bad user            #允许用户匿名访问
        passdb backend = tdbsam
[public]                                   #设置共享目录的共享名为 public
        comment=public
        path=/share                        #设置共享目录的绝对路径为/share
        guest ok=yes                       #允许匿名用户访问
        browseable=yes                     #在客户端显示共享的目录
        public=yes                         #最后设置允许匿名访问
        read only = YES
```

3）让防火墙对 samba 服务放行。在第 6.3 节中已有详细设置，在此不再赘述。

注意： 后面的实例不再提及防火墙和 SELinux 的设置，但不意味着防火墙和 SELinux 不用设置。

4）更改共享目录的 context 值

```
[root@server1 ~]# chcon -t samba_share_t /share
```

注意： 可以使用 getenforce 命令查看 SELinux 防火墙是否被强制实施（默认被强制实施），如果不被强制实施，步骤 3）和 4）可以省略。使用 "setenforce 1" 命令可以设置强制实施防火墙，使用 "setenforce 0" 命令可以取消强制实施防火墙。

5）重新加载配置。
为了使新配置生效，需要重新加载配置，可以使用 restart 命令重新启动服务或者使用 reload 命令重新加载配置。

```
[root@server1 ~]# systemctl restart smb
```

或者

```
[root@server1 ~]# systemctl reload smb
```

注意： 重启 samba 服务虽然可以让配置生效，但是 restart 命令是将 samba 服务先关闭再开启，这样在网络运营过程中肯定会对客户端的访问造成影响，建议使用 reload 命令重新加载配置文件使其生效，这样不需要中断服务就可以重新加载配置。

通过以上设置，用户不需要输入账号和密码就可以直接登录 samba 服务器并访问 public 共享目录了。在 windows 客户端可以用 UNC 路径测试，方法是在 Windows 系统资源管理器的地址栏中输入：\\192.168.10.1。

注意： 完成本例后记得恢复到默认配置，即删除或注释掉 "map to guest = bad user" 字段。

6.5 samba 高级服务器配置

samba 高级服务器配置使搭建的 samba 服务器功能更强大，管理更灵活，数据也更安全。

1. 用户账号映射

samba 的用户账号信息保存在 smbpasswd 文件中，而且可以访问 samba 服务器的账号也必须有一个对应的同名系统账号。有些黑客会利用这一点攻击 samba 服务器。为了保障 samba 服务器的安全，可以使用用户账号映射。那么什么是账号映射呢？

用户账号映射功能需要创建一个账号映射关系表，里面记录了 samba 账号和虚拟账号的对应关系，客户端访问 samba 服务器时就使用虚拟账号来登录。

【例 6-7】 将例 6-5 中的 sale1 账号分别映射为 suser1 和 myuser1，将 sale2 账号映射为 suser2。（本例仅对与例 8-5 中不同的地方进行设置，相同的设置不再赘述，如权限、防火墙等）

1）编辑主配置文件/etc/samba/smb.conf。

在[global]下添加一行字段 "username map = /etc/samba/smbusers"，开启用户账号映射功能。

2）编辑/etc/samba/smbusers 文件。

smbusers 文件保存账号映射关系，其固定格式如下。

samba 账号 = 虚拟账号（映射账号）

在本例中应加入下面的行。

```
sale1=suser1   myuser1
sale2=suser2
```

账号 sale1 就是上面创建的 samba 账号（同时也是 Linux 系统账号），suser1 及 myuser1 就是映射账号名（虚拟账号），在访问共享目录时只要输入 "suser1" 或 "myuser1" 就可以访问了，但是实际上访问 samba 服务器的还是 sale1 账号。同样，suser2 是 sale2 的虚拟账号。

3）重启 samba 服务。

```
[root@server1 ~]# systemctl restart smb
```

4）验证效果。

先注销 Windows 7 客户端，然后在 Windows 7 客户端的资源管理器地址栏中输入

"\\192.168.10.1"（samba 服务器的地址是 192.168.10.1），在弹出的对话框中输入定义的映射账号 myuser1，注意不是 sale1，如图 6-8 所示。测试结果表明，映射账号 myuser1 的密码和 sale1 账号一样，并且可以通过映射账号浏览共享目录，如图 6-9 所示。

图 6-8　输入映射账号及密码　　　　　图 6-9　访问 samba 服务器上的共享资源

注意：不要将 samba 用户的密码与本地系统用户的密码设置成一样，这样可以避免非法用户使用 samba 账号登录 Linux 系统。

注意：完成本例后记得恢复到默认配置，即删除或注释掉"username map = /etc/samba/smbusers"字段。

2．客户端访问控制

对于 samba 服务器的安全性，可以使用 valid users 字段去实现用户访问控制，但是如果存在大量用户的话，这种方法操作起来就显得比较麻烦。例如，samba 服务器共享出一个目录来访问，但是要禁止某个 IP 子网或某个域的客户端访问此资源，此时使用 valid users 字段无法实现客户端访问控制。而使用 hosts allow 和 hosts deny 两个字段则可以实现该功能，hosts allow 字段定义允许访问的客户端，hosts deny 字段定义禁止访问的客户端。

（1）使用 IP 地址进行访问控制

【例 6-8】 仍以例 6-5 为例，公司内部 samba 服务器上的/companydata/sales 目录是存放销售部数据的共享目录，公司规定 192.168.10.0/24 这个网段中除了 192.168.10.20 以外的 IP 地址都禁止访问此共享目录。

1）修改配置文件 smb.conf。

在配置文件 smb.conf 中添加 hosts deny 和 hosts allow 字段。

```
[sales]                              #设置共享目录的共享名为 sales
    comment=sales
    path=/companydata/sales          #设置共享目录的绝对路径
    hosts deny = 192.168.10.          #禁止所有来自 192.168.10.0/24 网段的 IP 地址访问
    hosts allow = 192.168.10.30       #允许 192.168.10.30 访问
```

注意：当 hosts deny 和 hosts allow 字段同时出现并定义的内容相互冲突时，hosts allow 字段优先。以上设置的意思就是禁止 C 类地址 192.168.10.0/24 网段主机访问，但是允许 IP 地址为 192.168.10.30 的主机访问。

提示：在表示 24 位子网掩码的子网时可以使用 192.168.10.0/24、192.168.10. 或 192.168.10.0/255.255.255.0 形式。

2）重新加载配置。

```
[root@server1~]#systemctl restart smb
```

3）测试。当 IP 地址为 192.168.10.30 时可以正常访问 samba 服务器，其他地址无法访问。

如果想同时禁止多个网段的 IP 地址访问此服务器可以按以下方法设置。

- "hosts deny = 192.168.1. 172.16." 表示拒绝所有 192.168.1.0 网段和 172.16.0.0 网段的 IP 地址访问 sales 共享目录。
- "hosts allow = 10." 表示允许 10.0.0.0 网段的 IP 地址访问 sales 共享目录。

注意：完成本例后记得恢复到默认配置，即删除或注释掉 "hosts deny = 192.168.10." 和 "hosts allow = 192.168.10.30" 字段。另外，当需要输入多个网段 IP 地址的时候，需要使用空格隔开。

（2）使用域名进行访问控制

【例 6-9】 公司 samba 服务器上共享了一个目录 public，公司规定.sale.com 域和.net 域的客户端不能访问，并且主机名为 client1 的客户端也不能访问。

修改配置文件 smb.conf 中的相关内容即可。

```
[public]
        comment=public's share
        path=/public
        hosts deny =   .sale.com   .net    client1
```

其中，"hosts deny = .sale.com   .net   client1" 表示禁止.sale.com 域和.net 域及主机名为 client1 的客户端访问 public 共享目录。

注意：域名和域名之间或者域名和主机名之间需要使用空格隔开。

（3）使用通配符进行访问控制

【例 6-10】 samba 服务器共享了一个目录 security，规定除主机 boss 外的其他用户都不允许访问。

修改 smb.conf 配置文件，使用通配符 ALL 来简化配置。（常用的通配符还有*、? 、LOCAL 等）

```
[security]
        comment=security
        path=/security
        writable=yes
        hosts deny = ALL
        hosts allow = boss
```

【例 6-11】 samba 服务器共享了一个目录 security，只允许 192.168.0.0 网段的 IP 地址访

问，但是 IP 地址为 192.168.0.100 及 192.168.0.200 的主机禁止访问 security。

如果使用 hosts deny 禁止所有用户访问，再设置 hosts allow 允许 192.168.0.0 网段主机访问，那么禁止 IP 地址为 192.168.0.100 及 192.168.0.200 的主机访问就无法生效了。此时有一种方法，就是使用 EXCEPT 进行设置。修改的配置文件如下。

```
[security]
        comment=security
        path=/security
        writable=yes
        hosts deny = ALL
        hosts allow = 192.168.0. EXCEPT 192.168.0.100 192.168.0.200
```

其中，"hosts allow = 192.168.0. EXCEPT 192.168.0.100 192.168.0.200" 表示允许 192.168.0.0 网段的 IP 地址访问，但是 192.168.0.100 和 192.168.0.200 除外。

（4）hosts allow 和 hosts deny 的作用范围

hosts allow 和 hosts deny 的设置位置不同，它们的作用范围就不一样。如果设置在 [global] 里面，表示对 samba 服务器全局生效；如果设置在目录下面，则表示只对这个目录生效。

```
[global]
        hosts deny = ALL
        hosts allow = 192.168.0.66          #只有 192.168.0.66 才可以访问 samba 服务器
```

这样设置表示只有 192.168.0.66 才可以访问 samba 服务器，全局生效。

```
[security]
        hosts deny = ALL
        hosts allow = 192.168.0.66          #只有 192.168.0.66 才可以访问 security 目录
```

这样设置就表示访问控制只对单一目录 security 生效，即只有 192.168.0.66 才可以访问 security 目录中的数据。

3．设置 samba 的权限

除了对客户端访问进行有效的控制外，还需要控制客户端访问共享资源的权限。例如，boss 或 manager 这样的账号可以对某个共享目录具有完全控制权限，其他账号只有读取权限，使用 write list 字段可以实现该功能。

【例 6-12】 公司 samba 服务器上有一个共享目录 tech，公司规定只有 boss 账号和 tech 组群的账号可以完全控制 tech 目录，其他账号只有读取权限。

如果只用 writable 字段，则无法满足本实例的要求，因为当 writable = yes 时，表示所有人都可以写入，而当 writable = no 时表示所有人都不可以写入。这时就需要用到 write list 字段。修改后的配置文件如下。

```
[tech]
        comment=tech's data
        path=/tech
        write list =boss, @tech
```

其中，"write list = boss, @tech" 表示只有 boss 账号和 tech 组成员的账号才可以对 tech

共享目录有写入权限（其中@tech 就表示 tech 组群）。

writable 和 write list 之间的区别如表 6-3 所示。

表 6-3　writable 和 write list 的区别

字　　段	值	描　　述
writable	yes	所有账号都允许写入
writable	no	所有账号都禁止写入
write list	写入权限账号列表	列表中的账号允许写入

4. samba 的隐藏共享

（1）使用 browseable 字段实现隐藏共享

【例 6-13】　把 samba 服务器上的 tech 共享目录隐藏。

修改配置文件如下。

```
[tech]
        comment=tech's data
        path=/tech
        write list =boss, @tech
        browseable = no
```

其中，"browseable = no"表示隐藏该目录。

注意：设置完成并重启 SMB 生效后，如果在 Windows 客户端使用\\192.168.10.1 将无法显示 tech 共享目录，但如果直接输入 "\\192.168.10.1\tech" 仍然可以访问 tech 共享目录。

（2）使用独立配置文件

【例 6-14】　samba 服务器上有一个 tech 目录，此目录只有 boss 账号可以浏览和访问，其他用户都不可以浏览和访问。

因为 samba 的主配置文件只有一个，所有账号的访问都要遵守该配置文件的规则，如果隐藏了该目录（browseable=no），那么所有用户就都看不到该目录了，也包括 boss 用户。但如果将 browseable 改为 yes，则所有用户都能浏览共享目录，还是不能满足要求。

之所以无法满足要求就在于 samba 服务器的主配置文件只有一个。既然单一配置文件无法实现要求，那么可以考虑为不同需求的用户或组分别创建相应的配置文件并单独配置以实现其隐藏目录的功能。下面为 boss 账号创建一个配置文件，并且让其访问的时候能够读取这个单独的配置文件。

1）创建 samba 账号 boss 和 test1。

```
[root@server1 ~]# mkdir /tech
[root@server1 ~]# groupadd    tech
[root@server1 ~]# useradd    boss
[root@server1 ~]# useradd    test1
[root@server1 ~]# passwd    boss
[root@server1 ~]# passwd    test1
[root@server1 ~]# smbpasswd    -a    boss
[root@server1 ~]# smbpasswd    -a    test1
```

2）创建独立配置文件。

先为 boss 账号创建一个单独的配置文件，可以直接复制/etc/samba/smb.conf 主配置文件并重命名。为单个用户创建的配置文件重命名时一定要注意文件名包含用户名。

使用 cp 命令复制主配置文件，为 boss 账号创建独立的配置文件。

```
[root@server1 ~]# cd   /etc/samba/
[root@server1 ~]# cp   smb.conf   smb.conf.boss
```

3）编辑 smb.conf 主配置文件。

在[global]中加入"config file = /etc/samba/smb.conf.%U"字段，表示 samba 服务器读取/etc/samba/smb.conf.%U 文件，其中%U 代表当前登录用户。文件名与独立配置文件匹配。

```
[global]
        config   file = /etc/samba/smb.conf.%U
[tech]
        comment=tech's data
        path=/tech
        write list =boss, @tech
        browseable = no
```

4）编辑 smb.conf.boss 独立配置文件。

编辑 boss 账号的独立配置文件 smb.conf.boss，将 tech 目录中的"browseable = no"字段删除，这样当 boss 账号访问 samba 时，tech 共享目录对 boss 账号就是可见的。主配置文件 smb.conf 和 boss 账号的独立配置文件相匹配，实现了 tech 共享目录对其他用户是隐藏的而对于 boss 账号就是可见的。

```
[tech]
        comment=tech's data
        path=/tech
        write list =boss, @tech
```

5）设置共享目录的本地系统权限。赋予属主、属组 rwx 的权限，同时将 boss 账号改为/tech 的所有者（tech 组群应提前建立）。

```
[root@server1 ~]# chmod   777   /tech
[root@server1 ~]# chown   boss:tech   /tech
```

如果设置都正确仍然无法访问 samba 服务器的共享目录，可能是由以下两种情况引起：SELinux 防火墙；本地系统权限。samba 服务器在将本地文件系统共享给 samba 客户端时，涉及本地文件系统权限和 samba 共享权限。

6）更改共享目录的 context 值（防火墙问题）。

```
[root@server1 ~]# chcon -t samba_share_t /share
```

7）重新启动 samba 服务。

```
[root@server1 ~]# systemctl   restart   smb
```

8）测试效果。提前建好共享目录 tech，先以普通账号 test1 登录 samba 服务器，发现看不到 tech 共享目录，证明 tech 共享目录对除 boss 账号以外的人是隐藏的。以 boss 账号登录，发现 tech 共享目录自动显示并能按设置访问。

这样以独立配置文件的方法来实现隐藏共享，能够实现不同账号具有对共享目录的不同可见性的要求。

注意：隐藏目录并不等同于不共享目录，只要知道共享目录名，并且有相应权限，可以通过输入"\\IP 地址\共享名"的方法访问隐藏共享目录。

6.6 samba 的打印共享

默认情况下，samba 的打印服务是开放的，只要把打印机安装好，客户端的用户就可以使用打印机了。

1. 设置 global 配置项

修改 smb.conf 全局配置，开启打印共享功能。

```
[global]
        load printers = yes
        cups options = raw
        printcap name = /etc/printcap
        printing = cups
```

2. 设置 printers 配置项

```
[printers]
        comment = All printers
        path = /usr/spool/samba
        browseable = no
        guest ok = no
        writable = yes
        printable = yes
```

使用默认设置就可以让客户端正常使用打印机。需要注意的是，一定要将 printable 设置成 yes。path 字段用于定义打印机队列，用户可以根据需要自定义。另外，共享打印和共享目录不一样，安装完打印机后必须重新启动 samba 服务，否则客户端可能无法看到共享的打印机。如果设置只允许部分员工使用打印机，可以使用 valid users、hosts allow 或 hosts deny 字段来实现，具体参见第 6.5 节的讲解。

6.7 项目实训：配置与管理 samba 服务器

6-2　配置与管理 samba 服务器

1. 项目背景

某公司有 system、develop、productdesign 和 test 共 4 个小组，个人办公使用的计算机操作系统为 Windows 7/8，少数开发人员使用的计算机操作系统为 Linux，服务器操作系统为 CentOS 7，需要设计一套建立在 CentOS 7 之上的安全文件共享方案。每个用户都有自己的网络磁盘，develop、productdesign 和 test 三个小组有共用的网络硬盘，所有用户（包括匿名用户）有一个只读共享资料库；所有用户（包括匿名用户）要有一个存放临时文件的文件夹。samba 服务器搭建的网络拓扑如图 6-10 所示。

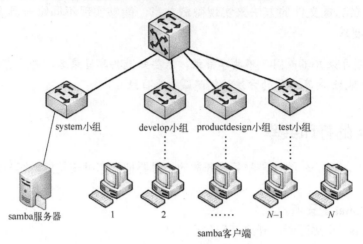

system小组　　develop小组　productdesign小组　test小组

samba服务器　　　1　　　2　　　……　　N-1　　　N

samba客户端

图 6-10　samba 服务器搭建网络拓扑

2．项目目标

1）system 组具有管理所有 samba 空间的权限。

2）各部门的私有空间：各小组拥有自己的空间，除了本小组成员及 system 组有权限以外，其他用户都不可访问（包括列表、读和写）。

3）资料库：所有用户（包括匿名用户）都具有读取权限而不具有写入的权限。

4）develop 小组与 test 小组的共享空间：develop 小组与 test 小组之外的用户不能访问。

5）公共临时空间：所有用户可以读取、写入、删除。

3．深度思考

在观看项目实训视频时思考以下几个问题。

1）用 mkdir 命令创建共享目录，可以同时创建多少个目录？

2）如何熟练应用 chown、chmod、setfacl 这些命令？

3）组账户、用户账户、samba 账户等的创建过程是怎样的？

4）useradd 的参数-g、-G、-d、-s、-M 的含义分别是什么？

5）权限 700 和 755 表示什么含义？请查找权限表示的相关资料，也可以参见第 3 章的"管理文件权限"视频。

6）注意不同用户登录后权限的变化。

4．做一做

根据项目实训内容及视频，将项目完整地做一遍，检查学习效果。

6.8　练习题

一、填空题

1．samba 服务功能强大，使用的协议是_____，该协议的英文全称是_____。

2．SMB 经过开发后可以直接运行于 TCP/IP 上，使用 TCP 的_____端口。

3．samba 服务由两个进程组成，分别是_____和_____。

4．samba 服务软件包包括_____、_____、_____和_____（不要求填版本号）。

5．samba 的配置文件一般放在_____目录中，主配置文件名为_____。

6．samba 服务器有_____、_____、_____、_____和_____五种安全模式，默认级别是_____。

二、选择题

1．用 samba 共享了目录，但是在 Windows 操作系统的网络邻居中却看不到它，应该在 /etc/samba/ smb.conf 文件中怎样设置才能使其正确工作？（   ）

    A．AllowWindowsClients=yes   B．Hidden=no

    C．Browseable=yes   D．以上都不是

2．请选择一个正确的命令来卸载 samba-3.0.33-3.7.el5.i386.rpm。（   ）

    A．rpm -D samba-3.0.33-3.7.el5   B．rpm -i samba-3.0.33-3.7.el5

    C．rpm -e samba-3.0.33-3.7.el5   D．rpm -d samba-3.0.33-3.7.el5

3．以下哪个命令允许 198.168.0.0/24 访问 samba 服务器？（   ）

    A．hosts enable = 198.168.0.   B．hosts allow = 198.168.0.

    C．hosts accept = 198.168.0.   D．hosts accept = 198.168.0.0/24

4．启动 samba 服务，以下哪些是必须运行的端口监控程序？（   ）

    A．nmbd   B．lmbd   C．mmbd   D．smbd

5．以下服务器类型中哪一种可以使用户在异构网络操作系统之间进行文件系统共享？（   ）

    A．FTP   B．samba   C．DHCP   D．Squid

6．samba 服务密码文件是（   ）。

    A．smb.conf   B．samba.conf   C．smbpasswd   D．smbclient

7．利用（   ）命令可以对 samba 的配置文件进行语法测试。

    A．smbclient   B．smbpasswd   C．testparm   D．smbmount

8．可以通过设置（   ）字段来控制访问 samba 共享服务器的合法主机名。

    A．allow hosts   B．valid hosts   C．allow   D．publicS

9．samba 的主配置文件中不包括（   ）。

    A．global 参数

    B．directory shares 部分

    C．printers shares 部分

    D．applications shares 部分

三、简答题

1．简述 samba 服务器的应用环境。

2．简述 samba 的工作流程。

3．简述搭建 samba 服务器的 4 个主要步骤。

4．简述排除 samba 服务故障的方法。

6.9　实践题

1．公司需要配置一台 samba 服务器。工作组名为 smile，共享目录为/share，共享名为 public，该共享目录只允许 192.168.0.0/24 网段的账号访问。请给出实现方案并上机调试。

2．如果公司有多个部门，因工作需要，必须分门别类地创建相应部门的目录。要求将技术部的资料存放在 samba 服务器的/companydata/tech 目录下集中管理，以便技术人员浏览，并且该目录只允许技术部员工访问。请给出实现方案并上机调试。

3．配置 samba 服务器，要求如下：samba 服务器上有一个 tech1 目录，此目录只有 boy 用户可以浏览访问，其他用户都不可以浏览和访问。请灵活使用独立配置文件，给出实现方案并上机调试。

4．上机完成本章实例的 samba 服务器配置及调试工作。

第7章　配置与管理 DHCP 服务器

背景

在一个计算机比较多的网络中，如果要为整个企业中每个部门的上百台机器逐一进行 IP 地址的配置绝不是一件轻松的工作。为了更方便、快捷地完成这些工作，很多时候会采用动态主机配置协议（Dynamic Host Configuration Protocol，DHCP）来自动为客户端配置 IP 地址、默认网关等信息。

职业能力目标和要求

- 了解 DHCP 服务器在网络中的作用。
- 理解 DHCP 的工作过程。
- 掌握 DHCP 服务器的基本配置。
- 掌握 DHCP 客户端的配置和测试。
- 掌握在网络中部署 DHCP 服务器的解决方案。
- 掌握 DHCP 服务器中继代理的配置。

7.1　相关知识

7.1.1　DHCP 服务概述

DHCP 是基于客户端/服务器模式的，当 DHCP 客户端启动时，它会自动与 DHCP 服务器通信，要求提供自动分配 IP 地址的服务，而安装了 DHCP 服务软件的服务器则会响应要求。

DHCP 是一个简化主机 IP 地址分配管理的 TCP/IP 标准协议，用户可以利用 DHCP 服务器管理动态的 IP 地址分配及其他相关的环境配置工作，如 DNS 服务器、WINS 服务器、Gateway（网关）的设置。

在 DHCP 机制中可以分为服务器和客户端两个部分，服务器使用固定的 IP 地址，在局域网中扮演着给客户端提供动态 IP 地址、DNS 配置和网管配置的角色。客户端与 IP 地址相关的配置，都在启动时由服务器自动分配。

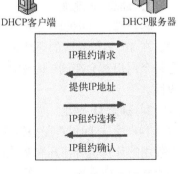

图 7-1　DHCP 工作过程

7.1.2　DHCP 工作过程

DHCP 客户端和服务器申请 IP 地址、获得 IP 地址的过程一般分为 4 个阶段，如图 7-1 所示。

1. DHCP 客户端发送 IP 租约请求

当客户端启动网络时，由于在 IP 网络中的每台机器都需要有一个地址，因此，此时的计算机 TCP/IP 地址与 0.0.0.0 绑定在一起。它会发送一个 DHCP Discover（DHCP 发现）广播信息包到本地子网。该信息包发送给 UDP 端口 67，即 DHCP/BOOTP 服务器端口的广播信息包。

2. DHCP 服务器提供 IP 地址

本地子网的每一个 DHCP 服务器都会接收 DHCP Discover 信息包。每个接收到请求的 DHCP 服务器都会检查它是否有提供给请求客户端的有效空闲地址，如果有，则以 DHCP Offer（DHCP 提供）信息包作为响应。该信息包包括有效的 IP 地址、子网掩码、DHCP 服务器的 IP 地址、租用期限，以及其他有关 DHCP 范围的详细配置。所有发送 DHCP Offer 信息包的服务器将保留它们提供的这个 IP 地址（该地址暂时不能分配给其他客户端）。DHCP Offer 信息包广播发送到 UDP 端口 68，即 DHCP/BOOTP 客户端端口。响应是以广播的方式发送的，因为客户端没有能直接寻址的 IP 地址。

3. DHCP 客户端进行 IP 租约选择

客户端通常对第一个提议产生响应，并以广播的方式发送 DHCP Request（DHCP 请求）信息包作为回应。该信息包告诉服务器："是的，我想让你给我提供服务。我接收你给我的租用期限。"而且，一旦信息包以广播方式发送以后，网络中所有的 DHCP 服务器都可以看到该信息包，那些提议没有被客户端承认的 DHCP 服务器将保留的 IP 地址返回给它的可用地址池。客户端还可利用 DHCP Request 信息包询问服务器其他的配置选项，如 DNS 服务器或网关地址。

4. DHCP 服务器进行 IP 租约确认

当服务器接收到 DHCP Request 信息包时，它以一个 DHCP Acknowledge（DHCP 确认）信息包作为响应。该信息包提供了客户端请求的任何其他信息，并且也是以广播方式发送的。该信息包告诉客户端："一切准备好。记住你只能在有限时间内租用该地址，而不能永久占据！好了，以下是你询问的其他信息。"

注意：客户端执行 DHCP Discover 后，如果没有 DHCP 服务器响应客户端的请求，客户端会随机使用 169.254.0.0/16 网段中的一个 IP 地址配置本机地址。

7.1.3 DHCP 服务器分配给客户端的 IP 地址类型

在客户端向 DHCP 服务器申请 IP 地址时，服务器并不是总给它一个动态的 IP 地址，而是根据实际情况决定。

1. 动态 IP 地址

客户端从 DHCP 服务器那里取得的 IP 地址一般都不是固定的，而是每次都可能不一样。在 IP 地址有限的区域内，动态 IP 地址可以使资源的有效利用率最大化。它利用并不是每个用户都会在同一时刻同时上线的原理，优先为上线的用户提供 IP 地址，离线之后再收回。

2. 静态 IP 地址

客户端从 DHCP 服务器那里取得的 IP 地址也并不总是动态的。例如，有的单位除了员工使用的计算机外，还有数量不少的服务器。如果这些服务器也使用动态 IP 地址，不但不利于管理，而且客户端访问起来也不方便。这时就可以设置 DHCP 服务器记录特定计算机的

MAC 地址，然后为每个 MAC 地址分配一个固定的 IP 地址。

至于如何查询网卡的 MAC 地址，根据网卡是本机还是远程计算机，采用的方法也有所不同。

什么是 MAC 地址？MAC 地址也叫作物理地址或硬件地址，是由网络设备制造商生产时写在硬件内部的（网络设备的 MAC 地址是唯一的）。在 TCP/IP 网络中，表面上看是通过 IP 地址进行数据传输的，实际上最终是通过 MAC 地址来区分不同节点的。

小知识

1）查询本机网卡的 MAC 地址很简单，使用 ifconfig 命令即可。

2）查询远程计算机网卡的 MAC 地址。既然 TCP/IP 网络通信最终要用到 MAC 地址，那么使用 ping 命令当然也可以获取对方的 MAC 地址信息，只不过它不会显示出来，要借助其他工具来完成。

```
[root@client1 ~]# ifconfig
[root@client1 ~]# ping  -c  1 192.168.10.20  //ping 远程计算机 192.168.10.20 一次
[root@client1 ~]# arp  -n                 //查询缓存在本地的远程计算机中的 MAC 地址
```

7.2 项目设计及准备

7.2.1 项目设计

部署 DHCP 之前应该先进行规划，明确哪些 IP 地址用于自动分配给客户端（即作用域中应包含的 IP 地址），哪些 IP 地址用于手工指定给特定的服务器。例如，本项目的 IP 地址规划如下。

1）适用的网络是 192.168.10.0/24，网关为 192.168.10.254。

2）192.168.10.1～192.168.10.30 网段地址是服务器的固定地址。

3）客户端可以使用的地址段为 192.168.10.31～192.168.10.200，但 192.168.10.105、192.168.10.107 为保留地址。

注意：用于手工配置的 IP 地址，一定要排除掉保留地址，或者采用地址池之外的可用 IP 地址，否则会造成 IP 地址冲突。

7.2.2 项目准备

部署 DHCP 服务器应满足下列需求。

1）安装 Linux 企业服务器版，作为 DHCP 服务器。

3）DHCP 服务器的 IP 地址、子网掩码、DNS 服务器等 TCP/IP 参数必须手工指定，否则将不能为客户端分配 IP 地址。

3）DHCP 服务器必须拥有一组有效的 IP 地址，以便自动分配给客户端。

4）如果不特别指出，所有 Linux 的虚拟机网络连接方式都选择"自定义(U)：特定虚拟网络"和"VMnet1（仅主机模式）"，如图 7-2 所示。

图 7-2 Linux 虚拟机的网络连接方式

7.3 项目实施

7.3.1 在服务器 server1 上安装 DHCP 服务器

1）首先检测系统中是否已经安装了 DHCP 相关软件。

```
[root@server1 ~]# rpm  -qa | grep   dhcp
```

2）如果系统还没有安装 dhcp 软件包，可以使用 yum 命令安装所需软件包。

① 挂载 ISO 安装镜像。

```
//挂载光盘到 /iso 下
[root@server1 ~]# mkdir   /iso
[root@server1 ~]# mount   /dev/cdrom   /iso
```

② 制作用于安装的 yum 源文件。

```
[root@server1 ~]# vim   /etc/yum.repos.d/dvd.repo
```

③ 使用 yum 命令查看 dhcp 软件包的信息。

```
[root@server1 ~]# yum   info dhcp
```

④ 使用 yum 命令安装 dhcp 服务。

```
[root@server1 ~]# yum clean all                                  //安装前先清除缓存
[root@server1 ~]# yum   install   dhcp   -y
```

软件包安装完毕之后，可以再一次使用 rpm 命令进行查询。结果如下。

```
[root@server1 iso]# rpm -qa | grep dhcp
dhcp-4.1.1-34.P1.el6.x86_64
dhcp-common-4.1.1-34.P1.el6.x86_64
```

7.3.2 熟悉 DHCP 主配置文件

默认主配置文件（/etc/dhcp/dhcpd.conf）没有任何实质内容，打开后会发现里面有一行是 "see /usr/share/doc/dhcp*/dhcpd.conf.example"。下面以样例文件为例讲解主配置文件。

dhcpd.conf 主配置文件由 parameters（参数）、declarations（声明）、option（选项）三部分组成。

dhcpd.conf 主配置文件包括全局配置和局部配置。全局配置可以包含参数，该部分对整个 DHCP 服务器生效。局部配置通常由声明部分来表示，该部分仅对局部生效，如只对某个 IP 地址作用域生效。

dhcpd.conf 文件格式如下。

```
#全局配置
参数或选项;                      #全局生效
#局部配置
声明 {
      参数或选项;               #局部生效
      }
```

DHCP 样例配置文件内容包含了部分参数、声明以及选项的用法，其中注释部分可以放在任何位置，并以 "#" 号开头，当一行内容结束时，以 ";" 号结束，大括号所在行除外。

可以看出整个配置文件分成全局配置和局部配置两个部分。但是并不容易看出哪些属于参数，哪些属于声明和选项。

1. 常用参数介绍

参数主要用于设置服务器和客户端的动作或者是否执行某些任务，如设置 IP 地址租约时间、是否检查客户端所用的 IP 地址等。DHCP 服务器主配置文件的常用参数及其作用如表 7-1 所示。

表 7-1　DHCP 服务器主配置文件中的常见参数及其作用

参　　数	作　　用
ddns-update-style [类型]	定义 DNS 服务动态更新的类型，类型包括 none（不支持动态更新）、interim（互动更新模式）与 ad-hoc（特殊更新模式）
[allow | ignore] client-updates	允许/忽略客户端更新 DNS 记录
default-lease-time 600	默认超时时间，单位是秒
max-lease-time 7200	最大超时时间，单位是秒
option domain-name-servers　192.168.10.1	定义 DNS 服务器地址
option domain-name "domain.org"	定义 DNS 域名
range 192.168.10.10　192.168.10.100	定义用于分配的 IP 地址池
option subnet-mask 255.255.255.0	定义客户端的子网掩码
option routers 192.168.10.254	定义客户端的网关地址

参　　数	作　　用
broadcase-address 192.168.10.255	定义客户端的广播地址
ntp-server　192.168.10.1	定义客户端的网络时间服务器（NTP）
nis-servers　192.168.10.1	定义客户端的 NIS 域服务器的地址
Hardware　00:0c:29:03:34:02	指定网卡接口的类型与 MAC 地址
server-name　mydhcp.smile.com	向 DHCP 客户端通知 DHCP 服务器的主机名
fixed-address　192.168.10.105	将某个固定的 IP 地址分配给指定主机
time-offset [偏移误差]	指定客户端与格林尼治时间的偏移差

2．常用声明介绍

声明一般用来指定 IP 地址作用域、定义为客户端分配的 IP 地址池等。

声明格式如下。

```
声明 {
        选项或参数;
    }
```

常见声明的使用方法如下。

（1）定义作用域，指定子网

格式：subnet 网络号 netmask 子网掩码 {...}

```
subnet   192.168.10.0    netmask   255.255.255.0  {
                    ...
                                        }
```

注意：网络号必须与 DHCP 服务器的至少一个网络号相同。

（2）指定动态 IP 地址范围

格式：range dynamic-bootp　起始 IP 地址　结束 IP 地址

```
range dynamic-bootp   192.168.10.100   192.168.10.200
```

注意：可以在 subnet 声明中指定多个 IP 地址范围，但不能重复。

3．常用选项介绍

选项通常用来配置 DHCP 客户端的可选参数，如定义客户端的 DNS 地址、默认网关等。选项内容都是以 option 关键字开始的。

常见选项的使用方法如下。

（1）为客户端指定默认网关

格式：option routers　IP 地址

```
option routers   192.168.10.254
```

（2）设置客户端的子网掩码

格式：option subnet-mask　子网掩码

```
option subnet-mask      255.255.255.0
```

（3）为客户端指定 DNS 服务器地址

格式：option domain-name-servers IP 地址

```
option   domain-name-servers      192.168.10.1
```

注意：以上 3 个选项既可以用在全局配置中，也可以用在局部配置中。

4．IP 地址绑定

在 DHCP 中的 IP 地址绑定用于给客户端分配固定 IP 地址。例如，服务器需要使用固定 IP 地址，就可以使用 IP 地址绑定，通过 MAC 地址与 IP 地址的对应关系为指定的 MAC 地址计算机分配固定 IP 地址。

整个配置过程需要用到 host 声明和 hardware、fixed-address 参数。

（1）定义保留地址

格式：host   主机名 {...}

```
host   computer1
```

注意：host 声明通常搭配 subnet 声明使用。

（2）定义网络接口类型和硬件地址

常用网络接口类型为以太网（Ethernet），地址为 MAC 地址。

格式：hardware 类型 硬件地址

```
hardware   ethernet   3a:b5:cd:32:65:12
```

（3）定义 DHCP 客户端指定的 IP 地址

格式：fixed-address   IP 地址

```
fixed-address    192.168.10.105
```

注意：hardware 和 fixed-address 参数只能应用于 host 声明。

5．租约数据库文件

租约数据库文件用于保存一系列的租约声明，其中包含客户端的主机名、MAC 地址、分配到的 IP 地址，以及 IP 地址的有效期等相关信息。这个数据库文件是可编辑的 ASCII 格式文本文件。每当发生租约变化的时候，都会在文件末尾添加新的租约记录。

DHCP 服务刚安装好时租约数据库文件 dhcpd.leases 是个空文件。

当 DHCP 服务正常运行后就可以使用 cat 命令查看租约数据库文件的内容了。

```
cat    /var/lib/dhcpd/dhcpd.leases
```

7-1 配置 DHCP
服务器

7.3.3 配置 DHCP 应用案例

1．案例需求

技术部有 60 台计算机，各台计算机的 IP 地址规划如下。

1）DHCP 服务器和 DNS 服务器的地址都是 192.168.10.1/24，有效 IP 地址段为 192.168.10.1～192.168.10.254，子网掩码为 255.255.255.0，网关为 192.168.10.254。

2）192.168.10.1～192.168.10.30 网段地址是服务器的固定地址。

3）客户端可以使用的地址段为 192.168.10.31~192.168.10.200，但 192.168.10.105、192.168.10.107 为保留地址。其中 192.168.10.105 保留给 client2。

4）客户端 client1 模拟所有的其他客户端，采用自动获取方式配置 IP 地址等信息。

2. 网络环境搭建

Linux 服务器和客户端的地址及 MAC 信息如表 7-2 所示（可以使用 VMWare 的克隆技术快速安装需要的 Linux 客户端）。

表 7-2 Linux 服务器和客户端的地址及 MAC 信息

主 机 名 称	操 作 系 统	IP 地址	MAC 地址
DHCP 服务器：server1	CentOS 7	192.168.10.1	00:0C:29:2B:88:D8
Linux 客户端：client1	CentOS 7	自动获取	00:0C:29:C6:89:9A
Linux 客户端：client2	CentOS 7	保留地址	00:0C:29:12:76:7D

3 台计算机都安装 CentOS 7 操作系统，联网方式都设置为 host only（VMnet1），一台作为服务器，两台作为客户端使用。

3. 服务器端配置

1）定制全局配置和局部配置。局部配置需要声明 192.168.10.0/24 网段，然后在该声明中指定一个 IP 地址池，范围为 192.168.10.31～192.168.10.200，将除 192.168.10.105 和 192.168.10.107 以外的 IP 地址分配给客户端使用。

2）要保证使用固定 IP 地址，就要在 subnet 声明中嵌套 host 声明，目的是要单独为 client2 设置固定 IP 地址，并在 host 声明中加入 IP 地址和 MAC 地址绑定的选项以申请固定 IP 地址。配置文件/etc/dhcp/dhcpd.conf 的完整内容如下。

```
ddns-update-style none;
log-facility local7;
subnet 192.168.10.0 netmask 255.255.255.0 {
    range 192.168.10.31 192.168.10.104;
    range 192.168.10.106 192.168.10.106;
    range 192.168.10.108 192.168.10.200;
    option domain-name-servers 192.168.10.1;
    option domain-name "myDHCP.smile.com";
    option routers 192.168.10.254;
    option broadcast-address 192.168.10.255;
    default-lease-time 600;
    max-lease-time 7200;
}
host    client2{
        hardware ethernet 00:0C:29:12:76:7D;
        fixed-address 192.168.10.105;
}
```

3）配置完成保存并退出，重启 dhcpd 服务，并设置开机自动启动。

```
[root@server1 ~]# systemctl restart dhcpd
[root@server1 ~]# systemctl enable dhcpd
Created symlink from /etc/systemd/system/multi-user.target.wants/dhcpd.service to /usr/lib/systemd/
system/dhcpd.service.
```

注意：如果启动 DHCP 失败，可以使用 dhcpd 命令进行排错，一般启动失败的原因如下。

① 配置文件有问题。内容不符合语法结构，如少个分号；声明的子网和子网掩码不符合等。

② 主机 IP 地址和声明的子网不在同一网段。

③ 主机没有配置 IP 地址。

④ 配置文件路径有问题。例如，在 RHEL 6 以下的版本中，配置文件 dhcpd.conf 保存在 /etc 目录下，但是在 RHEL 6 及以上版本中，配置文件 dhcpd.conf 保存在/etc/dhcp 目录下。

4. 在客户端 client1 上进行测试

如果在真实网络中测试，应该不会出问题。但如果用的是 VMWare 12 或其他类似版本，虚拟机中的 Windows 客户端可能会获取到 192.168.79.0 网络中的一个地址，与预期目标相背。这种情况，需要关闭 VMnet8 和 VMnet1 的 DHCP 服务功能。解决方法如下。（本项目的服务器和客户端的网络连接都使用 VMnet1）

在 VMWare 主窗口中，依次选择"编辑"→"虚拟网络编辑器"命令，打开"虚拟网络编辑器"对话框，选中 VMnet1 或 VMnet8，去掉对应的 DHCP 服务启用选项，如图 7-3 所示。

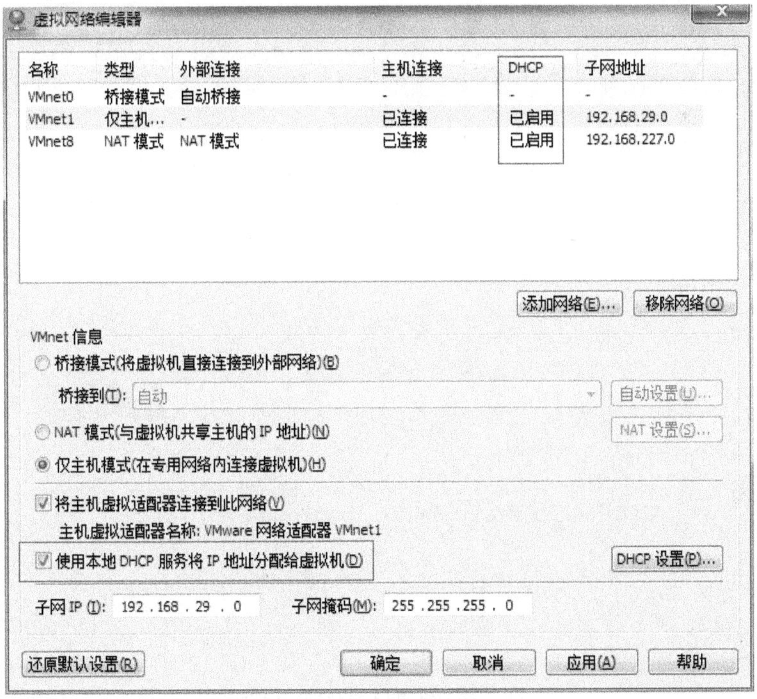

图 7-3 "虚拟网络编辑器"对话框

1）以 root 用户身份登录至名为 client1 的 Linux 计算机，依次选择"应用程序"→"系统工具"→"设置"→"网络"，打开"网络"窗口，如图 7-4 所示。

图 7-4 "网络"窗口

2）单击"有线连接"下的齿轮图标，在弹出的"有线"对话框中选择"IPv4"选项卡，并将"IPv4 Method"选项设置为"自动（DHCP）"，单击"应用"按钮，如图 7-5 所示。

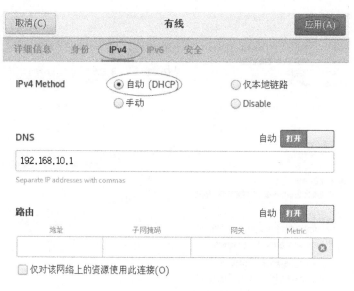

图 7-5 设置自动获取 IP 地址

3）返回"网络"窗口，先切换到"关闭"按钮，再切换到"打开"按钮，如图 7-6 所示。

4）单击"有线连接"下的齿轮图标，在弹出的"有线"对话框中选择"详细信息"选项卡，如图 7-7 所示。其内容表示 client1 成功获取了 DHCP 服务器地址池的一个 IP 地址及相关信息。

图 7-6　返回"网络"窗口

图 7-7　客户端 client1 成功获取 IP 地址

5．在客户端 client2 上进行测试

同样以 root 用户身份登录至名为 client2 的 Linux 计算机，按上面的方法设置 client2 自

动获取 IP 地址，最后的结果如图 7-8 所示。

注意：利用网卡配置文件也可设置使用 DHCP 服务器获取 IP 地址。在该配置文件中，将 "IPADDR=192.168.1.1"、PREFIX=24、NETMASK=255.255. 255.0、HWADDR=00:0C:29:A2:BA:98" 等字段删除，将 "BOOTPROTO=none" 改为 "BOOTPROTO=dhcp"。设置完成后一定要重启 NetworkManager 服务。

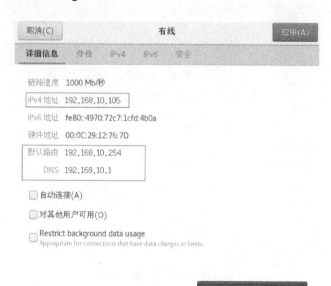

图 7-8　客户端 client2 成功获取 IP 地址

6. Windows 客户端配置

Windows 客户端配置比较简单，在 TCP/IP 协议属性中设置自动获取就可以。

在 Windows 命令提示符下，可以利用 ipconfig 释放 IP 地址后重新获取 IP 地址。

释放 IP 地址：ipconfig　　/release

重新申请 IP 地址：ipconfig　　/renew

7. 在服务器 server1 上查看租约数据库文件

　　　[root@server1 ~]# cat　　/var/lib/dhcpd/dhcpd.leases

7.4　DHCP 服务配置故障排除

本节介绍一些故障排除技巧。可以从以下几方面着手，对服务器而言，要确保正常工作并具备广播功能；对客户端而言，要确保网卡正常工作；最后，要考虑网络的拓扑，检查客户端向 DHCP 服务器发出的广播消息是否会受到阻碍。另外，如果 dhcpd 进程没有启动，可以通过浏览 syslog 消息文件/var/log/messages 来确定是哪里出了问题。

7.4.1　客户端无法获取 IP 地址

如果 DHCP 服务器配置完成且没有语法错误，但是网络中的客户端却无法取得 IP 地址。这通常是由于 DHCP 服务器无法接收来自 255.255.255.255 的 DHCP 客户端的 request 封包造成的，具体地讲，是由于 DHCP 服务器的网卡没有设置 MULTICAST（多点传送）功能。为了保证 dhcpd（dhcp 程序的守护进程）和 DHCP 客户端沟通，dhcpd 必须传送封包到 255.255.255.255。但是在有些 Linux 系统中，255.255.255.255 被用来作为监听区域子网域（Local Subnet）广播的 IP 地址。所以，必须在路由表（Routing Table）中加入 255.255.255.255 以激活 MULTICAST（多点传送）功能，执行如下命令。

```
[root@client1 ~]# route  add  -host  255.255.255.255  dev  ens33
```

上述命令创建了一个到地址 255.255.255.255 的路由。

如果出现提示 "255.255.255.255：Unkown host"，那么需要修改/etc/hosts 文件，并添加一条主机记录。

```
255.255.255.255        dhcp-server
```

提示：255.255.255.255 后面为主机名，对主机名没有特别要求，只要是合法的主机名就可以。

注意：可以编辑/etc/rc.d/rc.local 文件，添加 "route add -host 255.255.255.255 dev ens33" 字段使多点传送功能长久生效。

7.4.2　提供备份的 DHCP 设置

在中型网络中，数百台计算机的 IP 地址管理是一个大问题。为了解决该问题，使用 DHCP 来动态地为客户端分配 IP 地址。但是这同样意味着如果某些原因致使服务器瘫痪，DHCP 服务就无法使用，客户端也就无法获得正确的 IP 地址。

对于这个问题，可以同时设置多台 DHCP 服务器来提供冗余，然而，Linux 系统的 DHCP 服务器本身不提供备份。为避免发生客户端 IP 地址冲突，它们提供的 IP 地址资源也不能重叠。因此可通过分割可用的 IP 地址到不同的 DHCP 服务器上，多台 DHCP 服务器同时为一个网络服务，从而使得一台 DHCP 服务器出现故障而仍能正常提供 IP 地址资源供客户端使用。通常为了进一步增强可靠性，还可以将不同的 DHCP 服务器放置在不同子网中，互相使用中转提供 DHCP 服务。

假设在两个子网中各有一台 DHCP 服务器，标准的做法可以不使用 DHCP 中转，各子网中的 DHCP 服务器为各子网服务。然而，为了达到容错的目的，可以互相为另一个子网提供服务，通过设置中转路由器转发广播以达到互为服务的目的。

例如，位于 192.168.2.0 网络上的 DHCP 服务器 server1 上的配置文件片段如下。

```
[root@server1 ~]# vim  /etc/dhcp/dhcpd.conf

ddns-update-style none;
subnet 192.168.2.0 netmask 255.255.255.0 {
        range dynamic-bootp            192.168.2.10            192.168.2.199;
}
subnet 192.168.3.0 netmask 255.255.255.0 {
        range dynamic-bootp            192.168.3.200           192.168.3.220;
}
```

位于 192.168.3.0 网络上的 DHCP 服务器 server2 上的配置文件片段如下。

```
[root@server2 ~]# vim   /etc/dhcp/dhcpd.conf

ddns-update-style none;
ignore client-updates;
subnet 192.168.2.0 netmask 255.255.255.0 {
        range dynamic-bootp                    192.168.2.200         192.168.2.220;
}
subnet 192.168.3.0 netmask 255.255.255.0 {
        range dynamic-bootp                    192.168.3.10          192.168.3.199;
}
```

7.4.3 利用命令及租约文件排除故障

1. 利用 dhcpd 命令检测

如果遇到 DHCP 无法启动的情况，可以使用命令进行检测。根据提示信息进行修改或调试。

```
[root@client1 ~]# dhcpd
```

配置文件错误并不是导致 dhcpd 服务无法启动的唯一原因，网卡接口配置错误也可能导致服务启动失败。例如，网卡（ens33）的 IP 地址为 10.0.0.1，而配置文件中声明的子网为 192.168.20.0/24。通过 dhcpd 命令也可以排除错误。

```
[root@client1 ~]# dhcpd
…
No  subnet  declaration  for  ens33（10.0.0.1）
**  Ignoring  requests  on  eth0.  If  this  not  what  you  want, please write  a  subnet
declaration  in  your  dhcpd.conf  file  for  the  network  segment  to  which  interface  eth0  is
attached. **

Not  configured  to  listen  on  any  interfaces!
…
```

上面的提示信息意思如下。

"没有为 ens33（10.0.0.1）设置子网声明。

忽略 ens33 上的请求，如果你不希望看到这样的结果，请在文件 dhcpd.conf 中为接口 eth0 所连接的网段写一个子网声明。

没有配置任何接口进行侦听！"

2. 通过建立租约文件启动 DHCP 服务

一定要确保租约文件存在，否则无法启动 dhcpd 服务，如果租约文件不存在，可以手动建立一个。

```
[root@RHEL6 ~]# vim     /var/lib/dhcpd/dhcpd.leases
```

3．利用 ping 命令测试

DHCP 配置文件设置完后，重启 DHC 服务使配置生效，如果客户端仍然无法连接 DHCP 服务器，可以使用 ping 命令测试网络连通性。

7-2　配置与管理 DHCP 服务器

7.5　项目实训

1．项目背景及要求

（1）配置基本 DHCP 服务器

某企业计划构建一台 DHCP 服务器来解决 IP 地址动态分配的问题，要求能够分配 IP 地址以及网关、DNS 等其他网络属性信息。同时要求 DHCP 服务器为 DNS、Web、samba 服务器分配固定 IP 地址。该企业网络拓扑如图 7-9 所示。

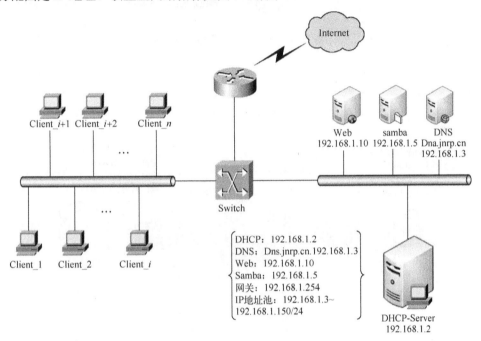

图 7-9　DHCP 服务器搭建网络拓扑

DHCP 服务器的 IP 地址为 192.168.1.2；DNS 服务器的域名为 dns.jnrp.cn，IP 地址为 192.168.1.3；Web 服务器 IP 地址为 192.168.1.10；samba 服务器的 IP 地址为 192.168.1.5；网关地址为 192.168.1.254；IP 地址池的范围为 192.168.1.3 ～ 192.168.1.150，掩码为 255.255.255.0。

（2）配置 DHCP 超级作用域

在某企业内部建立 DHCP 服务器，网络规划采用单作用域的结构，使用 192.168.1.0/24 网段的 IP 地址。随着企业规模扩大，设备数量增多，现有的 IP 地址无法满足网络的需求，需要添加可用的 IP 地址。这时可以使用超级作用域实现增加 IP 地址的目的，在 DHCP 服务器上添加新的作用域，使用 192.168.8.0/24 网段扩展网络地址的范围。

该企业超级作用域网络拓扑如图 7-10 所示（注意各虚拟机网卡的不同网络连接方式）。

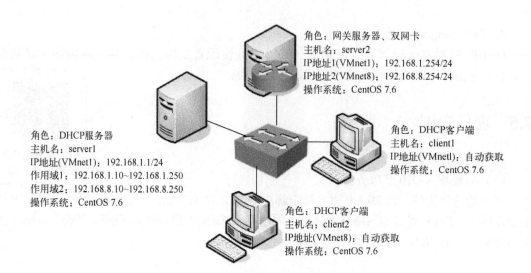

图 7-10　配置超级作用域网络拓扑

（3）配置 DHCP 中继代理

某企业内部存在两个子网，分别为 192.168.1.0/24 和 192.168.3.0/24，现在需要使用一台 DHCP 服务器为这两个子网客户机分配 IP 地址。该企业中继代理网络拓扑如图 7-11 所示。

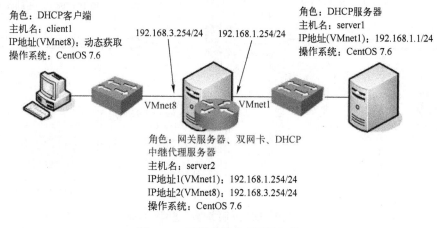

图 7-11　配置中继代理网络拓扑

2．深度思考

在观看项目实训视频时思考以下几个问题。

1）DHCP 软件包中的工具哪些是必需的？哪些是可选的？

2）DHCP 服务器的范本文件如何获得？

3）如何设置保留地址？进行 host 声明的设置时有何要求？

4）超级作用域的作用是什么？

5）配置中继代理时要注意哪些问题？视频中的版本是 CentOS 7.0，现在用的是 CentOS 7.4，在配置 DHCP 中继代理时有哪些区别？请认真总结思考。

3．做一做

根据项目实训内容及视频，将项目完整地做一遍，检查学习效果。

7.6 练习题

一、填空题

1．DHCP 工作过程可分为 4 步，所涉及的报文依次为_____、_____、_____和_____。

2．如果 DHCP 客户端无法获得 IP 地址，将自动从_____地址段中选择一个作为自己的地址。

3．在 Windows 环境下，使用_____命令可以查看 IP 地址配置，释放 IP 地址使用_____命令，续租 IP 地址使用_____命令。

4．DHCP 是一个简化主机 IP 地址分配管理的 TCP/IP 标准协议，其英文全称是_____，中文名称为_____。

二、选择题

1．TCP/IP 中，哪个协议是用来进行 IP 地址自动分配的？（　　　）

    A．ARP   B．NFS   C．DHCP   D．DNS

2．DHCP 租约文件默认保存在（　　　）目录中。

    A．/etc/dhcp   B．/etc

    C．/var/log/dhcp   D．/var/lib/dhcpd

3．配置完 DHCP 服务器，运行（　　　）命令可以启动 DHCP 服务。

    A．systemctl start dhcpd.service   B．systemctl start dhcpd

    C．start dhcpd   D．dhcpd on

三、简答题

1．动态 IP 地址方案有什么优点和缺点？简述 DHCP 服务器的工作过程。

2．简述 IP 地址租约和更新的全过程。

3．简述 DHCP 服务器分配给客户端的 IP 地址类型。

7.7 实践题

搭建 DHCP 服务器，为子网 A 内的客户端提供 DHCP 服务。具体参数如下。

- IP 地址段 192.168.11.101～192.168.11.200；子网掩码为 255.255.255.0。
- 网关地址为 192.168.11.254。
- 域名服务器为 192.168.10.1。
- 子网所属域的名称为 smile.com。
- 默认租约有效期为 1 天；最大租约有效期为 3 天。

请写出详细解决方案，并上机实现。

第8章 配置与管理 DNS 服务器

背景

某高校组建了校园网，为了使校园网中的计算机可以简单、快捷地访问本地网络及 Internet 上的资源，需要在校园网中架设 DNS 服务器，用来提供将域名转换成 IP 地址的功能。

职业能力目标和要求

- 了解 DNS 服务器的作用及其在网络中的重要性。
- 理解 DNS 的域名空间结构。
- 掌握 DNS 查询模式。
- 掌握 DNS 域名解析过程。
- 掌握常规 DNS 服务器的安装与配置。
- 掌握辅助 DNS 服务器的配置。
- 掌握子域的概念及区域委派配置过程。
- 掌握转发服务器和缓存服务器的配置。
- 理解并掌握 DNS 客户端的配置。
- 掌握 DNS 服务的测试。

8-1 配置 DNS 服务器

8.1 相关知识

DNS（Domain Name System，域名系统）服务是 Internet/Intranet 中最基础也是非常重要的一项服务，它提供了网络访问中域名和 IP 地址的相互转换功能。

8.1.1 认识域名空间

DNS 是一个分布式数据库，命名系统采用层次化的逻辑结构，如同一棵倒置的树，这个逻辑的树形结构称为域名空间。由于 DNS 划分了域名空间，因此各机构可以使用自己的域名空间创建 DNS 信息，如图 8-1 所示。

注意：在域名空间中，树的最大深度不得超过 127 层，树中每个节点最长可以存储 63 个字符。

1. 域和域名

DNS 树的每个节点代表一个域，通过这些节点对整个域名空间进行划分，成为一个层次结构。域名空间的每个域的名字通过域名来表示。域名通常由一个完全限定域名（Fully Qualified Domain Name，FQDN）标识。完全正式域名能准确表示出其相对于 DNS 域树根的位置，也就是节点到 DNS 树根的完整表述方式，从节点到树根采用反向书写，并将每个节点用"."分隔，如 DNS 域 163 的完全限定域名为 163.com。

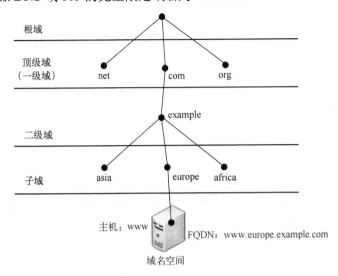

图 8-1　Internet 域名空间结构

一个 DNS 域可以包括主机和其他域（子域），每个机构都拥有名称空间的某一部分的授权，负责该部分名称空间的管理和划分，并用它来命名 DNS 域和计算机。例如，163 为 com 域的子域，其表示方法为 163.com，而 www 为 163 域中的 Web 主机，可以使用 www.163.com表示。

注意：通常，FQDN 有严格的命名限制，长度不能超过 256 字节，只允许使用字符 a～z、0～9、A～Z 和符号-。符号.只允许在域名标志之间（如 163.com）或者 FQDN 的结尾。域名不区分大小写。

2．域名空间

域名空间的结构为一棵倒置的树，并进行层次划分，如图 8-1 所示。从树根到树枝，按照不同的层次进行了统一的命名。域名空间的最顶层称为根域（root）；根域的下一层为顶级域，又称一级域；其下层为二级域；再下层为二级域的子域。按照需要进行规划，可以为多级，并且域中能够包含主机和子域。主机 www 的 FQDN 从最下层到最顶层根域进行反写，如 www.europe.example.com。

域名空间的根域中记录着 Internet 的重要 DNS 信息，由 Internet 域名注册授权机构管理，该机构把域名空间各部分的管理责任分配给连接到 Internet 的各个组织。

顶级域也由 Internet 域名注册授权机构管理。共有 3 种类型的顶级域。

● 组织域。其采用 3 个字符的代号，表示 DNS 域中所包含的组织的主要功能或活动。
　例如，com 为商业机构组织，edu 为教育机构组织，gov 为政府机构组织，mil 为军
　事机构组织，net 为网络机构组织，org 为非营利机构组织，int 为国际机构组织。
● 地址域。其采用两个字符的国家或地区代号。例如，cn 为中国，kr 为韩国，us 为
　美国。
● 反向域。这是一个特殊域，名字为 in-addr.arpa，用于将 IP 地址映射到名字（反向

查询）。

对于顶级域以下的域，由 Internet 域名注册授权机构授权给 Internet 中的各种组织。当一个组织获得了对域名空间某一部分的授权后，该组织就负责命名所分配的域及其子域，包括域中的计算机和其他设备，并管理分配的域中主机名与 IP 地址的映射信息。

组成 DNS 系统的核心是 DNS 服务器，它是回答域名服务查询的计算机，它为连接 Intranet 和 Internet 的用户提供并管理 DNS 服务，维护 DNS 名字数据并处理 DNS 客户端主机名的查询。DNS 服务器中保存了包含主机名和相应 IP 地址的数据库。

3. 区

区（Zone）是域名空间的一个连续部分，其包含一组存储在 DNS 服务器上的资源记录。每个区都位于一个特殊的域节点，但区并不是域。DNS 域是域名空间的一个分支，而区一般是存储在文件中的域名空间的某一部分，可以包括多个域。一个域可以再分成几部分，每个部分或区可以由一台 DNS 服务器控制。使用区的概念，DNS 服务器可负责关于自己区中主机的查询，以及该区的授权服务器问题。

8.1.2　DNS 服务器分类

DNS 服务器分为 4 类。

1. 主 DNS 服务器

主 DNS 服务器（Master 或 Primary）负责维护所管辖域的域名服务信息。它从域管理员构造的本地磁盘文件中加载域信息，该文件（区文件）包含该服务器具有管理权的一部分域结构的最精确信息。配置主 DNS 服务器需要一整套的配置文件，包括主配置文件（/etc/named.conf）、正向域的区文件、反向域的区文件、高速缓存初始化文件（/var/named/named.ca）和回送文件（/var/named/named.local）。

2. 辅助 DNS 服务器

辅助 DNS 服务器（Slave 或 Secondary）用于分担主 DNS 服务器的查询负载。区文件是从主 DNS 服务器中转移出来的，并作为本地磁盘文件存储在辅助 DNS 服务器中。这种转移称为区文件转移。在辅助 DNS 服务器中有一个所有域信息的完整复制，可以回答对该域的查询请求。配置辅助 DNS 服务器不需要生成本地区文件，因为可以从主 DNS 服务器下载该区文件。因而只须配置主配置文件、高速缓存文件和回送文件就可以了。

3. 转发 DNS 服务器

转发 DNS 服务器（Forwarder Name Server）可以向其他 DNS 服务器转发解析请求。当 DNS 服务器收到客户端的解析请求后，它首先会尝试从其本地数据库中查找；若未能找到，则需要向其他指定的 DNS 服务器转发解析请求；其他 DNS 服务器完成解析后会返回解析结果，转发 DNS 服务器将该解析结果缓存在自己的 DNS 缓存中，并向客户端返回解析结果。在缓存期内，如果客户端请求解析相同的名称，则转发 DNS 服务器会立即回应客户端；否则，将会再次发生转发解析的过程。

目前网络中所有的 DNS 服务器均被配置为转发 DNS 服务器，向指定的其他 DNS 服务器或根域服务器转发自己无法完成的解析请求。

4. 唯高速缓存 DNS 服务器

唯高速缓存 DNS 服务器（Caching Only DNS Server）供本地网络上的客户端用来进行域

名转换。它通过查询其他 DNS 服务器并将获得的信息存放在它的高速缓存中，为客户端查询信息提供服务。唯高速缓存 DNS 服务器不是权威性的服务器，因为它提供的所有信息都是间接信息。

8.1.3　DNS 查询模式

1．递归查询

当收到 DNS 工作站的查询请求后，DNS 服务器在自己的缓存或区域数据库中查找。如果 DNS 服务器本地没有存储查询的 DNS 信息，那么，该服务器会询问其他服务器，并将返回的查询结果提交给客户端。

2．转寄查询（又称迭代查询）

当收到 DNS 工作站的查询请求后，如果在 DNS 服务器中没有查到所需数据，该 DNS 服务器便会告诉 DNS 工作站另外一台 DNS 服务器的 IP 地址，然后由 DNS 工作站自行向此 DNS 服务器查询，以此类推，直到查到所需数据为止。如果到最后一台 DNS 服务器都没有查到所需数据，则通知 DNS 工作站查询失败。"转寄"的意思就是，若在某地查不到，该地就会告诉用户其他地址，让用户转到其他 DNS 服务器去查。一般，在 DNS 服务器之间的查询请求便属于转寄查询（DNS 服务器也可以充当 DNS 工作站的角色）。

8.1.4　域名解析过程

1．DNS 域名解析的工作原理

DNS 域名解析的工作过程如图 8-2 所示。

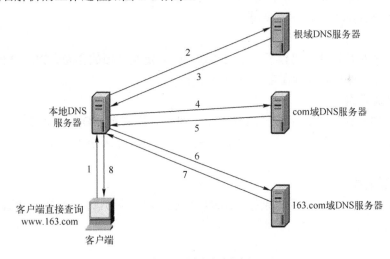

图 8-2　域名解析过程

假设客户端使用电信 ADSL 接入 Internet，电信为其分配的 DNS 服务器地址为 210.111.110.10，域名解析过程如下。

1）客户端向本地 DNS 服务器 210.111.110.10 直接查询 www.163.com 的域名。

2）本地 DNS 服务器无法解析此域名，它先向根域 DNS 服务器发出请求，查询 com 域的 DNS 地址。

3）根域 DNS 服务器管理 com、net、org 等顶级域名的地址解析，它收到请求后把解析结果返回给本地 DNS 服务器。

4）本地 DNS 服务器得到查询结果后接着向管理 com 域的 DNS 服务器发出进一步的查询请求，要求得到 163.com 的 DNS 地址。

5）com 域 DNS 服务器把解析结果返回给本地 DNS 服务器。

6）本地 DNS 服务器得到查询结果后接着向管理 163.com 域的 DNS 服务器发出查询具体主机 IP 地址的请求（www），要求得到满足要求的主机 IP 地址。

7）163.com 域 DNS 服务器把解析结果返回给本地 DNS 服务器。

8）本地 DNS 服务器得到了最终的查询结果，它把这个结果返回给客户端，从而使客户端能够和远程主机通信。

2．正向解析与反向解析

正向解析是指域名到 IP 地址的解析过程。

反向解析是指从 IP 地址到域名的解析过程。反向解析的作用为服务器的身份验证。

8.1.5　资源记录

为了将域名解析为 IP 地址，DNS 服务器要查询它们的区（又叫 DNS 数据库文件或简单数据库文件）。区中包含组成相关 DNS 域资源信息的资源记录（Resource Record，RR）。例如，某些资源记录把域名映射成 IP 地址，另一些则把 IP 地址映射到域名。

某些资源记录不仅包括 DNS 域中服务器的信息，还可以用于定义域，即指定每台服务器授权了哪些域，这些资源记录就是起始授权记录（Start of Authority Record，SOA）和名称服务器（Name Server，NS）资源记录。

1．SOA

每个区在区的开始处都包含了一个 SOA。SOA 定义了域的全局参数，进行整个域的管理设置。一个区文件只允许存在唯一的 SOA 记录。

2．NS 资源记录

名称服务器资源记录表示该区的授权服务器，它们表示 SOA 中指定的该区的主服务器和辅助服务器，也表示任何授权区的服务器。每个区在区根处至少包含一个 NS 资源记录。

3．A 资源记录

地址（Address，A）资源记录把 FQDN 映射到 IP 地址，因而解析器能查询 FQDN 对应的 IP 地址。

4．PTR

相对于 A 资源记录，指针记录（Point Record，PTR）把 IP 地址映射到 FQDN。

5．CNAME 资源记录

规范名字（Canonical Name，CNAME）资源记录创建特定 FQDN 的别名。用户可以使用 CNAME 资源记录来隐藏用户网络的实现细节，使连接的客户端无法知道。

6．MX 资源记录

邮件交换（Mail Exchange，MX）资源记录为 DNS 域名指定邮件交换服务器。邮件交换服务器是为 DNS 域名处理或转发邮件的主机。

- 处理邮件是指把邮件投递到目的地或转交给另一个不同类型的邮件传送者。
- 转发邮件是指把邮件发送到最终目的服务器。转发邮件时，直接使用简单邮件传输协议（Simple Mail Transfer Protocol，SMTP）把邮件发送到离最终目的服务器最近的邮件交换服务器。需要注意的是，有的邮件需要经过一定时间的排队才能达到目的。

8.1.6 /etc/hosts 文件

hosts 文件是 Linux 系统中一个负责 IP 地址与域名快速解析的文件，以 ASCII 格式保存在/etc 目录下。hosts 文件中包含 IP 地址和主机名之间的映射，还包含主机名的别名。在没有域名服务器的情况下，系统上的所有网络程序都通过查询该文件来解析对应于某个主机名的 IP 地址，否则就需要使用 DNS 服务程序来解决。通常可以将常用的域名和 IP 地址映射加入 hosts 文件，以实现快速便捷的访问。hosts 文件的格式如下

       IP 地址   主机名/域名

【例 8-1】 假设要添加两个域名与 IP 地址的映射，域名www.smile.com对应的 IP 地址为 192.168.0.1；域名www.long.com对应的 IP 地址为 192.168.1.1，则可在 hosts 文件中添加如下记录。

       192.168.0.1   www.smile.com
       192.168.1.1   www.long.com

8.2 项目设计及准备

8.2.1 项目设计

为了保证校园网中的计算机能够安全可靠地通过域名访问本地网络以及 Internet 上的资源，需要在网络中部署主 DNS 服务器、辅助 DNS 服务器和缓存 DNS 服务器。

8.2.2 项目准备

一共需要 4 台计算机，其中 3 台计算机安装 Linux 系统，1 台安装 Windows 7 系统，如表 8-1 所示。

表 8-1 Linux 服务器和客户端的配置信息

主机名称	操作系统	IP 地址	角 色
server1	CentOS 7.6	192.168.10.1/24	主 DNS 服务器；VMnet1
server2	CentOS 7.6	192.168.10.2/24	辅助/缓存/转发 DNS 服务器等；VMnet1
client1	CentOS 7.6	192.168.10.20/24	Linux 客户端；VMnet1
Win7-1	Windows 7	192.168.10.40/24	Windows 客户端；VMnet1

技巧：直接将 named.zones 的内容替代为 named.conf 文件中的 "include "/etc/named.zones";" 语句，可以简化设置过程，不需要再单独编辑 name.zones 文件。请读者试一下。本章后面及

后面章节的内容就是以这种思路来完成 DNS 设置的。

注意：DNS 服务器的 IP 地址必须是静态的。

8.3 项目实施

8.3.1 安装、启动 DNS 服务

在 Linux 系统下架设 DNS 服务器通常使用 BIND（Berkeley Internet Name Domain，伯克利互联网名称域）程序来实现，其守护进程是 named。下面在 server1 和 server2 服务器上进行。

1. BIND 软件包简介

BIND 是一款实现 DNS 服务器的开放源码软件。BIND 原本是美国 DARPA 资助研究伯克里大学开设的一个研究生课题，后来经过多年的发展成为世界上使用最为广泛的 DNS 服务器软件，目前 Internet 上绝大多数的 DNS 服务器都是用 BIND 来架设的。

BIND 经历了多个版本，其中第 9 版修正了以前版本的许多错误，并提升了执行时的效能。BIND 能够运行在当前大多数的操作系统平台之上。目前 BIND 软件由互联网软件联合会（Internet Software Consortium，ISC）这个非营利性机构负责开发和维护。

2. 安装 BIND 软件包

1）使用 yum 命令安装 BIND 服务（光盘挂载、yum 源的制作请参考第 6.2 节中的相关内容）。

```
[root@server1 ~]# ymount   /dev/cdrom /iso
[root@server1 ~]# yum clean all                          //安装前先清除缓存
[root@server1 ~]# yum   install   bind   bind-chroot -y
```

2）安装完后再次查询，发现已安装成功。

```
[root@server1 ~]# rpm -qa|grep bind
```

3. DNS 服务的启动、停止与重启，加入开机自启动

```
[root@server1 ~]# systemctl    start    named
[root@server1 ~]# systemctl    stop     named
[root@server1 ~]# systemctl    restart  named
[root@server1 ~]# systemctl    enable   named
```

8.3.2 掌握 BIND 配置文件

1. DNS 服务器配置流程

一个比较简单的 DNS 服务器配置流程主要分为以下 3 步。

1）创建配置文件 named.conf。该文件主要用于设置 DNS 服务器能够管理哪些区以及这些区所对应的区文件名和存放路径。

2）建立区文件。按照 named.conf 文件中指定的路径创建区文件，该文件主要记录该区内的资源记录。例如，www.51cto.com 对应的 IP 地址为 211.103.156.229。

3）重新加载配置文件或重新启动 named 服务使配置生效。

下面来看一个具体的配置 DNS 服务器的实例，工作流程如图 8-3 所示。

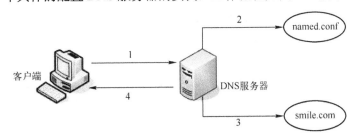

图 8-3　配置 DNS 服务器的工作流程

1）客户端需要获得主机 www.smile.com 所对应的 IP 地址，将查询请求发送给 DNS 服务器。

2）DNS 服务器接收到请求后，查询主配置文件 named.conf，检查是否能够管理 smile.com 区。而 named.conf 中记录着能够解析 smile.com 区并提供 smile.com 区文件所在路径及文件名。

3）DNS 服务器再根据 named.conf 文件中提供的路径和文件名找到 smile.com 区所对应的配置文件，并从中找到 www.smile.com 主机所对应的 IP 地址。

4）将查询结果反馈给客户端，完成整个查询过程。

一般的 DNS 配置文件分为全局配置文件、主配置文件和正反向解析区域声明文件。下面介绍各配置文件的配置方法。

2．认识全局配置文件

全局配置文件位于 /etc 目录下。

```
    [root@server1 ~]# cat /etc/named.conf
...<略>
options {
    listen-on port 53 { 127.0.0.1; };        //指定 BIND 侦听的 DNS 查询请求的本机 IP 地址及端口
    listen-on-v6 port 53 { ::1; };                   //限于 IPv6
    directory "/var/named";                          //指定区域配置文件所在的路径
    dump-file      "/var/named/data/cache_dump.db";
    statistics-file "/var/named/data/named_stats.txt";
    memstatistics-file "/var/named/data/named_mem_stats.txt";
    allow-query { localhost; };                      //指定接收 DNS 查询请求的客户端
    recursion yes;
    dnssec-enable yes;
    dnssec-validation yes;                           //改为 no 可以忽略 SELinux 的影响
    dnssec-lookaside auto;
    ...<略>
};
//以下用于指定 BIND 服务的日志参数
logging {
```

157

```
            channel default_debug {
                    file "data/named.run";
                    severity dynamic;
            };
    };

    zone "." IN {                        //用于指定根服务器的配置信息，一般不能更改
       type hint;
       file "named.ca";
    };

    include "/etc/named.zones";    //指定主配置文件，一定要根据实际修改
    include "/etc/named.root.key";
```

options 配置段属于全局性的设置，常用配置项命令及功能如下。

- directory 用于指定 named 守护进程的工作目录，各区域正反向搜索解析文件和 DNS 根服务器地址列表文件（named.ca）应放在该配置项指定的目录中。
- allow-query{}与 allow-query{localhost;}功能相同。另外，还可使用地址匹配符来表示许可的主机。其中，any 可匹配所有的 IP 地址，none 不匹配任何 IP 地址，localhost 匹配本地主机使用的所有 IP 地址，localnets 匹配同本地主机相连的网络中的所有主机。例如，若仅允许 127.0.0.1 和 192.168.1.0/24 网段的主机查询该 DNS 服务器，则命令为 allow-query {127.0.0.1;192.168.1.0/24}。
- listen-on 设置 named 守护进程监听的 IP 地址和端口。若未指定，默认监听 DNS 服务器的所有 IP 地址的 53 号端口。当服务器安装有多块网卡，有多个 IP 地址时，可通过该配置命令指定所要监听的 IP 地址。对于只有一个地址的服务器，不必设置。例如，若要设置 DNS 服务器监听 192.168.1.2，端口使用标准的 5353 号，则配置命令为 listen-on port 5353 { 192.168.1.2;}。
- forwarders{}用于定义 DNS 转发器。当设置了转发器后，所有非本域的和在缓存中无法找到的域名查询，都可由指定的 DNS 转发器来完成解析工作并进行缓存。forward 用于指定转发方式，仅在 forwarders 转发器列表不为空时有效，其用法为"forward first | only;"。forward first 为默认方式，DNS 服务器会先将用户的域名查询请求转发给 forwarders 设置的转发器，由转发器完成域名的解析工作，若指定的转发器无法完成解析或无响应，则再由 DNS 服务器自身来完成域名的解析。若设置为 forward only，则 DNS 服务器仅将用户的域名查询请求转发给转发器，若指定的转发器无法完成域名解析或无响应，DNS 服务器自身也不会试着对其进行域名解析。例如，某地区的 DNS 服务器为 61.128.192.68 和 61.128.128.68，若要将其设置为 DNS 服务器的转发器，则配置命令如下。

```
    options{
            forwarders {61.128.192.68;61.128.128.68;};
            forward first;
    };
```

3．认识主配置文件

主配置文件位于/etc 目录下，可将 named.rfc1912.zones 复制为全局配置文件中指定的主配置文件，在此为/etc/named.zones。

```
[root@server1 ~]# cp -p /etc/named.rfc1912.zones   /etc/named.zones
[root@server1 ~]# cat /etc/named.rfc1912.zones

zone "localhost.localdomain" IN {
  type master;                        //主要区域
  file "named.localhost";             //指定正向查询区域配置文件
  allow-update { none; };
};
…

zone "1.0.0.127.in-addr.arpa" IN {   //反向解析区域
  type master;
  file "named.loopback";             //指定反向解析区域配置文件
  allow-update { none; };
};
…
```

4．Zone 正反向解析区域声明文件

主域名服务器的正向解析区域声明格式如下（样本文件为 named.localhost）。

```
zone   "区域名称" IN {
     type master ;
     file   "实现正向解析的区域文件名";
     allow-update {none;};
};
```

从域名服务器的正向解析区域声明格式如下。

```
zone   "区域名称" IN {
     type slave ;
     file   "实现正向解析的区域文件名";
     masters {主域名服务器的 IP 地址;};
};
```

反向解析区域的声明格式与正向解析区域的声明格式相同，只是 file 所指定要读的文件不同，区域的名称也不同。若要反向解析 x.y.z 网段的主机，则反向解析的区域名称应设置为 z.y.x.in-addr.arpa。反向解析区域样本文件为 named.loopback。

5．根区域文件/var/named/named.ca

/var/named/named.ca 是一个非常重要的文件，该文件包含 Internet 的顶级域名服务器的名字和地址。该文件可以让 DNS 服务器找到根 DNS 服务器，并初始化 DNS 的缓冲区。当 DNS 服务器接到客户端的查询请求时，如果在缓存中找不到相应的数据，就会通过根服务器进行逐级查询。/var/named/named.ca 文件的主要内容如图 8-4 所示。

```
root@RHEL7-1:~
File  Edit  View  Search  Terminal  Help
; <<>> DiG 9.9.4-RedHat-9.9.4-38.el7_3.2 <<>> +bufsize=1200 +norec @a.root-servers.net
; (2 servers found)
;; global options: +cmd
;; Got answer:
;; ->>HEADER<<- opcode: QUERY, status: NOERROR, id: 17380
;; flags: qr aa; QUERY: 1, ANSWER: 13, AUTHORITY: 0, ADDITIONAL: 27

;; OPT PSEUDOSECTION:
; EDNS: version: 0, flags:; udp: 1472
;; QUESTION SECTION:
;.                              IN      NS

;; ANSWER SECTION:
.                       518400  IN      NS      a.root-servers.net.
.                       518400  IN      NS      b.root-servers.net.
.                       518400  IN      NS      c.root-servers.net.
.                       518400  IN      NS      d.root-servers.net.
.                       518400  IN      NS      e.root-servers.net.
.                       518400  IN      NS      f.root-servers.net.
.                       518400  IN      NS      g.root-servers.net.
.                       518400  IN      NS      h.root-servers.net.
.                       518400  IN      NS      i.root-servers.net.
.                       518400  IN      NS      j.root-servers.net.
.                       518400  IN      NS      k.root-servers.net.
.                       518400  IN      NS      l.root-servers.net.
.                       518400  IN      NS      m.root-servers.net.

;; ADDITIONAL SECTION:
a.root-servers.net.     3600000 IN      A       198.41.0.4
a.root-servers.net.     3600000 IN      AAAA    2001:503:ba3e::2:30
b.root-servers.net.     3600000 IN      A       192.228.79.201
b.root-servers.net.     3600000 IN      AAAA    2001:500:84::b
c.root-servers.net.     3600000 IN      A       192.33.4.12
                                                              1,1           Top
```

图 8-4　named.ca 文件内容

其文件内容说明如下

① 以“;”开始的行都是注释行。

② 其他行都和某个域名服务器有关，分别是 NS 资源记录和 A 资源记录。

行“. 518400 IN NS a.root-servers.net.”的含义是：“.”表示根域；518400 是存活期；IN 是资源记录的网络类型，表示 Internet 类型；NS 是资源记录类型；“a.root-servers.net.”是主机域名。

行“a.root-servers.net. 3600000 IN A 198.41.0.4”的含义是：a.root-servers.net.是主机名；3600000 是存活期；A 是资源记录类型；最后是对应的 IP 地址。A 资源记录用于指定根域服务器的 IP 地址。

③ 其他各行的含义与上面两项基本相同。

由于 named.ca 文件经常会随着根服务器的变化而发生变化，因此建议从国际互联网络信息中心（InterNIC）的 FTP 服务器下载最新的版本，下载地址为 ftp://ftp.internic.net/domain/，文件名为 named.root。

8.3.3　配置主 DNS 服务器实例

1．案例环境及需求

某校园网要架设一台 DNS 服务器负责 long.com 域的域名解析工作。DNS 服务器的 FQDN 为 dns.long.com，IP 地址为 192.168.10.1。要求为以下域名实现正反向域名解析服务。

dns.long.com		192.168.10.1
mail.long.com	MX 记录	192.168.10.2
slave.long.com	⟷	192.168.10.2
www.long.com		192.168.10.20

ftp.long.com   192.168.10.40

另外，为www.long.com 设置别名为 web.long.com。

2. 配置过程

配置过程包括对全局配置文件、主配置文件和正反向解析区域文件的配置。

（1）编辑全局配置文件 named.conf

该文件位于/etc 目录下。在 options 配置段中，将侦听 IP 地址 127.0.0.1 改成 any，将 dnssec-validation 配置项的 yes 改为 no 将允许查询网段 allow-query 配置项的 localhost 改成 any。在最后的 include 语句中指定主配置文件为 named.zones。修改后的相关内容如下。

```
[root@server1 ~]# vim   /etc/named.conf


        listen-on port 53 { any; };
        listen-on-v6 port 53 { ::1; };
        directory            "/var/named";
        dump-file            "/var/named/data/cache_dump.db";
        statistics-file "/var/named/data/named_stats.txt";
        memstatistics-file "/var/named/data/named_mem_stats.txt";
        allow-query          { any; };
        recursion yes;
        dnssec-enable yes;
        dnssec-validation no;
        dnssec-lookaside auto;
        …
include "/etc/named.zones";                        //必须更改！！
include "/etc/named.root.key";
```

（2）编辑主配置文件 named.zones

使用 vim /etc/named.zones 命令增加以下内容。

```
[root@server1 ~]# vim /etc/named.zones

zone "long.com" IN {
        type master;
        file "long.com.zone";
        allow-update { none; };
};

zone "10.168.192.in-addr.arpa" IN {
        type master;
        file "1.10.168.192.zone";
        allow-update { none; };
};
```

其中 type 字段对于区域的管理至关重要，用于指定区域的类型，一共分为 6 种区域类型，如表 8-2 所示。

表 8-2　区域类型

区域的类型	作　用
master	主 DNS 服务器，拥有区域数据文件，并对此区域提供管理数据
slave	辅助 DNS 服务器，拥有主 DNS 服务器的区域数据文件的副本，辅助 DNS 服务器会从主 DNS 服务器同步所有区域数据
stub	stub 区域和 slave 区域类似，但其只复制主 DNS 服务器上的 NS 记录而不像辅助 DNS 服务器会复制所有区域数据
forward	Forward 区域是每个域的配置转发的主要部分。一个 zone 语句中的 type forward 可以包括一个 forward 和/或 forwarders 子句，它会在区域名称给定的域中查询。如果没有 forwarders 语句或者 forwarders 是空表，那么这个域就不会有转发，消除了 options 语句中有关转发的配置
hint	根域名服务器的初始化组指定使用线索区域（hint zone），当服务器启动时，它使用根线索来查找根域名服务器，并找到最近的根域名服务器列表。如果没有指定 class IN 的线索区域，服务器使用编译时默认的根服务器线索。不是 IN 的类别没有内置的默认线索服务器
delegation-only	用于强制区域的 delegation.ly 状态

（3）编辑 BIND 的区域配置文件

1）创建 long.com.zone 正向解析区域文件。

该文件位于/var/named 目录下。为编辑方便，可先将样本文件 named.localhost 复制到 long.com.zone，再对 long.com.zone 文件进行编辑。修改后的文件内容如下。

```
[root@server1 ~]# cd /var/named
[root@server1 named]# cp   -p named.localhost long.com.zone
[root@server1 named]# vim /var/named/long.com.zone


$TTL 1D
@        IN SOA   @ root.long.com. (
                                    0         ; serial
                                    1D        ; refresh
                                    1H        ; retry
                                    1W        ; expire
                                    3H )      ; minimum

@              IN          NS                 dns.long.com.
@              IN          MX        10       mail.long.com.

dns            IN          A                  192.168.10.1
mail           IN          A                  192.168.10.2
slave          IN          A                  192.168.10.2
www            IN          A                  192.168.10.20
ftp            IN          A                  192.168.10.40
web            IN          CNAME              www.long.com.
```

2）创建 1.10.168.192.zone 反向解析区域文件。

该文件位于/var/named 目录下。为编辑方便，可先将样本文件 named.loopback 复制到 1.10.168.192.zone，再对 1.10.168.192.zone 文件进行编辑。修改后的文件内容如下。

```
[root@server1 named]# cp   -p named.loopback 1.10.168.192.zone
[root@server1 named]# vim /var/named/1.10.168.192.zone
```

```
$TTL 1D
@          IN SOA    @    root.long.com. (
                                            0          ; serial
                                            1D         ; refresh
                                            1H         ; retry
                                            1W         ; expire
                                            3H )       ; minimum

@                    IN NS                  dns.long.com.
@                    IN MX       10         mail.long.com.

1                    IN PTR                 dns.long.com.
2                    IN PTR                 mail.long.com.
2                    IN PTR                 slave.long.com.
20                   IN PTR                 www.long.com.
40                   IN PTR                 ftp.long.com.
```

（4）在 server1 上配置防火墙和属组

在 server1 上配置防火墙，设置主配置文件和区域文件的属组为 named，然后重启 DNS 服务，加入开机启动。

```
[root@server1 ~]# systemctl restart firewalld
[root@server1 ~]# firewall-cmd --permanent --add-service=dns
[root@server1 ~]# firewall-cmd --reload
[root@server1 ~]# chgrp    named    /etc/named.conf
[root@server1 ~]# systemctl restart named
[root@server1 ~]# systemctl enable named
```

3．配置 DNS 客户端

DNS 客户端的配置非常简单，假设本地首选 DNS 服务器的 IP 地址为 192.168.10.1，备用 DNS 服务器的 IP 地址为 192.168.10.2，DNS 客户端的设置如下。

（1）配置 Windows 客户端

打开"Internet 协议版本 4（TCP/IPv4）属性"对话框，如图 8-5 所示。在该对话框中输入首选 DNS 服务器和备用 DNS 服务器的 IP 地址即可。

（2）配置 Linux 客户端

在 Linux 系统中可以通过修改/etc/resolv.conf 文件来配置 DNS 客户端。修改后文件内容如下。

```
[root@Client2 ~]# vim /etc/resolv.conf
    nameserver 192.168.10.1
    nameserver 192.168.10.2
    search   long.com
```

其中，nameserver 指明 DNS 服务器的 IP 地址，可以设置多个 DNS 服务器，查询时按照文件

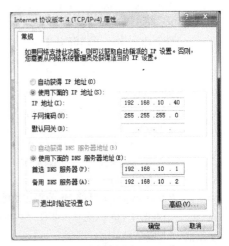

图 8-5　Windows 系统中 DNS 客户端配置

中指定的顺序进行域名解析，只有当第一个 DNS 服务器没有响应时才向下面的 DNS 服务器发出域名解析请求；search 用于指明域名搜索顺序，当查询没有域名后缀的主机名时，将会自动附加由 search 指定的域名。

在 Linux 系统中还可以通过系统菜单设置 DNS，相关内容前面已多次介绍，在此不再赘述。

4. 使用 nslookup 测试 DNS

BIND 软件包提供了 3 个 DNS 测试工具，分别是 nslookup、dig 和 host。其中，dig 和 host 是命令行工具，而 nslookup 命令既可以使用命令行模式也可以使用交互模式。下面在客户端 client1（192.168.10.20）上进行测试，前提是必须保证与 server1 服务器的通信畅通。

```
[root@client1 ~]# vim /etc/resolv.conf
    nameserver 192.168.10.1
    nameserver 192.168.10.2
    search   long.com
[root@client1 ~]# nslookup            //运行 nslookup 命令
> server
Default server: 192.168.10.1
Address: 192.168.10.1#53
> www.long.com                        //正向查询，查询域名 www.long.com 所对应的 IP 地址
Server: 192.168.10.1
Address: 192.168.10.1#53

Name: www.long.com
Address: 192.168.10.20
> 192.168.10.2           //反向查询，查询 IP 地址 192.168.10.2 所对应的域名
Server: 192.168.10.1
Address: 192.168.10.1#53

2.10.168.192.in-addr.arpa    name = slave.long.com.
2.10.168.192.in-addr.arpa    name = mail.long.com.
> set all               //显示当前设置的所有值
Default server: 192.168.10.1
Address: 192.168.10.1#53

Set options:
   novc              nodebug          nod2
   search            recurse
   timeout = 0       retry = 3        port = 53
   querytype = A     class = IN
   srchlist = long.com
//查询 long.com 域的 NS 资源记录配置
> set type=NS           //此行中 type 的取值还可以为 SOA、MX、CNAME、A、PTR 及 any 等
> long.com
Server: 192.168.10.1
Address: 192.168.10.1#53
```

long.com   nameserver = dns.long.com.
> exit
[root@client1 ~]#

5. 特别说明

如果要求所有用户均可以访问外网地址，还需要设置根区域，并创建根区域所对应的区域文件，这样才可以访问外网地址。

下载 ftp://rs.internic.net/domain/named.root，这是域名解析根服务器的最新版本。下载完毕后，将该文件改名为 named.ca，然后复制到/var/named 目录下。

8.3.4 配置辅助 DNS 服务器

1. 辅助 DNS 服务器的优势

DNS 划分若干区域进行管理，每个区域由一个或多个 DNS 服务器负责解析。如果采用单独的 DNS 服务器而该服务器没有响应，那么该区域的域名解析就会失败。因此每个区域建议使用多个 DNS 服务器，可以提供域名解析容错功能。对于存在多个 DNS 服务器的区域，必须选择一台主 DNS 服务器（master），保存并管理整个区域的信息，其他服务器称为辅助 DNS 服务器（slave）。

管理区域时，使用辅助 DNS 服务器有以下几个好处。

1）辅助 DNS 服务器提供区域冗余，能够在该区域的主服务器停止响应时为客户端解析该区域的 DNS 名称。

2）创建辅助 DNS 服务器可以减少 DNS 网络通信量。采用分布式结构，在低速广域网链路中添加 DNS 服务器能有效地管理和减少网络通信量。

3）辅助 DNS 服务器可以用于减少区域的主 DNS 服务器的负载。

2. 区域传输

为了保证 DNS 数据相同，所有服务器必须进行数据同步，辅助 DNS 服务器从主 DNS 服务器获得区域副本，这个过程称为区域传输。区域传输存在两种方式：完全区域传输（AXFR）和增量区域传输（IXFR）。当将新的 DNS 服务器添加到区域中并且配置为新的辅助 DNS 服务器时，它会执行完全区域传输，从主 DNS 服务器获取一份完整的资源记录副本。主 DNS 服务器上区域文件再次变动后，辅助 DNS 服务器则会执行增量区域传输，完成资源记录的更新，始终保持 DNS 数据同步。

满足发生区域传输的条件时，辅助 DNS 服务器向主 DNS 服务器发送查询请求，更新其区域文件，具体过程如图 8-6 所示。

图 8-6　区域传输过程

1）区域传输初始阶段，辅助 DNS 服务器向主 DNS 服务器发送区域 AXFR 请求。

2）主 DNS 服务器做出响应，并将此区域完全传输到辅助 DNS 服务器。该区域传输时会一并发送 SOA。SOA 中的序列号（serial）字段表示区域数据的版本，刷新时间（refresh）指出辅助服务器下一次发送查询请求的时间间隔。

3）刷新间隔到期时，辅助 DNS 服务器使用 SOA 查询来请求从主 DNS 服务器续订此区域。

4）主 DNS 服务器应答其 SOA 的查询。该响应包括主 DNS 服务器中该区域的当前序列号版本。

5）辅助 DNS 服务器检查响应中 SOA 的序列号，并确定续订该区域的方法，如果辅助 DNS 服务器确认区域文件已经更改，则它会把 IXFR 查询发送到主 DNS 服务器。若 SOA 响应中的序列号等于当前的本地序列号，那么两个服务器区域数据都相同，并且不需要区域传输。然后，辅助 DNS 服务器根据主 DNS 服务器 SOA 响应中的该字段值重新设置刷新时间，续订该区域。如果 SOA 响应中的序列号值比当前本地序列号要高，则可以确定此区域已更新并需要传输。

6）主 DNS 服务器通过区域的增量传输或完全传输做出响应。如果主 DNS 服务器可以保存修改资源记录的历史记录，则它可以通过 IXFR 做出应答。如果主 DNS 服务器不支持增量传输或没有区域变化的历史记录，则它可以通过 AXFR 做出应答。

3．配置辅助 DNS 服务器实例

【例 8-2】 承接第 8.3.3 节，主 DNS 服务器的 IP 地址是 192.168.10.1，辅助 DNS 服务器的地址是 192.168.10.2，区域是 long.com。测试客户端是 client1（192.168.10.20）。请给出配置过程。

（1）配置主 DNS 服务器

具体过程参见第 8.3.3 节配置主 DNS 服务器。

（2）配置辅助 DNS 服务器

在辅助 DNS 服务器上安装 DNS、修改主配置文件 named.conf 的属组及内容、关闭防火墙。添加 long.com 区域的内容如下，注意，不要将注释内容写到配置文件里。

```
[root@server2 ~]# vim    /etc/named.conf
options {
        listen-on port 53 { any; };
        directory          "/var/named";
        allow-query        { any; };
        recursion yes;

        dnssec-enable no;
zone "." {
        type       hint;
        file       "name.ca";
}

zone "long.com" {
```

```
            type      slave;                                    //区域的类型为 slave
            file      "slaves/long.com.zone";                   //区域文件在/var/named/slaves 下
            masters   { 192.168.10.1; } ;                       //主 DNS 服务器地址
    };

    zone "10.168.192.in-addr.arpa" {
            type      slave;                                    //区域的类型为 slave
            file      "slaves/2.10.168.192.zone";               //区域文件在/var/named/slaves 下
            masters { 192.168.10.1;};                           //主 DNS 服务器地址
      };
```

辅助 DNS 服务器只需要设置主配置文件，正反向解析区域文件会在辅助 DNS 服务器设置完成主配置文件后重启 DNS 服务时，由主 DNS 服务器同步到辅助 DNS 服务器。只不过路径是/var/named/slaves 而已。

（3）数据同步测试

1）开放防火墙，重启辅助 DNS 服务器的 named 服务，使其与主 DNS 服务器数据同步。

```
[root@rhel7-2 ~]# firewall-cmd --permanent --add-service=dns
[root@rhel7-2 ~]# firewall-cmd --reload
[root@server2 ~]# systemctl restart named
[root@server2 ~]# systemctl enable named
```

2）在主 DNS 服务器上执行 tail 命令查看系统日志，辅助 DNS 服务器通过 AXFR 获取 long.com 区域数据。

```
[root@server1 ~]# tail     /var/log/messages
```

3）查看辅助 DNS 服务器系统日志，通过 ls 命令查看辅助 DNS 服务器中的 /var/named/slaves 目录，区域文件 long.com.zone 和 2.10.168.192.zone 复制完毕。

```
[root@server2 ~]# ls     /var/named/slaves/
```

注意： 配置区域传输时一定要关闭防火墙。

4）在客户端测试辅助 DNS 服务器。将客户端计算机的首要 DNS 服务器地址设置为 192.168.10.2，然后利用 nslookup 命令进行测试。

```
[root@client1 ~]# nslookup
> server
Default server: 192.168.10.2
Address: 192.168.10.2#53
> www.long.com
Server: 192.168.10.2
Address: 192.168.10.2#53

Name: www.long.com
Address: 192.168.10.20
```

```
> dns.long.com
Server: 192.168.10.2
Address: 192.168.10.2#53

Name: dns.long.com
Address: 192.168.10.1
> 192.168.10.40
Server: 192.168.10.2
Address: 192.168.10.2#53

40.10.168.192.in-addr.arpa     name = ftp.long.com.
```

8.3.5 建立子域并进行区域委派

域名空间由多个域构成，DNS 提供了将域名空间划分为一个或多个区域的方法，这样能使管理更加方便。而对于域来说，随着域的规模和功能不断扩展，为了方便 DNS 服务器管理和维护以及保证查询速度，可以为一个域添加附加域，附加的上级域为父域，附加的下级域为子域。父域为 long.com，子域为 submain.long.com。

1. 子域应用环境

当要为一个域附加子域时，请检查是否属于以下 3 种情况。

1）域中增加了新的分支或站点，需要添加子域扩展域名空间。

2）域的规模不断扩大，记录条目不断增多，该域的 DNS 数据库变得过于庞大，用户检索 DNS 信息时间增加。

3）需要将 DNS 域名空间的部分管理工作分散到其他部门或地理位置。

2. 管理子域

如果根据需要决定添加子域，可以使用以下两种方法进行子域的管理。

1）区域委派。父域建立子域并将子域的解析工作委派到额外的 DNS 服务器，并在父域的权威 DNS 服务器中登记相应的委派记录，建立这个操作的过程称为区域委派。任何情况下，创建子域都可以进行区域委派。

2）虚拟子域。建立子域时，子域管理工作并不委派给其他 DNS 服务器，而是与父域信息一起存放在相同的 DNS 服务器的区域文件中。如果只是为域添加分支或子域，不考虑到分散管理，选择虚拟子域的方式，可以降低硬件成本。

注意： 执行区域委派时，仅仅创建子域是无法使子域信息得到正常解析的。在父域的权威 DNS 服务器的区域文件中，务必添加子域 DNS 服务器的记录，建立子域与父域的关联，否则，子域域名解析无法完成。

3. 配置区域委派

【例 8-3】 公司提供虚拟主机服务，所有主机的后缀域名为 long.com。随着虚拟主机注册量大幅增加，DNS 查询速度明显变慢，并且域名的管理维护工作非常困难。

对于 DNS 的一系列问题，如查询速度过慢、管理维护工作繁重等，均是 DNS 服务器中记录条目过多造成的。管理员可以为 long.com 新建子域 test.long.com 并配置区域委派，将子域的维护工作交给其他的 DNS 服务器，新的虚拟主机注册域名为 test.long.com，以减少 long.com DNS 服务器的负荷，提高查询速度。父域 DNS 服务器地址为 192.168.10.1，子域 DNS 服务器地址为 192.168.10.2。

1）父域设置区域委派。编辑父域 DNS 服务器的/etc/named.conf 文件，添加 long.com 区域记录，指定正向解析区域文件名为 long.com.zone，反向解析区域文件名为 1.10.168.192.zone。

2）添加 long.com 区域文件。在父域的正向解析区域文件中，务必要添加子域的委派记录及管理子域的权威 DNS 服务器的 IP 地址。在 long.com.zone 文件的最后添加两行后的具体内容如下（注意不要把标号或注释写到配置文件中）。

```
[root@server1 ~]# vim     /var/named/long.com.zone
$TTL 1D
@         IN SOA     @ root.long.com. (
                                        0          ; serial
                                        1D         ; refresh
                                        1H         ; retry
                                        1W         ; expire
                                        3H )       ; minimum

@                        IN          NS                    dns.long.com.
@                        IN          MX          10        mail.long.com.

dns                      IN          A                     192.168.10.1
mail                     IN          A                     192.168.10.2
slave                    IN          A                     192.168.10.2
www                      IN          A                     192.168.10.20
ftp                      IN          A                     192.168.10.40
web                      IN          CNAME                 www.long.com.
test.long.com.           IN          NS                    dns1.test.long.com.
dns1.test.long.com.      IN          A                     192.168.10.2
```

① 倒数第二行表示指定委派区域 test.long.com 管理工作由 DNS 服务器 dns1.test.long.com 负责。

② 最后一行表示添加 dns1.test.long.com 的 A 记录信息，定位子域 test.long.com 的权威 DNS 服务器。

3）在父域的反向解析区域文件的最后添加两行，具体内容如下。

```
[root@server1 ~]# vim     /var/named/1.10.168.192.zone

$TTL 1D
@         IN SOA     @     root.long.com. (
                                        0          ; serial
                                        1D         ; refresh
                                        1H         ; retry
                                        1W         ; expire
                                        3H )       ; minimum
```

@	IN	NS		dns.long.com.
@	IN	MX	10	mail.long.com.
1	IN	PTR		dns.long.com.
2	IN	PTR		mail.long.com.
2	IN	PTR		slave.long.com.
20	IN	PTR		www.long.com.
40	IN	PTR		ftp.long.com.
1	IN	PTR		dns.long.com.
2	IN	PTR		dns1.test.long.com.

4）在 server1 上配置防火墙，设置主配置文件和区域文件的属组为 named，然后重启 DNS 服务。

```
[root@server1 ~]# firewall-cmd --permanent --add-service=dns
[root@server1 ~]# firewall-cmd --reload
[root@server1 ~]# chgrp    named    /etc/named.conf
[root@server1 ~]# systemctl restart named
[root@server1 ~]# systemctl enable named
```

5）在子域服务器 192.168.10.2 上进行子域设置。编辑/etc/named.conf 文件，添加 test.long.com 区域记录。（注意清除或注释掉原来的辅助 DNS 信息）

```
[root@server2 ~]# vim    /etc/named.conf
options {
            directory        "/var/named";
    };
zone "." IN {
        type hint;
        file "named.ca";
};

zone "test.long.com" {
        type    master;
        file    "test.long.com.zone";
};

zone "10.168.192.in-addr.arpa"    {
        type    master;
        file    "2.10.168.192.zone";
};
```

添加 test.long.com 域的正向解析区域文件。

```
[root@server2 ~]# vim    /var/named/test.long.com.zone
$TTL 1D
@        IN    SOA        test.long.com.    root.test.long.com. (
```

```
                              2013120800   ; serial
                              86400        ; refresh (1 day)
                              3600         ; retry (1 hour)
                              604800       ; expire (1 week)
                              10800        ; minimum (3 hours)
                              )
@                 IN    NS         dns1.test.long.com.
dns1              IN    A          192.168.10.2
computer1         IN    A          192.168.10.40   //为方便后面测试，增加一条 A 记录
```

添加 test.long.com 域的反向解析区域文件。

```
[root@server2 ~]# vim    /var/named/2.10.168.192.zone
$TTL    86400
@       IN    SOA    0.168.192.in-addr.arpa. root.test.long.com.(
                     2013120800           ; Serial
                     28800                ; Refresh
                     14400                ; Retry
                     3600000              ; Expire
                     86400 )              ; Minimum
@       IN    NS           dns1.test.long.com.
200     IN    PTR          dns1.test.long.com.
40      IN    PTR          computer1.test.long.com.
```

6）在 server2 上配置防火墙，设置主配置文件和区域文件的属组为 named，然后重启 DNS 服务。

```
[root@rhel7-2 ~]# firewall-cmd --permanent --add-service=dns
[root@rhel7-2 ~]# firewall-cmd --reload
[root@rhel7-2 ~]# chgrp    named    /etc/named.conf
[root@rhel7-2 ~]# systemctl restart named
[root@rhel7-2 ~]# systemctl enable named
```

7）测试。将客户端 client1 的 DNS 服务器设为 192.168.10.1。192.168.10.1 这台计算机上没有 computer1.test.long.com 的主机记录，但 192.168.10.2 计算机上有。如果委派成功，客户端将能正确解析 computer1.test.long.com。测试结果如下。

```
[root@client1 ~]# nslookup
> server
Default server: 192.168.10.1
Address: 192.168.10.1#53
> www.long.com
Server: 192.168.10.1
Address: 192.168.10.1#53

Name: www.long.com
Address: 192.168.10.20
> 192.168.10.20
```

```
Server: 192.168.10.1
Address: 192.168.10.1#53

20.10.168.192.in-addr.arpa    name = www.long.com.
> exit


[root@client1 ~]#
```

4．关于配置文件的总结

从本例能看出在 server1 和 server2 上的配置文件的配置方法有什么不同吗？在 server1
上使用了 named.conf、named.zones、long.com.zone、1.10.168.192.zone 共 4 个配置文件，而
在 server2 上只使用了 named.conf、test.long.com.zone、2.10.168.192.zone 共 3 个配置文件。
这是两者在配置上的最大区别。实际上，在 server2 上配置 DNS 时，将 named.zones 的内容
直接写到了 named.conf 文件中，从而省略了 named.zones 文件，反而更简洁。

8.3.6　配置转发服务器

转发服务器（Forwarding Server）接收查询请求，但不直接提供 DNS 解析，而是将
所有查询请求发送到其他 DNS 服务器，将返回的查询结果保存到缓存。如果没有指定
转发服务器，则 DNS 服务器会使用根区域记录，向根服务器发送查询请求，这样许多
非常重要的 DNS 信息会暴露在 Internet 上。除了安全和隐私问题，直接解析还会导致
大量外部通信，对于慢速接入 Internet 的网络或 Internet 服务成本很高的公司提高通信
效率来说非常不利。而转发服务器可以存储 DNS 缓存，内部的客户端能够直接从缓存
中获取信息，不必向外部 DNS 服务器发送请求。这样可以减少网络流量并加速查询
速度。

1．转发服务器的类型

按照转发类型的不同，转发服务器可以分为以下两种类型。

（1）完全转发服务器

将 DNS 服务器配置为完全转发服务器后，会将所有区域的 DNS 查询请求发送到其他
DNS 服务器。可以通过设置 named.conf 文件的 options 字段实现该功能。

```
[root@server2 ~]# vim    /etc/named.conf
options {
        directory        "/var/named";
        recursion    yes;                              ;允许递归查询
        dnssec-validation no;                          ;必须设置为 no
        forwarders { 192.168.10.1; };                  ;指定转发查询请求 DNS 服务器列表
        forward only;                                  ;仅执行转发操作
    };
```

（2）条件转发服务器

该服务器类型只能转发指定域的 DNS 查询请求，需要修改 named.conf 文件并添加转发
区域的设置。

【例8-4】 在server2上对域long.com设置转发服务器192.168.10.1和192.168.10.100。

```
[root@server2 ~]# vim   /etc/named.conf
options {
        directory       "/var/named";
        recursion    yes;                                ;允许递归查询
        dnssec-validation no;                            ;必须设置为no
                };
zone "." {
        type        hint;
        file        "name.ca";
}

zone "long.com" {
        type       forward;                              ;指定该区域为条件转发类型
        forwarders { 192.168.10.1; 192.168.10.100; };    ;设置转发服务器列表
};
```

2．设置转发服务器的注意事项

1）转发服务器的查询模式必须允许递归查询，否则无法正确完成转发。

2）如果转发服务器列表中有多个 DNS 服务器，则会依次尝试，直到获得查询信息为止。

3）如果配置区域委派时使用转发服务器，有可能会产生区域引用的错误。

3．搭建转发服务器的操作技巧

搭建转发服务器的过程并不复杂，为了有效发挥转发效率，需要掌握以下操作技巧。

1）转发列表配置精简。对于配置有转发器的 DNS 服务器，可将查询请求发送到多个不同的位置，如果转发服务器配置过多，则会增加查询的时间。根据需要使用转发器，如将本地无法解析的 DNS 信息转发到其他 DNS 服务器。

2）避免链接转发器。如果配置了 DNS 服务器 server1 将查询请求转发给 DNS 服务器 server2，则不要再为 server2 配置其他转发服务器，将 server1 的请求再次进行转发，这样会降低解析的效率。如果其他转发服务器进行了错误配置，将查询转发给了 server1，那么可能会导致错误。

3）减轻转发器负荷。如果 DNS 服务器向转发器发送查询请求，那么转发器会通过递归查询解析该 DNS 信息，需要大量时间来应答。如果大量 DNS 服务器使用这些转发器进行域名信息查询，则会增加转发器的工作量，降低解析的效率，所以建议使用一个以上的转发器实现负载均衡。

4）避免转发器配置错误。如果配置多个转发器，那么 DNS 服务器将尝试按照配置文件设置的顺序来转发域名。如果国内的域名服务器错误地将第一个转发器配置为美国的 DNS 服务器地址，则所有在本地无法解析的查询，均会发送到指定的美国 DNS 服务器，这会降低网络上的名称解析效率。

4．测试转发服务器是否成功

在 server2 上设置完成并配置防火墙启动后，在 client1 上进行测试，设置 client 的 DNS 服务器为 192.168.10.2 本身，看能否转发到 192.168.10.1 进行 DNS 解析。

8.3.7 配置缓存服务器

所有的 DNS 服务器都会完成指定的查询工作，然后存储解析结果。缓存服务器是一种特殊的 DNS 服务器类型，其本地并不设置 DNS 信息，仅执行查询和缓存操作。客户端发送查询请求，如果缓存服务器保存了该查询信息则直接返回结果，这样能提高 DNS 服务器的解析速度。

如果用户的网络与外部网络连接带宽较低，则可以使用缓存服务器，一旦建立了缓存，通信量便会减少。另外，缓存服务器不执行区域传输，这样可以减少网络通信流量。

注意：缓存服务器第一次启动时，没有缓存任何信息。通过执行客户端的查询请求才可以构建缓存数据库，起到减少网络流量及提速的作用。

【例 8-5】 为了提高客户端访问外部 Web 站点的速度并减少网络流量，需要在公司内部建立缓存服务器（server2）。

因为公司内部没有其他 Web 站点，所以不需要 DNS 服务器建立专门的区域，只需要能够接受用户的请求，然后发送到根服务器，通过迭代查询获得相应的 DNS 信息，然后将查询结果保存到缓存服务器，保存的信息 TTL 值过期后将会清空。

缓存服务器不需要建立独立的区域，可以直接对 named.conf 文件进行设置，实现缓存的功能。

```
[root@server2 ~]# vim    /etc/named.conf
options {
            directory       "/var/named";
            datasize        100M;                   ;DNS 服务器缓存设置为 100MB
            recursion       yes;                    ;允许递归查询
    };
zone "." {
        type        hint;
        file        "name.ca";         ;根区域文件，保证存取正确的根服务器记录
}
```

8.4 DNS 服务故障排除

8.4.1 排除 DNS 服务器配置故障

1. 使用 nslookup 命令

nslookup 命令可以查询互联网域名信息，检测 DNS 服务器的设置，如查询域名所对应的 IP 地址等。nslookup 支持两种模式：非交互模式和交互模式。

（1）非交互模式

非交互模式仅仅可以查询主机和域名信息。在命令行下直接输入 nslookup 命令，查询域名信息。

命令格式如下。

nslookup 域名或 IP 地址

注意： 通常，访问互联网时输入的网址实际上对应着互联网上的一台主机。

（2）交互模式

交互模式允许用户通过域名服务器查询主机和域名信息或者显示一个域的主机列表。用户可以按照需要输入指令，进行交互式的操作。

交互模式下，nslookup 命令可以自由查询主机或域名信息。

2. 使用 dig 命令

dig（Domain Information Groper，域名信息搜索器）命令是一个灵活的命令行方式的域名查询工具，常用于从 DNS 服务器获取特定的信息。例如，通过 dig 命令查看域名 www.long.com 的信息。

```
[root@client1 ~]# dig www.long.com
<<>> DiG 9.9.4-RedHat-9.9.4-50.el7 <<>> www.long.com
;; global options: +cmd
;; Got answer:
;; ->>HEADER<<- opcode: QUERY, status: NOERROR, id: 21845
;; flags: qr aa rd ra; QUERY: 1, ANSWER: 1, AUTHORITY: 1, ADDITIONAL: 2

;; OPT PSEUDOSECTION:
; EDNS: version: 0, flags:; udp: 4096
;; QUESTION SECTION:
;www.long.com.                IN    A

;; ANSWER SECTION:
www.long.com.        86400    IN    A    192.168.10.20

;; AUTHORITY SECTION:
long.com.        86400     IN    NS    dns.long.com.

;; ADDITIONAL SECTION:
dns.long.com.        86400     IN    A    192.168.10.1

;; Query time: 1 msec
;; SERVER: 192.168.10.1#53(192.168.10.1)
;; WHEN: Wed Aug 01 22:12:46 CST 2018
;; MSG SIZE   rcvd: 91
```

3. 使用 host 命令

host 命令用于简单的主机名信息的查询，在默认情况下，host 只在主机名和 IP 地址之间进行转换。下面是一些 host 命令的常见使用方法。

1）正向查询主机地址

```
[root@client1 ~]# host dns.long.com
```

2）反向查询 IP 地址对应的域名

```
[root@client1 ~]# host 192.168.10.2
```

3）查询不同类型的资源记录配置，-t 参数后可以为 SOA、MX、CNAME、A、PTR 等

```
[root@client1 ~]# host -t NS long.com
```

4）列出整个 long.com 域的信息

```
[root@client1 ~]# host -l long.com
```

5）列出与指定的主机资源记录相关的详细信息

```
[root@client1 ~]# host -a web.long.com
```

4．查看启动信息

使用 systemctl restart named 命令查看启动信息，如果 named 服务无法正常启动，可以根据提示信息更改配置文件。

5．查看端口

如果服务正常工作，则会开启 TCP 和 UDP 的 53 端口，可以使用 netstat -an 命令检测 53 端口是否正常工作。

```
netstat    -an|grep    :53
```

8.4.2　防火墙及 SELinux 对 DNS 服务器的影响

1．firewall

如果使用 firewall 防火墙，注意开放 DNS 服务。

```
[root@rhel7-2 ~]# firewall-cmd --permanent --add-service=dns
[root@rhel7-2 ~]# firewall-cmd --reload
```

2．SELinux

SELinux（Security-Enhanced Linux，安全增强型 Linux）是 Linux 的一个安全子系统，其目的在于增强开发代码的 Linux 内核，以提供更强的保护措施，防止一些关于安全方面的应用程序走弯路并且减轻恶意软件带来的灾难。SELinux 提供一种严格的细分程序和文件的访问权限以及防止非法访问的操作系统安全功能，设定了监视并保护容易受到攻击的功能（服务）的策略，具体而言，主要保护目标是 Web 服务器 httpd、DNS 服务器 named，以及 dhcpd、nscd、ntpd、portmap、snmpd、squid 和 syslogd。SELinux 把所有的拒绝信息输出到 /var/log/messages 文件。如果某台服务器，如 BIND，不能正常启动，应查询 messages 文件来确认是否是 SELinux 造成服务不能运行。安装配置 BIND DNS 服务器时应先关闭 SELinux。

使用命令行方式，修改/etc/sysconfig/selinux 配置文件。

```
SELINUX=0
```

重新启动后该配置生效。

思考：SELinux 的其他值有哪些？各有什么作用？

8.4.3 DNS 服务器配置中的常见错误

1）配置文件名写错。在这种情况下，执行 nslookup 命令不会出现命令提示符 ">"。

2）主机域名后面没有 "." 符号，这是最常见的错误。

3）/etc/resolv.conf 文件中的 DNS 服务器的 IP 地址不正确。在这种情况下，执行 nslookup 命令不会出现命令提示符。

4）网卡配置文件、/etc/resolv.conf 文件和 setup 命令都可以设置 DNS 服务器地址，这三处设置一定要一致，如果没有按设置的方式运行，可以查看前述两个文件是否有冲突。

5）回送地址的数据库文件有问题。在这种情况下，执行 nslookup 命令同样不会出现命令提示符。

6）在/etc/named.conf 文件中的 zone 区域声明中定义的文件名与/var/named 目录下的区域数据库文件名不一致。

8.5 项目实训

8-2 配置与管理 DNS 服务器

1．项目背景及要求

某企业有一个局域网（192.168.1.0/24），网络拓扑如图 8-7 所示。该企业有自己的网页，员工希望通过域名来进行访问，同时员工也需要访问 Internet 上的网站。该企业已经申请了域名 jnrplinux.com，企业需要 Internet 上的用户通过域名访问公司的网页。为了保证可靠性，不能出现 DNS 服务故障，导致网页不能访问。

要求在企业内部构建一台 DNS 服务器，为局域网中的计算机提供域名解析服务。DNS 服务器管理 jnrplinux.com 域的域名解析，DNS 服务器的域名为 dns.jnrplinux.com，IP 地址为 192.168.1.2。辅助 DNS 服务器的 IP 地址为 192.168.1.3。同时还必须为客户提供 Internet 上的主机的域名解析。要求分别能解析以下域名：财务部域名为 cw.jnrplinux.com，IP 地址为 192.168.1.11；销售部域名为 xs.jnrplinux.com，IP 地址为 192.168.1.12；经理部域名为 jl.jnrplinux.com，IP 地址为 192.168.1.13；OA 系统域名为 oa. jnrplinux.com，IP 地址为 192.168.1.14。

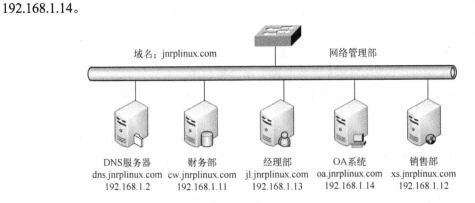

图 8-7 DNS 服务器搭建网络拓扑

2．做一做

根据项目实训内容及视频，将项目完整地做一遍，检查学习效果。

8.6 练习题

一、填空题

（1）在 Internet 中，计算机之间直接利用 IP 地址进行寻址，因而需要将用户提供的主机名转换成 IP 地址，把这个过程称为_____。

（2）DNS 提供了一个_____的命名方案。

（3）DNS 顶级域名中表示商业组织的是_____。

（4）_____表示主机的资源记录，_____表示别名的资源记录。

（5）可以用来检测 DNS 资源创建是否正确的两个工具为_____和_____。

（6）DNS 服务器的查询模式有_____和_____。

（7）DNS 服务器分为四类：_____、_____、_____和_____。

（8）一般在 DNS 服务器之间的查询请求属于_____查询。

二、选择题

1．在 Linux 环境下，能实现域名解析的功能软件模块是（　　）。

    A．apache   B．dhcpd   C．BIND   D．SQUID

2．www.163.com 是 Internet 中主机的（　　）。

    A．用户名   B．密码   C．别名   D．IP 地址

    E．FQDN

3．在 DNS 服务器配置文件中，A 类资源记录是什么意思？（　　）

    A．官方信息   B．IP 地址到名字的映射

    C．名字到 IP 地址的映射   D．一个 Name Server 的规范

4．在 Linux DNS 系统中，根服务器提示文件是（　　）。

    A．/etc/named.ca   B．/var/named/named.ca

    C．/var/named/named.local   D．/etc/named.local

5．DNS 指针记录的标志是（　　）。

    A．A   B．PTR   C．CNAME   D．NS

6．DNS 服务使用的端口是（　　）。

    A．TCP 53   B．UDP 53   C．TCP 54   D．UDP 54

7．下列哪个命令可以测试 DNS 服务器的工作情况？（　　）

    A．dig   B．host   C．nslookup   D．named-checkzone

8．下列哪个命令可以启动 DNS 服务？（　　）

    A．systemctl start named   B．systemctl　restart named

    C．service dns start   D．/etc/init.d/dns　start

9．指定域名服务器位置的文件是（　　）。

    A．/etc/hosts   B．/etc/networks

    C．/etc/resolv.conf   D．/.profile

三、简答题

1．简述域名空间。

2．简述 DNS 域名解析的工作过程。

3．简述常用的资源记录有哪些？

4．如何排除 DNS 服务故障？

8.7　实践题

1．企业采用多个区域管理各部门网络，技术部属于 tech.org 域，市场部属于 mart.org 域，其他人员属于 freedom.org 域。技术部门共有 200 人，采用的 IP 地址为 192.168.1.1～192.168.1.200。市场部门共有 100 人，采用的 IP 地址为 192.168.2.1～192.168.2.100。其他人员只有 50 人，采用的 IP 地址为 192.168.3.1～192.168.3.50。现采用一台 RHEL 7 主机搭建 DNS 服务器，其 IP 地址为 192.168.1.254，要求这台 DNS 服务器可以完成内网所有区域的正/反向解析，并且所有员工均可以访问外网。

请写出详细解决方案，并上机实现。

2．建立辅助 DNS 服务器，并让主 DNS 服务器与辅助 DNS 服务器数据同步。

3．参见本章子域及区域委派中的实例，进行区域委派配置，并上机测试。

第9章 配置与管理 Apache 服务器

背景

某学院组建了校园网，建设了学院网站，现需要架设 Web 服务器来为学院网站安家。

项职业能力目标和要求

● 认识 Apache。

● 掌握 Apache 服务的安装与启动。

● 掌握 Apache 服务的主配置文件。

● 掌握各种 Apache 服务器的配置。

● 学会创建 Web 网站和虚拟主机。

9.1 相关知识

由于能够提供图形、声音等多媒体数据，再加上可以交互的动态 Web 语言的广泛普及，WWW（World Wide Web，万维网）早已成为 Internet 用户所最喜欢的访问方式。当前绝大部分 Internet 流量都是由 WWW 浏览产生的。

9.1.1 Web 服务概述

9-1 管理与维护 Apache 服务器

Web 服务是解决应用程序之间相互通信的一项技术。严格地说，Web 服务是描述一系列操作的接口，它使用标准的、规范的 XML（eXtensible Markup Language，可扩展标记语言）描述接口。这一描述中包含与服务进行交互所需要的全部细节，包括消息格式、传输协议和服务位置。而在对外的接口中隐藏了服务实现的细节，仅提供一系列可执行的操作，这些操作独立于软硬件平台和编写服务所用的编程语言。Web 服务既可单独使用，也可同其他 Web 服务一起实现复杂的商业功能。

1. Web 服务简介

WWW 是 Internet 上被广泛应用的一种信息服务技术。WWW 采用的是客户端/服务器结构，整理和存储各种 WWW 资源，并响应客户端软件的请求，把所需的信息资源通过浏览器传送给用户。

Web 服务通常可以分为两种：静态 Web 服务和动态 Web 服务。

2. HTTP

HTTP（HyperText Transfer Protocol，超文本传输协议）可以算得上是目前国际互联网基础的一个重要组成部分。而 Apache、IIS 服务器是 HTTP 的服务器软件，微软的 Internet Explorer 和 Mozilla 的 Firefox 则是 HTTP 的客户端实现。

（1）客户端访问 Web 服务器的过程

一般，客户端访问 Web 服务器要经过 3 个阶段：在客户端和 Web 服务器间建立连接、传输相关内容、关闭连接。

1）客户端 Web 浏览器使用 HTTP 命令向 Web 服务器发出 Web 页面请求（一般是使用 GET 命令要求返回一个页面，但也有用 POST 等命令）。

2）Web 服务器接收到 Web 页面请求后，就发送一个应答并在客户端和 Web 服务器之间建立连接，如图 9-1 所示。

3）Web 服务器查找客户端所需文档，若 Web 服务器查找到所请求的文档，就会将所请求的文档传送给客户端。若该文档不存在，则 Web 服务器会发送一个相应的错误提示文档给客户端。

4）客户端接收到文档后，就将它解释并显示在屏幕上，如图 9-2 所示。

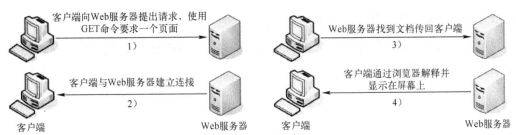

图 9-1　客户端和 Web 服务器之间建立连接　　图 9-2　客户端和 Web 服务器之间进行数据传输

5）当客户端浏览完成后，就断开与服务器的连接，如图 9-3 所示。

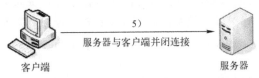

图 9-3　客户端和服务器之间关闭连接

（2）端口

HTTP 请求的默认端口是 80，也可以配置某个 Web 服务器使用另外一个端口（如 8080）。这就能让同一台服务器上运行多个 Web 服务器，每个 Web 服务器监听不同的端口。但是要注意，访问端口是 80 的 Web 服务器时，由于 80 端口是默认设置，因此不需要写明端口号；如果访问 8080 端口的 Web 服务器，那么端口号就不能省略，它的访问方式如下。

http://www.smile.com:8080/

9.1.2　LAMP 模型

互联网中，动态网站是最流行的 Web 服务器类型。在 Linux 平台下，搭建动态网站的组合，采用最为广泛的为 LAMP，即由 Linux、Apache、MySQL 及 PHP 4 个开源软件构建。

Linux 是基于 GPL 协议的操作系统，具有稳定、免费、多用户、多进程的特点。Linux 的应用非常广泛，是服务器操作系统的理想选择。

Apache 为 Web 服务器软件，与微软公司的 IIS 相比，Apache 具有快速、廉价、易维护、安全可靠这些优势，并且源代码是开放的。

MySQL 是关系数据库软件。由于它的强大功能、灵活性、良好的兼容性，以及精巧的系统结构，MySQL 作为 Web 服务器的后台数据库，应用极为广泛。

PHP 是一种基于服务端来创建动态网站的脚本语言。PHP 开放源码，支持多个操作平台，可以运行在 Windows 和多种版本的 UNIX 上。它不需要任何预先处理而快速反馈结果，并且 PHP 消耗的资源较少，当 PHP 作为 Apache 服务器的一部分时，运行代码不需要调用外部程序，服务器不需要承担任何额外的负担。

PHP 应用程序通过请求的 URL 或其他信息，确定应该执行什么操作。如有需要，服务器会从 MySQL 数据库中获得信息，将这些信息通过 HTML 进行组合形成相应网页，并将结果返回给客户端。当用户在浏览器中操作时，这个过程重复进行，多个用户访问 LAMP 系统时，服务器会进行并发处理。

9.1.3 流行的 WWW 服务器软件

目前网络上流行着各种各样的 WWW 服务器软件，其中最有名的莫过于微软的 IIS 和免费的 Apache。到底哪个更合适呢？

（1）免费与收费

首先，因为 IIS 是 Windows 服务器操作系统中的内置组件，所以要想使用它就必须购买正版的 Windows。而 Apache 软件则是完全免费的，并且可以跨平台用在 Linux、UNIX 和 Windows 操作系统下。

（2）稳定性

WWW 服务需要长时间接受用户的访问，所以稳定性至关重要。IIS 常会发生内部错误，要时不时重新启动才能保持高效率；而 Apache 虽然配置相对复杂，但配置完毕后可以长期工作。在稳定性方面，Apache 比 IIS 优越是显而易见的。

（3）扩展性

一般来说，扩展性是指 WWW 服务提供的工具是否可以应用于多种场合、多种网络情况或多种操作系统。IIS 只能在微软公司的 Windows 操作系统下使用，而 Apache 显然是一个多面手，它不仅可用于 Windows 平台，对于 Linux、UNIX、FreeBSD 等操作系统来说也完全可以胜任。

另外，扩展性也指 WWW 服务器软件对于各种插件的支持，在这方面，IIS 和 Apache 的表现不相上下，对于 Perl、CGI、PHP 和 Java 等都能够完美支持。

9.1.4 Apache 服务器简介

Apache HTTP Server（简称 Apache）是 Apache 软件基金会维护开发的一个开放源代码的网页服务器端软件，可以在大多数计算机操作系统中运行，由于其适应多平台和安全性高而被广泛使用，是最流行的 Web 服务器端软件之一。它快速、可靠并且可通过简单的 API 扩展，将 Perl、Python 等解释器编译到服务器中。

1. Apache 的历史

Apache 起初是由伊利诺伊大学香槟分校的国家超级计算机应用中心（National Center for Supercomputer Applications，NCSA）开发的，此后，Apache 被开放源代码团体的成员不断地发展和加强。Apache 服务器拥有牢靠、可信的美誉，已用在超过半数的 Internet 网站中，几乎包含了所有热门和访问量大的网站。

一开始，Apache 只是 Netscape 网页服务器（现在是 Sun ONE）之外的开放源代码选择，渐渐地，它开始在功能和速度上超越其他基于 UNIX 的 HTTP 服务器。当前 Apache 是 Internet 上最流行的 HTTP 服务器。

小资料

Apache 是在 1995 年初开发的，它是由当时最流行的 HTTP 服务器端软件 NCSA HTTPd 1.3 的代码修改而成的，因此是"一个修补的"（a patchy）服务器端软件。

2. Apache 的特性

Apache 支持众多功能，这些功能绝大部分都是通过编译模块实现的。这些特性从服务器端的编程语言支持到身份认证方案。

一些通用的语言接口支持 Perl、Python、TCL 和 PHP，流行的认证模块包括 mod_access、rood_auth 和 rood_digest，还有 SSL 和 TLS 支持模块（mod_ssl）、代理服务器模块（proxy）、URL 重写模块（rood_rewrite）、定制日志文件模块（mod_log_config），以及过滤支持模块（mod_include 和 mod_ext_filter）。

Apache 日志可以通过网页浏览器使用免费的脚本 AWStats 或 Visitors 来进行分析。

9.2 项目设计及准备

9.2.1 项目设计

利用 Apache 服务建立普通 Web 站点、基于主机和用户认证的访问控制。

9.2.2 项目准备

准备安装有企业服务器版 Linux 的计算机一台，测试用计算机两台，分别安装 Windows 7 和 Linux 系统。保证这几台计算机都已接入局域网。该环境也可以用虚拟机实现。规划好各台主机的 IP 地址，如表 9-1 所示。

表 9-1　Linux 服务器和客户端的配置信息

主 机 名 称	操 作 系 统	IP 地 址	角　　色
server1	RHEL 7	192.168.10.1/24	Web 服务器；VMnet1
client1	RHEL 7	192.168.10.20/24	Linux 客户端；VMnet1
Win7-1	Windows 7	192.168.10.40/24	Windows 客户端；VMnet1

9.3 项目实施

9.3.1 安装、启动与停止 Apache 服务

1. 安装 Apache 相关软件

```
[root@server1 ~]# rpm -q httpd
```

```
[root@server1 ~]# mkdir /iso
[root@server1 ~]# mount /dev/cdrom /iso
[root@server1~]# yum clean all                          //安装前先清除缓存
[root@server1 ~]# yum install httpd -y
[root@server1 ~]# yum install firefox –y               //安装浏览器
[root@server1 ~]# rpm –qa|grep httpd                   //检查安装组件是否成功
```

注意：一般情况下，Firefox 浏览器默认已经安装。

2．让防火墙放行，并设置 SELinux 为允许

需要注意的是，RHEL 7 系统采用了 SELinux 这种增强的安全模式，在默认配置下，只有 SSH 服务可以通过。对于 Apache 服务，在安装、配置、启动完毕后，还需要为它放行才行。

（1）使用防火墙命令，放行 http 服务

```
[root@server1 ~]# firewall-cmd --list-all
[root@server1 ~]# firewall-cmd --permanent --add-service=http
success
[root@server1 ~]# firewall-cmd --reload
success
[root@server1 ~]# firewall-cmd --list-all
public (active)
    target: default
    icmp-block-inversion: no
    interfaces: ens33
    sources:
    services: ssh dhcpv6-client samba dns http
    …
```

（2）设置 SELinux 为允许

SELinux 的值可以是 Enforcing、Permissive，或者 1、0。本项目中，根据项目要求，SELinux 的值应该设置为 Permissive 或 0。

```
[root@server1 ~]# setenforce 0
[root@server1 ~]# getenforce
Permissive
```

3．测试 httpd 服务是否安装成功

安装完 Apache 服务器后，启动它，并设置开机自动加载 Apache 服务。

```
[root@server1 ~]# systemctl start httpd
[root@server1 ~]# systemctl enable httpd
[root@server1 ~]# firefox http://127.0.0.1
```

如果看到如图 9-4 所示的提示信息，则表示 Apache 服务器已安装成功。也可以在 Applications 菜单中直接启动 Firefox 浏览器，然后在地址栏输入"http://127.0.0.1"，测试是否成功安装。

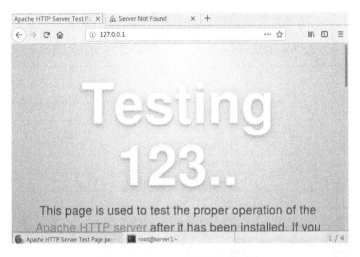

图 9-4　Apache 服务器运行正常

启动、重新启动、停止 Apache 服务的命令如下。

[root@server1 ~]# systemctl start/restart/stop 　httpd

9.3.2　认识 Apache 服务器的配置文件

在 Linux 系统中配置服务，其实就是修改服务的配置文件，httpd 服务程序的主要配置文件及存放位置如表 9-2 所示。

表 9-2　Linux 系统中的配置文件

配置文件的名称	存 放 位 置
服务目录	/etc/httpd
主配置文件	/etc/httpd/conf/httpd.conf
网站数据目录	/var/www/html
访问日志	/var/log/httpd/access_log
错误日志	/var/log/httpd/error_log

Apache 服务器的主配置文件是 httpd.conf，该文件通常存放在/etc/httpd/conf 目录下。文件看起来很复杂，其实很多是注释内容。本节先简略介绍，后面的章节将给出实例，以便读者理解。

httpd.conf 文件不区分大小写，在该文件中以"#"号开头的行为注释行。除了注释行和空行外，服务器把其他行认为是完整的或部分的指令。指令又分为类似于 Shell 的命令和伪 HTML 标记。指令的语法格式为"配置参数名称　参数值"。伪 HTML 标记的语法格式如下。

```
<Directory />
    Options FollowSymLinks
    AllowOverride None
</Directory>
```

在 httpd 服务程序的主配置文件中，存在三种类型的信息：注释行信息、全局配置、区域配置。在 httpd 服务程序主配置文件中，最为常用的参数如表 9-3 所示。

表 9-3   配置 httpd 服务程序时最常用的参数及其用途

参　　数	用　　途
ServerRoot	服务目录
ServerAdmin	管理员邮箱
User	运行服务的用户
Group	运行服务的用户组
ServerName	网站服务器的域名
DocumentRoot	文档根目录（网站数据目录）
Directory	网站数据目录的权限
Listen	监听的 IP 地址与端口号
DirectoryIndex	默认的索引页页面
ErrorLog	错误日志文件
CustomLog	访问日志文件
Timeout	网页超时时间，默认为 300 秒

从表 9-3 中可知，DocumentRoot 参数用于定义网站数据的保存路径，其参数的默认值是把网站数据存放到/var/www/html 目录中；而当前网站普遍的首页名称是 index.html，因此可以向/var/www/html 目录中写入一个文件，替换掉 httpd 服务程序的默认首页，该操作会立即生效（在本机上测试）。

[root@server1 ~]# echo "Welcome To MyWeb" > /var/www/html/index.html
[root@server1 ~]# firefox http://127.0.0.1

程序的首页内容已经发生了改变，如图 9-5 所示。

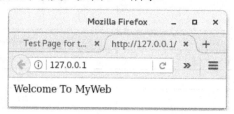

图 9-5   首页内容已发生改变

提示：如果没有出现预期的页面，而是仍回到默认页面，那一定是 SELinux 的问题。可在终端命令行中执行"setenforce　0"命令后再测试。

9.3.3   常规设置 Apache 服务器实例

1. 设置文档根目录和首页文件实例

【例 9-1】   默认情况下，保存网站文档的根目录为/var/www/html。如果想把保存网站文档的根目录修改为/home/wwwroot，并且将首页文件修改为 myweb.html，管理员 E-mail 地址设置为root@long.com，网页的编码类型采用 GB2312，该如何操作呢？

文档根目录的设置较为重要，一般来说，网站上的内容都保存在文档根目录中。在默认情况下，所有的请求都从这里开始，除了记号和别名改指它处以外。打开网站时所显示的页面即该网站的首页（主页），首页的文件名是由 DirectoryIndex 字段来定义的。在默认情况下，Apache 首页的默认名称为 index.html，当然也可以根据实际情况进行更改。

1）在 server1 上修改文档的根目录为/home/www，并创建首页文件 myweb.html。

```
[root@server1 ~]# mkdir /home/www
[root@server1 ~]#echo "The Web's DocumentRoot Test " > /home/www/myweb.html
```

2）在 server1 上，打开 httpd 服务程序的主配置文件，将约第 119 行用于定义网站数据保存路径的参数 DocumentRoot 修改为/home/www，再将约第 124 行用于定义目录权限的参数 Directory 后面的路径也修改为/home/www，最后将约第 164 行修改为 "DirectoryIndex index.html myweb.html"。配置文件修改完毕后保存并退出。

```
[root@server1 ~]# vim /etc/httpd/conf/httpd.conf
……………<省略部分输出信息>……………
86 ServerAdmin    root@long.com
119 DocumentRoot "/home/www"
……………<省略部分输出信息>……………
124 <Directory "/home/www">
125   AllowOverride None
126   # Allow open access:
127   Require all granted
128 </Directory>
……………<省略部分输出信息>……………

163 <IfModule dir_module>
164 DirectoryIndex index.html myweb.html
165 </IfModule>
……………<省略部分输出信息>……………
```

注意：更改了网站的根目录，一定修改相应的目录权限，否则会出现严重错误。

3）让防火墙放行 http 服务，重启 httpd 服务。

```
[root@server1 ~]# firewall-cmd --permanent --add-service=http
[root@server1 ~]# firewall-cmd --reload
[root@server1 ~]# firewall-cmd --list-all
```

4）在 client1 上测试（server1 和 client1 都是 VMnet1 连接，保证互相通信），结果显示默认首页（见图 9-4）。

```
[root@client1 ~]# firefox http://192.168.10.1
```

5）故障排除。

为什么会显示 httpd 服务程序的默认首页？按理来说，只有在网站的首页文件不存在或用户权限不足时，才显示 httpd 服务程序的默认首页。并且在尝试访问 http://192.168.10.1/myweb.html 页面时，出现了 "You don't have permission to access /myweb.html on this server." 错误提示信息，如图 9-6 所示。这是由 SELinux 造成的。解决方法是在服务器端执行 "setenforce 0" 命令，设置 SELinux 为允许。

```
[root@server1 ~]# setenforce 0
[root@server1 ~]# getenforce
Permissive
```

注意：① 利用 setenforce 命令设置的 SELinux 值，在重启系统后会失效，如果再次使用 httpd 服务，则要重新设置 SELinux，否则客户端无法访问 Web 服务器。

② 如果希望 SELinux 值长期有效，须修改/etc/sysconfig/selinux 文件，按需要赋予相应的 SELinux 值（Enforcing、Permissive，或者 0、1）。

③ 本书多次提到防火墙和 SELinux，请读者一定注意，有许多问题可能是由防火墙和 SELinux 引起的，而对于系统重启后设置失效的情况也要有所了解。

设置完成后再一次测试，结果如图 9-7 所示。

图 9-6　在客户端测试失败　　　　　　　　图 9-7　在客户端测试成功

2. 创建用户个人主页空间实例

现在许多网站（如 www.163.com）都允许用户拥有自己的主页空间，用户可以很容易地管理自己的主页空间。在 Apache 服务器中可以实现创建用户的个人主页空间。客户端在浏览器中浏览个人主页的 URL 地址的一般格式如下。

　　　　http://域名/~username

其中，"~username" 在利用 Linux 系统中的 Apache 服务器来实现时，是 Linux 系统的合法用户名，即该用户必须在 Linux 系统中存在。

【例 9-2】　在 IP 地址为 192.168.10.1 的 Apache 服务器中，为系统中的 long 用户创建个人主页空间。该用户的根目录为/home/long，个人主页空间所在的目录为 public_html。

实现步骤如下。

1）修改用户的根目录权限，使其他用户具有读取和执行的权限。

```
[root@server1 ~]# useradd long
[root@server1 ~]# passwd long
[root@server1 ~]# chmod    705    /home/long
```

2）创建存放用户个人主页空间的目录。

```
[root@server1 ~]# mkdir    /home/long/public_html
```

3）创建个人主页空间的默认首页文件。

```
[root@server1 ~]# cd    /home/long/public_html
[root@server1 public_html]# echo "this is long's web。">>index.html
[root@server1 public_html]#    cd
```

4）在 httpd 服务程序中，默认没有开启个人用户主页功能。为此，需要编辑配置文件 /etc/httpd/conf.d/userdir.conf，然后在约第 17 行的 UserDir disabled 参数前面加上井号（#），表示让 httpd 服务程序开启个人用户主页功能；再把约第 24 行的 UserDir public_html 参数前面的井号（#）去掉。UserDir 参数表示网站数据在用户根目录中的保存目录名称，即 public_html 目录。修改完毕后保存并退出。（在 vim 编辑状态下可使用 "set nu" 命令显示行号）

```
[root@server1 ~]# vim /etc/httpd/conf.d/userdir.conf
  …<略>
17 # UserDir disabled
  …<略>
24   UserDir public_html
  …<略>
```

5）将 SELinux 设置为允许，让防火墙允许 httpd 服务，重启 httpd 服务。

```
[root@server1 ~]# setenforce 0
[root@server1 ~]# firewall-cmd --permanent --add-service=http
[root@server1 ~]# firewall-cmd --reload
[root@server1 ~]# firewall-cmd --list-allt
[root@server1 ~]# systemctl restart httpd
```

6）在客户端的浏览器地址栏中输入 "http://192.168.10.1/~long" 后按〈Enter〉键，可以看到个人主页空间的访问效果如图 9-8 所示。

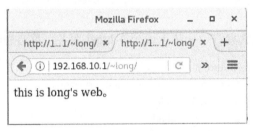

图 9-8   个人主页空间的访问效果

思考：如果执行以下命令再在客户端测试，结果又会如何呢？试一试并思考原因。

```
[root@server1 ~]# setenforce 1
[root@server1 ~]# setsebool -P httpd_enable_homedirs=on
```

3. 设置虚拟目录实例

要从 Web 站点主目录以外的其他目录发布站点，可以使用虚拟目录实现。虚拟目录是一个位于 Apache 服务器主目录之外的目录，它不包含在 Apache 服务器的主目录中，但在访问 Web 站点的用户看来，它与位于主目录中的子目录是一样的。每一个虚拟目录都有一个别名，客户端可以通过此别名来访问虚拟目录。

由于每个虚拟目录都可以分别设置不同的访问权限，因此非常适合不同用户对不同目录拥有不同权限的情况。另外，只有知道虚拟目录名的用户才可以访问此虚拟目录，除此之外的其他用户将无法访问此虚拟目录。

在 Apache 服务器的主配置文件 httpd.conf 中，通过 Alias 命令设置虚拟目录。

【例 9-3】 在 IP 地址为 192.168.10.1 的 Apache 服务器中，创建名为/test/的虚拟目录，它对应的物理路径是/virdir/，并在客户端测试。

1）创建物理目录/virdir/。

```
[root@server1 ~]# mkdir   -p   /virdir/
```

2）创建虚拟目录中的默认首页文件。

```
[root@server1 ~]# cd    /virdir/
[root@server1 virdir]# echo "This is Virtual Directory sample。">>index.html
```

3）修改默认文件的权限，使其他用户具有读和执行权限。

```
[root@server1 virdir]# chmod 705 /virdir/index.html
```

或者

```
[root@server1 virdir]# chmod 705 /virdir     -R
[root@server1 virdir]# cd
```

4）修改/etc/httpd/conf/httpd.conf 文件，添加下面的语句。

```
Alias    /test   "/virdir"
<Directory "/virdir">
     AllowOverride None
     Require all granted
</Directory>
```

5）将 SELinux 设置为允许，让防火墙允许 httpd 服务，重启 httpd 服务。

```
[root@server1 ~]# setenforce 0
[root@server1 ~]# firewall-cmd --permanent --add-service=http
[root@server1 ~]# firewall-cmd --reload
[root@server1 ~]# firewall-cmd --list-allt
[root@server1 ~]# systemctl restart httpd
```

6）在客户端的浏览器地址栏中输入"http://192.168.10.1/test"后按〈Enter〉键，可以看到虚拟目录的访问效果如图 9-9 所示。

This is Virtual Directory sample。

图 9-9   /test 虚拟目录的访问效果图

9.3.4 其他常规设置

1. 根目录设置（ServerRoot）

配置文件中的 ServerRoot 字段用来设置 Apache 服务器的配置文件、错误文件和日志文件的存放目录。该目录是整个目录树的根节点，如果下面的字段设置中出现相对路径，那么就是相对于这个路径的。默认情况下，根路径为/etc/httpd，可以根据需要进行修改。

【例9-4】 设置根目录为/usr/local/httpd。

```
ServerRoot     "/usr/local/httpd"
```

2. 超时设置

Timeout 字段用于设置接收和发送数据时的超时时间。默认时间单位是秒。如果超过限定的时间客户端仍然无法连接上服务器，则予以断线处理。默认时间为120s，可以根据需要进行修改。

【例9-5】 设置超时时间为300s。

```
Timeout    300
```

3. 客户端连接数限制

客户端连接数限制就是指在某一时刻内，WWW 服务器允许多少个客户端同时进行访问。允许同时访问的最大数值就是客户端连接数限制。

（1）为什么要设置客户端连接数限制

读者也许会产生这样的疑问，网站本来就是供给别人访问的，为何要限制访问数量，将人拒之门外呢？如果搭建的网站为一个小型的网站，较小的访问量对服务器响应速度没有影响，不过如果访问网站的用户量突然增多，一旦超过某一数值很可能导致服务器瘫痪。而且服务器的硬件资源是有限的，如果遇到大规模的 DDoS（Distributed Denial of Service，分布式拒绝服务）攻击，也可能导致服务器过载而瘫痪。所以，限制客户端连接数是非常有必要的。

（2）实现客户端连接数限制

在配置文件中，MaxClients 字段用于设置同一时刻最大的客户端访问数量，默认数值是256。该数量对于小型的网站来说已经够用了。如果是大型网站，可以根据实际情况进行修改。

【例9-6】 设置客户端连接数为500。

```
<IfModule   prefork.c>
    StartServers            8
    MinSpareServers         5
    MaxSpareServers         20
    ServerLimit             500
    MaxClients              500
    MaxRequestSPerChild     4000
</IfModule>
```

注意：MaxClients 字段出现的次数可能不止一次，在此 MaxClients 是包含在<IfModule prefork.c> </IfModule>这个容器当中的。

4．设置管理员邮件地址

当客户端访问服务器发生错误时，服务器通常会将带有错误提示信息的网页反馈给客户端，其中包含管理员的 E-mail 地址，以便解决出现的错误。

如果需要设置管理员的 E-mail 地址，可以使用 ServerAdmin 字段来设置。

【例 9-7】 设置管理员的 E-mail 地址为 root@smile.com。

```
ServerAdmin        root@smile.com
```

5．设置主机名称

ServerName 字段定义了服务器名称和端口号，用以标明自己的身份。如果没有注册 DNS 名称，可以输入 IP 地址。当然，在任何情况下都可以输入 IP 地址，以实现重定向功能。

【例 9-8】 设置服务器主机名称及端口号。

```
ServerName        www.example.com:80
```

技巧：正确使用 ServerName 字段设置服务器的主机名称或 IP 地址后，在启动服务时就不会出现"Could not reliably determine the server's fully qualified domain name，using 127.0.0.1 for ServerName"错误提示了。

6．网页编码设置

由于地域的不同，各个国家或地区所采用的网页编码也不同，如果服务器端的网页编码和客户端的网页编码不一致，就会导致乱码。如果想正常显示网页的内容，则必须使用正确的网页编码。

httpd.conf 中使用 AddDefaultCharset 字段来设置服务器的默认网页编码。在默认情况下，服务器端的网页编码采用 UTF-8，而汉字的编码一般是 GB2312，国家强制标准是 GB18030。具体使用哪种编码要根据网页文件里的编码来决定，只要保持和网页文件所采用的编码一致就可以正常显示。

【例 9-9】 设置服务器默认网页编码为 GB2312。

```
AddDefaultCharset    GB2312
```

技巧：如果不知道该使用哪种网页编码，则可以把 AddDefaultCharset 字段注释掉，表示不设置任何编码，让浏览器自动检测当前网页所采用的编码，然后自动进行调整。对于多语言的网站搭建，最好采用注释掉 AddDefaultCharset 字段的方法。

7．目录设置

目录设置就是为服务器上的某个目录设置权限。通常在访问某个网站的时候，真正访问的仅仅是那台 Web 服务器里某个目录下的某个网页文件而已。而整个网站也是由这些分散的目录和文件组成的。作为网站的管理人员，可能经常需要只对某个目录进行设置，而不是对整个网站进行设置。例如，拒绝客户端 192.168.0.100 访问某个目录下的文件。这时可以使用\<Directory\> \</Directory\>容器来设置。这是一对容器语句，需要成对出现。在每个容器中有 Options、AllowOverride、Order 等字段，它们都是和访问控制相关的。各字段的说明如表 9-4 所示。

表 9-4　Apache 目录访问控制字段

访问控制字段	描　　述
Options	设置特定目录中的服务器特性
AllowOverride	设置如何使用访问控制文件.htaccess
Order	设置 Apache 默认的访问权限及 Allow 和 Deny 语句的处理顺序
Allow	设置允许访问 Apache 服务器的主机，可以是主机名，也可以是 IP 地址
Deny	设置拒绝访问 Apache 服务器的主机，可以是主机名，也可以是 IP 地址

（1）根目录默认设置

```
<Directory />
    Options FollowSymLinks
    AllowOverride None
</Directory>
```

以上代码中的字段说明如下。

1）Options 字段用于定义目录使用哪些特性，后面的 FollowSymLinks 命令表示可以在该目录中使用符号链接。Options 字段还可以设置很多功能，常见功能如表 9-5 所示。

2）AllowOverride 字段用于设置 .htaccess 文件中的命令类型。None 表示禁止使用 .htaccess。

表 9-5　Options 字段的取值

字　段　取　值	描　　述
Indexes	允许目录浏览。当访问的目录中没有 DirectoryIndex 参数指定的网页文件时，会列出目录中的目录清单
Multiviews	允许内容协商的多重视图
All	支持除 Multiviews 以外的所有选项，如果没有 Options 语句，默认为 All
ExecCGI	允许在该目录下执行 CGI 脚本
FollowSysmLinks	可以在该目录中使用符号链接，以访问其他目录
Includes	允许服务器端使用 SSI（服务器包含）技术
IncludesNoExec	允许服务器端使用 SSI 技术，但禁止执行 CGI 脚本
SymLinksIfOwnerMatch	目录文件与目录属于同一用户时支持符号链接

注意：可以使用 "+" 或 "−" 号在 Options 字段中添加或取消某个取值。如果不使用这两个符号，那么在容器中的 Options 字段的取值将完全覆盖以前的 Options 字段的取值。

（2）文档目录默认设置

```
<Directory    "/var/www/html">
    Options Indexes FollowSymLinks
    AllowOverride None
    Order allow, deny
    Allow from all
</Directory>
```

以上代码中的字段说明如下。

1）AllowOverride 字段所使用的命令组此处不使用认证。

2）Order 字段用于设置默认的访问权限与 Allow 和 Deny 字段的处理顺序。

3）Allow 字段用于设置哪些客户端可以访问服务器。与之对应的 Deny 字段则用来设置哪些客户端不能访问服务器。

Allow 和 Deny 字段的处理顺序非常重要，需要详细了解它们的含义和使用技巧。

情况一："Order allow, deny"表示默认情况下禁止所有客户端访问，且 Allow 字段在 Deny 字段之前被匹配。如果既匹配 Allow 字段又匹配 Deny 字段，则 Deny 字段最终生效。也就是说，Deny 字段会覆盖 Allow 字段。

情况二："Order deny, allow"表示默认情况下允许所有客户端访问，且 Deny 字段在 Allow 字段之前被匹配。如果既匹配 Allow 字段又匹配 Deny 字段，则 Allow 字段最终生效。也就是说，Allow 字段会覆盖 Deny 字段。

下面举例来说明 Allow 和 Deny 字段的用法。

【例 9-10】 允许所有客户端访问（先允许后拒绝）。

```
Order allow, deny
Allow from all
```

【例 9-11】 拒绝 IP 地址为 192.168.100.100 的和来自.bad.com 域的客户端访问。其他客户端都可以正常访问。

```
Order deny,allow
Deny from   192.168.100.100
Deny from   .bad.com
```

【例 9-12】 仅允许 192.168.0.0/24 网段的客户端访问，但 192.168.0.100 不能访问。

```
Order allow,deny
Allow from   192.168.0.0/24
Deny from   192.168.0.100
```

【例 9-13】 除了www.test.com的主机，允许其他所有用户访问 Apache 服务器。

```
Order allow,deny
Allow from   all
Deny from   www.test.com
```

【例 9-14】 只允许 10.0.0.0/8 网段的主机访问服务器。

```
Order deny,allow
Deny from all
Allow from 10.0.0.0/255.255.0.0
```

注意： allow 和 deny 之间以","分隔，二者之间不能有空格。

技巧：如果仅仅想对某个文件进行权限设置，可以使用<Files 文件名></Files>容器语句实现，方法和使用<Directory "目录"></Directory>几乎一样。例如：

```
<Files   "/var/www/html/f1.txt">
```

```
                    Order allow, deny
                    Allow from all
        </Files>
```

9.3.5　配置虚拟主机

虚拟主机是在一台 Web 服务器上为多个独立的 IP 地址、域名或端口号提供不同的 Web 站点。对于访问量不大的站点来说，这样做可以降低单个站点的运营成本。

1．配置基于 IP 地址的虚拟主机

基于 IP 地址的虚拟主机的配置需要在服务器上绑定多个 IP 地址，然后配置 Apache 服务器，把多个网站绑定在不同的 IP 地址上，访问服务器上不同的 IP 地址，就可以看到不同的网站。

【**例 9-15**】　假设 Apache 服务器具有 192.168.10.1 和 192.168.10.2 两个 IP 地址（提前在服务器中配置这两个 IP 地址）。现在需要利用这两个 IP 地址分别创建两个基于 IP 地址的虚拟主机，要求不同的虚拟主机对应的主目录不同，默认文档的内容也不同。

具体配置步骤如下。

1）依次选择"应用程序"（Applications）→"系统工具"（System Tools）→"设置"（Settings）→"网络"（Network）选项，单击"设置"按钮，打开如图 9-10 所示的对话框。添加第二个 IP 地址信息后单击"应用"按钮。这样就可以在一块网卡上配置多个 IP 地址，当然也可以直接在多块网卡上配置多个 IP 地址。

2）分别创建/var/www/ip1 和/var/www/ip2 两个主目录和默认文件。

```
[root@server1 ~]# mkdir    /var/www/ip1    /var/www/ip2
[root@server1 ~]# echo "this is 192.168.10.1's web.">/var/www/ip1/index.html
[root@server1 ~]# echo "this is 192.168.10.2's web.">/var/www/ip2/index.html
```

图 9-10　添加 IP 地址

3）添加 /etc/httpd/conf.d/vhost.conf 文件。该文件的内容如下。

#设置基于 IP 地址为 192.168.10.1 的虚拟主机

```
<Virtualhost 192.168.10.1>
      DocumentRoot    /var/www/ip1
</Virtualhost>

#设置基于 IP 地址为 192.168.10.2 的虚拟主机
<Virtualhost 192.168.10.2>
      DocumentRoot /var/www/ip2
</Virtualhost>
```

4）将 SELinux 设置为允许，让防火墙允许 httpd 服务，重启 httpd 服务。

5）在客户端浏览器中进行测试，可以看到 http://192.168.10.1 和 http://192.168.10.2 两个网站的默认页面效果，如图 9-11 所示。

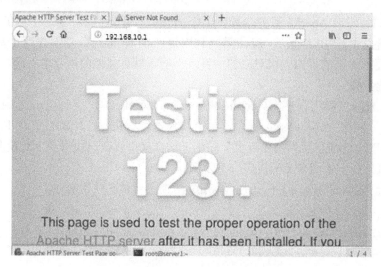

图 9-11　测试时显示的网站默认页面

为什么会出现 httpd 服务程序的默认首页？按理来说，只有在网站的首页文件不存在或用户权限不足时，才显示 httpd 服务程序的默认首页。在尝试访问 http://192.168.10.1/index.html 页面时，出现了"You don't have permission to access /index.html on this server."错误提示信息。这都是因为主配置文件里没设置目录权限导致的。解决方法是在/etc/httpd/conf/httpd.conf 文件中添加有关两个网站目录权限的内容（只设置/var/www 目录权限也可以）。

```
<Directory "/var/www/ip1">
      AllowOverride None
      Require all granted
</Directory>

<Directory "/var/www/ip2">
      AllowOverride None
      Require all granted
</Directory>
```

注意：为了不使后面的实例受到前面虚拟主机设置的影响，做完一个实例后，请将配置文件中添加的内容删除，再继续下一个实例。

可以直接修改 /etc/httpd/conf.d/vhost.conf 文件，在原来的基础上增加下面的内容。

```
#设置目录的访问权限，这一点特别容易被忽视！！
<Directory /var/www>
      AllowOverride None
      Require all granted
</Directory>
```

2. 配置基于域名的虚拟主机

要配置基于域名的虚拟主机，只需服务器有一个 IP 地址即可，所有的虚拟主机共享同一个 IP 地址，各虚拟主机之间通过域名进行区分。

要建立基于域名的虚拟主机，DNS 服务器中应建立多个主机资源记录，使它们解析到同一个 IP 地址。例如：

```
www.smile.com.        IN      A      192.168.10.1
www.long.com.         IN      A      192.168.10.1
```

【例 9-16】 假设 Apache 服务器的 IP 地址为 192.168.10.1。在本地 DNS 服务器中，该 IP 地址对应的域名分别为 www1.long.com 和 www2.long.com。现在需要创建基于域名的虚拟主机，要求不同的虚拟主机对应的主目录不同，默认文档的内容也不同。

配置步骤如下。

1）分别创建/var/www/smile 和/var/www/long 两个主目录和默认文件。

```
[root@server1 ~]# mkdir    /var/www/www1    /var/www/www2
[root@server1 ~]# echo "www1.long.com's web.">/var/www/www1/index.html
[root@server1 ~]# echo "www2.long.com's web.">/var/www/www2/index.html
```

2）修改 httpd.conf 文件。添加的目录权限内容如下。

```
<Directory "/var/www">
      AllowOverride None
      Require all granted
</Directory>
```

3）修改 /etc/httpd/conf.d/vhost.conf 文件。该文件的内容如下。

```
<Virtualhost 192.168.10.1>
DocumentRoot    /var/www/www1
ServerName    www1.long.com
</Virtualhost>

<Virtualhost 192.168.10.1>
DocumentRoot /var/www/www2
ServerName    www2.long.com
</Virtualhost>
```

4）将 SELinux 设置为允许，让防火墙允许 httpd 服务，重启 httpd 服务。在客户端

client1 上进行测试。要确保 DNS 服务器解析正确，确保给 client1 设置正确的 DNS 服务器地址（etc/resolv.conf）。

注意：在本例中，DNS 的正确配置至关重要，一定要确保 long.com 域名及主机的正确解析。正向解析区域配置文件如下。

```
[root@server1 long]# vim /var/named/long.com.zone
$TTL 1D
@          IN SOA    dns.long.com. mail.long.com. (
                                                    0          ; serial
                                                    1D         ; refresh
                                                    1H         ; retry
                                                    1W         ; expire
                                                    3H )       ; minimum

@                  IN    NS            dns.long.com.
@                  IN    MX      10    mail.long.com.

dns                IN    A             192.168.10.1
www1               IN    A             192.168.10.1
www2               IN    A             192.168.10.1
```

思考：为了方便测试，在 client1 上直接将/etc/hosts 文件的内容设置如下，请思考该文件可否代替 DNS 服务器。

```
192.168.10.1    www1.long.com
192.168.10.1    www2.long.com
```

3．配置基于端口号的虚拟主机

要配置基于端口号的虚拟主机，只需服务器有一个 IP 地址即可，所有的虚拟主机共享同一个 IP 地址，各虚拟主机之间通过不同的端口号进行区分。在配置时需要利用 Listen 语句设置所监听的端口。

【例 9-17】 假设 Apache 服务器的 IP 地址为 192.168.10.1。现在需要创建基于 8088 和 8089 两个不同端口号的虚拟主机，要求不同的虚拟主机对应的主目录不同，默认文档的内容也不同。

配置步骤如下。

1）分别创建/var/www/8088 和/var/www/8089 两个主目录和默认文件。

```
[root@server1 ~]# mkdir    /var/www/8088    /var/www/8089
[root@server1 ~]# echo "8088 port 's   web.">/var/www/8088/index.html
[root@server1 ~]# echo "8089 port 's   web.">/var/www/8089/index.html
```

2）修改/etc/httpd/conf/httpd.conf 文件，修改内容如下。

```
Listen 8088
Listen 8089
<Directory "/var/www">
```

```
        AllowOverride None
        Require all granted
    </Directory>
```

3) 修改 /etc/httpd/conf.d/vhost.conf 文件。该文件的内容如下（原内容清空）。

```
<Virtualhost 192.168.10.1:8088>
        DocumentRoot        /var/www/8088
</Virtualhost>


<Virtualhost 192.168.10.1:8089>
        DocumentRoot        /var/www/8089
</Virtualhost>
```

4) 关闭防火墙和允许 SELinux，重启 httpd 服务。然后在客户端 client1 上进行测试，测试结果如图 9-12 所示，出现错误提示信息。

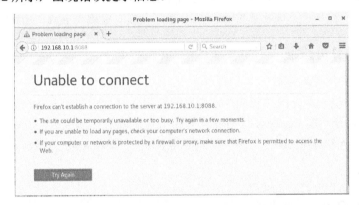

图 9-12　访问 192.168.10.1:8088 报错

5) 故障排除。出现这样的故障是因为防火墙检测到 8088 和 8089 端口原本不属于 Apache 服务器的资源，现在却以 httpd 服务程序的名义监听使用了，所以防火墙会拒绝使用 Apache 服务器使用这两个端口。可以使用 firewall-cmd 命令永久添加需要的端口到 public 区域，并重启防火墙。

```
[root@server1 ~]# firewall-cmd --list-all
public (active)   …<略>
  services: ssh dhcpv6-client samba dns http
  ports:
  …<略>
[root@server1 ~]#firewall-cmd --zone=public --add-port=8088/tcp
success
[root@server1 ~]# firewall-cmd --permanent --zone=public --add-port=8089/tcp
[root@server1 ~]# firewall-cmd --permanent --zone=public --add-port=8088/tcp
[root@server1 ~]# firewall-cmd --reload
[root@server1 ~]# firewall-cmd --list-all
public (active)
  …<略>
```

```
services: ssh dhcpv6-client samba dns http
ports: 8089/tcp 8088/tcp
…<略>
```

再次在 client1 上进行测试，结果如图 9-13 所示。

8088 port's web.   8089 port's web.

图 9-13　不同端口虚拟主机的测试结果

技巧：依次选择"应用程序"（Applications）→ "杂项"（Sundry）→ "防火墙"
（Firewall）选项，打开防火墙配置窗口，可以进行 public 区域的 port（端口）等详细配置。

9.3.6　配置用户身份认证

1．.htaccess 文件控制存取

.htaccess 文件是一个访问控制文件，用来配置相应目录的访问方法。但按照默认的配置
是不会读取相应目录下的.htaccess 文件来进行访问控制的。这是因为 AllowOverride 字段设
置为 none 后将完全忽略.htaccess 文件。因此要将 none 修改为 AuthConfig。

```
<Directory />
    Options FollowSymLinks
    AllowOverride AuthConfig
</Directory>
```

现在就可以在需要进行访问控制的目录下创建一个.htaccess 文件了。需要注意的是，文
件前有一个"."号，说明这是一个隐藏文件（该文件也可以采用其他的文件名，只需要在
httpd.conf 文件中进行设置即可）。

AllowOverride 字段主要用于控制 .htaccess 文件中允许进行的设置，详细参数如表 9-6 所示。

表 9-6　AllowOverride 字段所使用的命令组

命 令 组	可 用 命 令	说　　明
AuthConfig	AuthDBMGroupFile，AuthDBMUserFile，AuthGroupFile，AuthName，AuthType，AuthUserFile，Require	进行认证、授权以及安全的相关命令
FileInfo	DefaultType，ErrorDocument，ForceType，LanguagePriority，SetHandler，SetInputFilter，SetOutputFilter	控制文件处理方式的相关命令
Indexes	AddDescription，AddIcon，AddIconByEncoding，DefaultIcon，AddIconByType，DirectoryIndex，ReadmeName FancyIndexing，HeaderName，IndexIgnore，IndexOptions	控制目录列表方式的相关命令
Limit	Allow，Deny，Order	进行目录访问控制的相关命令
Options	Options，XBitHack	启用不能在主配置文件中使用的各种选项
All	全部命令组	可以使用以上所有命令
None	禁止使用所有命令	禁止处理.htaccess 文件

假设在用户 clinuxer 的 Web 目录（public_html）下新建了一个.htaccess 文件，该文件的绝对路径为/home/clinuxer/public_html/.htaccess。其实，Apache 服务器并不会直接读取这个文件，而是从根目录下开始搜索.htaccess 文件。

```
/.htaccess
/home/.htaccess
/home/clinuxer/.htaccess
/home/clinuxer/public_html/.htaccess
```

如果搜索路径的过程中发现其他 .htaccess 文件，如/home/clinuxer/.htaccess，则 Apache 服务器并不会去读取/home/clinuxer/public_html/.htaccess 文件，而是读取/home/clinuxer/.htaccess 文件。

2．用户身份认证

Apache 中的用户身份认证可以采取整体存取控制或者分布式存取控制方式。

在/usr/local/httpd/bin 目录下，有一个 htpasswd 可执行文件，它用于创建.htaccess 文件身份认证所使用的密码。它的语法格式如下。

```
[root@server1 ~]# htpasswd   [-bcD]   [-mdps]   密码文件名字   用户名
```

其参数说明如下。

- -b：用批处理方式创建用户。htpasswd 不会提示输入用户密码，不过，由于要在命令行输入可见的密码，因此此方式并不是很安全。
- -c：新创建一个密码文件。
- -D：删除一个用户。
- -m：采用 MD5 编码加密。
- -d：采用 CRYPT 编码加密，这是预设的方式。
- -p：采用明文格式的密码。出于安全考虑，不推荐使用明文格式的密码。
- -s：采用 SHA 编码加密。

【例 9-18】 创建一个用于.htaccess 密码认证的用户 yy1。

```
[root@server1 ~]# htpasswd   -c   -mb   .htpasswd   yy1   P@ssw0rd
```

在当前目录下创建一个.htpasswd 文件，并添加一个用户 yy1，密码为 P@ssw0rd。

【例 9-19】 设置一个虚拟目录/httest，让用户必须输入用户名和密码才能访问。

1）创建一个新用户 smile。

```
[root@server1 ~]# mkdir    /virdir/test
[root@server1 ~]# echo "Require valid_users's   web.">/virdir/test/index.html
[root@server1 ~]# cd   /virdir/test
[root@server1 test]# /usr/bin/htpasswd   -c   /usr/local/.htpasswd   smile
```

之后会要求输入该用户的密码并确认，验证成功后会提示"Adding password for user smile"。

如果还要在.htpasswd 文件中添加其他用户，则直接使用以下命令（不带参数-c）。

```
[root@server1 test]# /usr/bin/htpasswd        /usr/local/.htpasswd   user2
```

2）在 httpd.conf 文件中设置该目录允许采用.htaccess 进行用户身份认证。

在 httpd.conf 文件中添加以下内容（注意不要把注释写到配置文件中）。

```
Alias    /httest    "/virdir/test"
<Directory "/virdir/test">
    Options Indexes MultiViews FollowSymLinks        #允许列目录
    AllowOverride AuthConfig                          #启用用户身份认证
    Order deny,allow
    Allow from all                                    #允许所有用户访问
    AuthName      Test_Zone          #定义的认证名称，与后面的.htpasswd 文件一致
</Directory>
```

如果修改了 Apache 服务器的主配置文件 httpd.conf，则必须重启 Apache 服务器才会使新配置生效。可以执行 systemctl restart httpd 命令重新启动 http 服务。

3）在/virdir/test 目录下新建一个.htaccess 文件，内容如下。

```
[root@server1 test]# cd   /virdir/test
[root@server1 test]# touch   .htaccess              ;创建.htaccess
[root@server1 test]# vim .htaccess                  ;编辑.htaccess 文件并加入以下内容
AuthName "Test   Zone"
    AuthType Basic
    AuthUserFile    /usr/local/.htpasswd            #指明存放授权访问的密码文件
    require    valid-user                           #指明只有密码文件的用户才是有效用户
```

注意：如果.htpasswd 文件不在默认的搜索路径中，则应该在 AuthUserFile 中指定该文件的绝对路径。

4）在客户端的浏览器地址栏中输入"http://192.168.10.1/httest"后按〈Enter〉键，效果如图 9-14 和图 9-15 所示。访问 Apache 服务器上访问权限受限的目录时，就会出现认证窗口，只有输入正确的用户名和密码才能打开。

图 9-14　输入用户名和密码才能访问

图 9-15　正确输入后能够访问受限内容

9.4　项目实训

1．项目背景及要求

某学校的域名为 www.king.com，学校计划为每位教师开通个人主页服务，在教师与学生之间建立沟通的平台。该学校的网络拓扑如图 9-16 所示。

9-2　配置与管理
Web 服务器

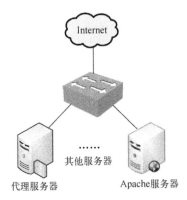

图 9-16 Apache 服务器搭建与配置网络拓扑

学校计划为每位教师开通个人主页服务，要求实现如下功能。

1）在 Apache 服务器中建立一个名为 private 的虚拟目录，其对应的物理路径是 /data/private，并配置 Apache 服务器对该虚拟目录启用用户认证，只允许 kingma 用户访问。

2）在 Apache 服务器中建立一个名为 test 的虚拟目录，其对应的物理路径是/dir1 /test，并配置 Web 服务器仅允许来自网络 jnrp.net 域和 192.168.1.0/24 网段的客户端访问该虚拟目录。

3）使用 192.168.1.2 和 192.168.1.3 两个 IP 地址，创建基于 IP 地址的虚拟主机。其中，IP 地址为 192.168.1.2 的虚拟主机对应的主目录为/var/www/ip2，IP 地址为 192.168.1.3 的虚拟主机对应的主目录为/var/www/ip3。

4）创建基于 www.mlx.com 和 www.king.com 两个域名的虚拟主机，域名为 www.mlx.com 的虚拟主机对应的主目录为/var/www/mlx，域名为 www.king.com 的虚拟主机对应的主目录为 /var/www/king。

2. 深度思考

在观看项目实训视频时思考以下几个问题。

1）使用虚拟目录有何好处？

2）在进行基于域名的虚拟主机的配置时要注意什么？

3）如何启用用户身份认证？

3. 做一做

根据项目实训内容及视频，将项目完整地做一遍，检查学习效果。

9.5　练习题

一、填空题

1．Web 服务器使用的协议是_____，其英文全称是_____，中文名称是_____。

2．HTTP 请求的默认端口是_____。

3．RHEL 7 系统采用了 SELinux 这种增强的安全模式，在默认的配置下，只有_____服务可以通过。

4. 在命令行控制台窗口，输入_____命令可以打开 Linux 配置工具选择窗口。

二、选择题

1. 以下哪个命令可以用于配置 RHEL 系统启动时自动启动 httpd 服务？（   ）
    A．service   B．ntsysv
    C．useradd   D．startx

2. 在 RHEL 系统中手动安装 Apache 服务器时，默认的 Web 站点的目录为（   ）。
    A．/etc/httpd   B．/var/www/html
    C．/etc/home   D．/home/httpd

3. 对于 Apache 服务器，提供子进程的用户默认是（   ）。
    A．root   B．apached   C．httpd   D．nobody

4. 目前上最流行的 Web 服务器是（   ）。
    A．Apache   B．IIS   C．SunONE   D．NCSA

5. Apache 服务器默认的工作方式是（   ）。
    A．inetd   B．xinetd   C．standby   D．standalone

6. 用户主页存放的目录由文件 httpd.conf 的参数（   ）设置。
    A．UserDir   B．Directory   C．public_html   D．DocumentRoot

7. 设置 Apache 服务器时，一般将服务的端口绑定到系统的（   ）端口上。
    A．10000   B．23   C．80   D．53

8. 下面不是 Apahce 服务器基于主机的访问控制命令的是（   ）。
    A．allow   B．deny   C．order   D．all

9. 下面用来设置当服务器产生错误时，在浏览器上显示管理员 E-mail 地址的是（   ）。
    A．Servername   B．ServerAdmin
    C．ServerRoot   D．DocumentRoot

10. 在 Apache 服务器基于用户名的访问控制中，生成用户密码文件的命令是（   ）。
    A．smbpasswd   B．htpasswd
    C．passwd   D．password

9.6　实践题

1. 建立 Apache 服务器，同时建立一个名为/mytest 的虚拟目录，并完成以下设置。

（1）设置 Apache 服务的根目录为/etc/httpd。

（2）设置首页名称为 test.html。

（3）设置超时时间为 240s。

（4）设置客户端连接数为 500。

（5）设置管理员 E-mail 地址为 root@smile.com。

（6）虚拟目录对应的实际目录为/linux/apache。

（7）将虚拟目录设置为仅允许 192.168.0.0/24 网段的客户端访问。

分别测试 Apache 服务器和虚拟目录。

2．在文档目录中建立 security 目录，并完成以下设置。

（1）对该目录启用用户认证功能。

（2）仅允许 user1 和 user2 账号访问。

（3）更改 Apache 服务器的默认监听端口，将其设置为 8080。

（4）将允许 Apache 服务的用户和组设置为 nobody。

（5）禁止使用目录浏览功能。

（6）使用 chroot 机制改变 Apache 服务的根目录。

3．建立虚拟主机，并完成以下设置。

（1）建立 IP 地址为 192.168.0.1 的虚拟主机 1，对应的文档目录为/usr/local/www/web1。

（2）仅允许来自.smile.com.域的客户端访问虚拟主机 1。

（3）建立 IP 地址为 192.168.0.2 的虚拟主机 2，对应的文档目录为/usr/local/www/web2。

（4）仅允许来自.long.com.域的客户端访问虚拟主机 2。

4．配置用户身份认证。

第10章 配置与管理 FTP 服务器

背景

某学院组建了校园网，建设了学院网站，架设了 Web 服务器来为学院网站提供支持。但在网站上传和更新时，由于需要用到文件上传和下载功能，因此还需要架设 FTP（File Transfer Protocol，文件传输协议）服务器来为学院内部和互联网用户提供 FTP 等服务。

能力目标和要求

- 了解 FTP 服务的工作原理。
- 学会配置 vsftpd 服务器。
- 掌握基于虚拟用户的 FTP 服务器的配置。
- 实践典型的 FTP 服务器配置案例。

10.1 相关知识

虽然以 HTTP 为基础的 WWW 服务功能强大，但是对于文件传输来说却略显不足。于是，一种专门用于文件传输的服务——FTP 服务应运而生。

FTP 服务就是指文件传输服务，它具备更高的文件传输可靠性和更高的效率。

10.1.1 FTP 工作原理

FTP 大大降低了文件传输的复杂性，它能够使文件通过网络从一台主机传送到另外一台主机，同时不受计算机和操作系统类型的限制。无论是个人计算机、服务器、大型机，还是 macOS、Linux、Windows 操作系统，只要双方都支持 FTP，就可以方便、可靠地进行文件的传送。

10-1 管理与维护 FTP 服务器

FTP 服务的具体工作过程（见图 10-1）如下。

1）客户端向服务器发出连接请求，同时客户端系统动态地打开一个大于 1024 的端口，等候服务器连接（如 1031 端口）。

2）若 FTP 服务器在端口 21 侦听到该请求，就会在客户端的 1031 端口和服务器的 21 端口之间建立一个 FTP 会话连接。

3）当需要传输数据时，FTP 客户端再动态地打开一个大于 1024 的端口（如 1032 端口），连接到服务器的 20 端口，并在这两个端口之间进行数据的传输。当数据传输完毕后，这两个端口会自动关闭。

4）当 FTP 客户端断开与 FTP 服务器的连接时，客户端上动态分配的端口将自动释放。

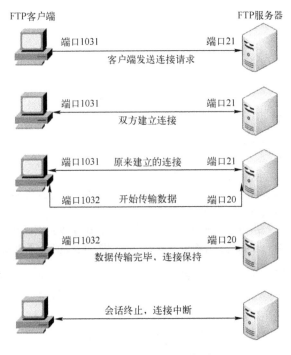

图 10-1　FTP 服务的工作过程

FTP 服务有两种工作模式，分别为主动传输模式（Active FTP）和被动传输模式（Passive FTP）。

10.1.2　匿名用户

FTP 服务不同于 WWW 服务，它首先要求登录到服务器，然后进行文件的传输，这对于很多公开提供软件下载的服务器来说十分不便，于是匿名用户访问就出现了。通过使用一个共同的用户名 anonymous，加上密码不限的管理策略（一般使用用户的邮箱作为密码即可），让任何用户都可以方便地从这些服务器上下载软件。

10.2　项目设计及准备

本项目有 3 台计算机，其中，2 台计算机安装了 CentOS 7 操作系统，1 台计算机安装了 Windows 7 操作系统，连网方式都设置为 host only（VMnet1）。

1 台作为服务器，2 台作为客户端。计算机的配置信息如表 10-1 所示（可以使用 VMware Workstation 的克隆技术快速安装 Linux 客户端）。

表 10-1　Linux 服务器和客户端的配置信息

主 机 名 称	操 作 系 统	IP 地址	角　　色
server1	CentOS 7	192.168.10.1	FTP 服务器；VMnet1
client1	CentOS 7	192.168.10.20	FTP 客户端；VMnet1
Win7-1	Windows 7	192.168.10.30	FTP 客户端；VMnet1

10.3 项目实施

10.3.1 安装与启动 vsftpd 服务

1．安装 vsftpd 服务

```
[root@server1 ~]# rpm -q vsftpd
[root@server1 ~]# mkdir /iso
[root@server1 ~]# mount /dev/cdrom /iso
[root@server1 ~]# yum clean all                    //安装前先清除缓存
[root@server1 ~]# yum install vsftpd -y
[root@server1 ~]# yum install ftp -y               //同时安装 FTP 软件包
[root@server1 ~]# rpm -qa|grep vsftpd              //检查安装组件是否成功
```

2．vsftpd 服务重启，加入开机自启动

vsftpd 服务可以以独立或被动方式启动。在 CentOS 7 系统中，默认以独立方式启动。

在此需要注意，在生产环境或者 RHCSA、RHCE、RHCA认证考试中，一定要把配置过的服务程序加入到开机启动项中，以保证服务器在重启后依然能够正常提供传输服务。

重新启动 vsftpd 服务、加入开机自启动，开放防火墙和开放 SELinux，可以输入下面的命令。

```
[root@server1 ~]# systemctl restart vsftpd                        //重启 vsftpd 服务
[root@server1 ~]# systemctl enable vsftpd                         //设置开机启动 vsftpd 服务
[root@server1 ~]# firewall-cmd --permanent --add-service=ftp      //设置防火墙放行 ftp 服务
[root@server1 ~]# firewall-cmd --reload                           //重新加载防火墙
[root@server1 ~]# setsebool -P ftpd_full_access=on                //开启允许外网访问
```

10.3.2 认识 vsftpd 服务的配置文件

vsftpd 服务的配置主要通过以下几个文件来完成。

1．主配置文件

vsftpd 服务的主配置文件（/etc/vsftpd/vsftpd.conf）内容的总长度达到 127 行，但其中大多数参数在开头都添加了注释符（#），从而成为注释信息。读者没有必要在注释信息上花费太多的时间。可以使用 "grep -v" 命令过滤并反选出没有注释符的参数行，即过滤掉所有的注释信息，然后将过滤后的参数行通过输出重定向符写回原始的主配置文件中（为了安全起见，需要先备份主配置文件）。

```
[root@server1 ~]# mv /etc/vsftpd/vsftpd.conf /etc/vsftpd/vsftpd.conf.bak
[root@server1 ~]#  grep -v "#" /etc/vsftpd/vsftpd.conf.bak > /etc/vsftpd/vsftpd.conf
[root@server1 ~]# cat /etc/vsftpd/vsftpd.conf -n
    1    anonymous_enable=YES
    2    local_enable=YES
    3    write_enable=YES
    4    local_umask=022
```

```
5    dirmessage_enable=YES
6    xferlog_enable=YES
7    connect_from_port_20=YES
8    xferlog_std_format=YES
9    listen=NO
10   listen_ipv6=YES
11
12   pam_service_name=vsftpd
13   userlist_enable=YES
14   tcp_wrappers=YES
```

表 10-2 中列举了 vsftpd 服务主配置文件中的常用参数，并说明了它们的作用。在后续的示例中，将演示部分重要参数的用法，以帮助读者尽快熟悉并掌握它们。

表 10-2　vsftpd 服务主配置文件中常用的参数及其作用

参　　数	作　　用
listen=[YES|NO]	是否以独立运行的方式监听服务
listen_address=IP 地址	设置要监听的 IP 地址
listen_port=21	设置 FTP 服务的监听端口
download_enable=[YES|NO]	是否允许下载文件
userlist_enable=[YES|NO] userlist_deny=[YES|NO]	设置用户列表为允许或禁止操作
max_clients=0	设置最大客户端连接数，0 为不限制
max_per_ip=0	设置同一 IP 地址的最大连接数，0 为不限制
anonymous_enable=[YES|NO]	是否允许匿名用户访问
anon_upload_enable=[YES|NO]	是否允许匿名用户上传文件
anon_umask=022	设置匿名用户上传文件的 umask 值
anon_root=/var/ftp	设置匿名用户的 FTP 根目录
anon_mkdir_write_enable=[YES|NO]	是否允许匿名用户创建目录
anon_other_write_enable=[YES|NO]	是否开放匿名用户的其他写入权限（包括重命名、删除等操作权限）
anon_max_rate=0	设置匿名用户的最大传输速率（字节/秒），0 为不限制
local_enable=[YES|NO]	是否允许本地用户登录 FTP 服务器
local_umask=022	设置本地用户上传文件的 umask 值
local_root=/var/ftp	设置本地用户的 FTP 根目录
chroot_local_user=[YES|NO]	是否将用户权限限制在 FTP 目录，以确保安全
local_max_rate=0	设置本地用户最大传输速率（字节/秒），0 为不限制

2．/etc/pam.d/vsftpd 配置文件

vsftpd 服务的插入式认证模块（Pluggable Authentication Modules，PAM）配置文件主要用来加强 vsftpd 服务器的用户认证。

3．/etc/vsftpd/ftpusers 配置文件

此文件中的所有用户都不能访问 vsftpd 服务。当然，为了安全起见，这个文件默认包含 root、bin 和 daemon 等系统账号。

4．/etc/vsftpd/user_list 配置文件

这个文件中包含的用户有可能是被拒绝访问 vsftpd 服务的，也可能是允许访问的，这主要取决于 vsftpd 服务的主配置文件/etc/vsftpd/vsftpd.conf 中的 userlist_deny 参数是设置为 YES（默认值）还是 NO。

- 当 userlist_deny=NO 时，仅允许文件列表中的用户访问 FTP 服务器。
- 当 userlist_deny=YES 时，这是默认值，拒绝文件列表中的用户访问 FTP 服务器。

5．/var/ftp 文件夹

/var/ftp 文件夹是 vsftpd 提供服务的文件"集散地"，它包括一个 pub 子目录。在默认配置下，所有的目录都是只读的，只有 root 用户有写入权限。

10.3.3 配置匿名用户登录 FTP 服务器实例

1．vsftpd 的认证模式

vsftpd 允许用户以 3 种认证模式登录 FTP 服务器。

1）匿名开放模式。这是一种最不安全的认证模式，任何人都可以无须密码验证而直接登录到 FTP 服务器。

2）本地用户模式。这是通过 Linux 系统本地的账户和密码信息进行认证的模式，相较于匿名开放模式较安全，而且配置起来也很简单。但是，如果黑客破解了账户的信息，就可以畅通无阻地登录 FTP 服务器，从而完全控制整台服务器。

3）虚拟用户模式。它是这 3 种模式中最安全的一种认证模式，需要为 FTP 服务单独建立用户数据库文件，虚拟映射用来进行密码验证的账户信息，而这些账户信息在服务器系统中实际上是不存在的，仅供 FTP 服务程序进行认证使用。这样，即使黑客破解了账户信息也无法登录服务器，从而有效降低了破坏范围和影响。

2．匿名用户登录的参数说明

表 10-3 列举了可以向匿名用户开放的权限参数及其作用。

表 10-3 可以向匿名用户开放的权限参数及其作用

参　　数	作　　用
anonymous_enable=YES	允许匿名访问模式
anon_umask=022	设置匿名用户上传文件的 umask 值
anon_upload_enable=YES	允许匿名用户上传文件
anon_mkdir_write_enable=YES	允许匿名用户创建目录
anon_other_write_enable=YES	允许匿名用户修改目录名称或删除目录

【例 10-1】 搭建一台 FTP 服务器，允许匿名用户上传和下载文件，匿名用户的根目录设置为/var/ftp。

1）新建测试文件，编辑/etc/vsftpd/vsftpd.conf 主配置文件。

```
[root@server1 ~]# touch /var/ftp/pub/sample.tar
[root@server1 ~]# vim   /etc/vsftpd/vsftpd.conf
```

2）在文件后面添加以下 4 行（注意，语句前后和等号左右一定不要有空格，重复的语句需要删除，不要把注释写到配置文件中）。

anonymous_enable=YES	#允许匿名用户登录
anon_root=/var/ftp	#设置匿名用户的根目录为/var/ftp
anon_upload_enable=YES	#允许匿名用户上传文件
anon_mkdir_write_enable=YES	#允许匿名用户创建文件夹

3）将 SELinux 设置为允许，让防火墙放行 FTP 服务，重启 vsftpd 服务。

```
[root@server1 ~]# setenforce 0
[root@server1 ~]# firewall-cmd --permanent --add-service=ftp
[root@server1 ~]# firewall-cmd --reload
[root@server1 ~]# firewall-cmd --list-all
[root@server1 ~]# systemctl restart vsftpd
```

在 Windows 7 客户端的资源管理器地址栏中输入"ftp://192.168.10.1"，打开 pub 目录，新建一个文件夹，结果显示如图 10-2 所示的错误提示信息。

图 10-2　测试 FTP 服务器出错

这是由于没有设置系统的本地权限。

4）设置本地系统权限，将属主设置为 ftp，或者对 pub 目录赋予其他用户写入的权限。

```
[root@server1 ~]# ll -ld /var/ftp/pub
drwxr-xr-x. 2 root root 6 Mar 23    2017 /var/ftp/pub        //其他用户没有写入权限
[root@server1 ~]# chown ftp /var/ftp/pub                     //将属主改为匿名用户 ftp
[root@server1 ~]# chmod   o+w /var/ftp/pub                   //针对 pub 目录赋予其他用户写入的权限
[root@server1 ~]# ll -ld /var/ftp/pub
drwxr-xr-x. 2 ftp root 6 Mar 23    2017 /var/ftp/pub         //已将属主改为匿名用户 ftp
[root@server1 ~]# systemctl    restart vsftpd
```

5）在 Windows 7 客户端再次测试，在 pub 目录下能够建立新文件夹。

提示：如果在 Linux 客户端上测试，用户名处输入 ftp，密码处直接按回车键即可。

```
[root@client1 ~]# ftp 192.168.10.1
Connected to 192.168.10.1 (192.168.10.1).
220 (vsFTPd 3.0.2)
Name (192.168.10.1:root): ftp
```

```
331 Please specify the password.
Password:
230 Login successful.
Remote system type is UNIX.
Using binary mode to transfer files.
ftp> ls
227 Entering Passive Mode (192,168,10,1,176,188).
150 Here comes the directory listing.
drwxr-xrwx    3 14        0              44 Aug 03 04:10 pub
226 Directory send OK.
ftp> cd pub
250 Directory successfully changed.
```

注意：如果要实现匿名用户创建文件等功能，那么仅仅在配置文件中开启这些功能是不够的，还需要开放本地文件系统权限，使匿名用户拥有写入权限，或者改变属主为 ftp。在项目实录中有针对此问题的解决方案。另外，也要特别注意防火墙和 SELinux 设置。

10.3.4 配置本地模式的常规 FTP 服务器实例

下面举例说明配置本地模式的 FTP 服务器的过程。

【例 10-2】 某公司内部有一台 FTP 服务器和一台 Web 服务器。FTP 服务器主要用于维护公司的网站内容，包括上传文件、创建目录和更新网页等。该公司现有两个部门负责维护任务，两者分别使用 team1 和 team2 账号进行管理。要求 team1 和 team2 账号仅被允许登录 FTP 服务器，但不能登录本地系统，并将这两个账号的根目录限制为/web/www/html，不能进入该目录以外的任何目录。

将 FTP 服务器和 Web 服务器设计在一起是企业经常采用的方法，这样方便实现对网站的维护。为了增强安全性，首先需要使用仅允许本地用户访问，并禁止匿名用户登录。其次，使用 chroot 功能将 team1 和 team2 账号锁定在/web/www/html 目录。如果需要删除文件，那么还需要注意本地权限。解决方案如下。

1）建立维护网站内容的 FTP 账号 team1、team2 和 user1，并禁止本地登录，然后为其设置密码。

```
[root@server1 ~]# useradd    -s    /sbin/nologin    team1
[root@server1 ~]# useradd    -s    /sbin/nologin    team2
[root@server1 ~]# useradd    -s    /sbin/nologin    user1
[root@server1 ~]# passwd    team1
[root@server1 ~]# passwd    team2
[root@server1 ~]# passwd    user1
```

2）增加或修改 vsftpd.conf 主配置文件中的相应内容（注意，不要把注释写到配置文件中，语句前后不要加空格，要把配置文件恢复到最初状态，以免各示例之间互相影响）。

```
[root@server1 ~]# vim    /etc/vsftpd/vsftpd.conf
anonymous_enable=NO                        #禁止匿名用户登录
local_enable=YES                           #允许本地用户登录
local_root=/web/www/html                   #设置本地用户的根目录为/web/www/html
```

```
chroot_local_user=NO                              #是否限制本地用户，这也是默认值，可以省略
chroot_list_enable=YES                            #激活 chroot 功能
chroot_list_file=/etc/vsftpd/chroot_list          #设置锁定用户在根目录中的列表文件
allow_writeable_chroot=YES
#只要启用 chroot，就一定加入这条，即允许 chroot 限制，否则出现连接错误
write_enable=YES
pam_service_name=vsftpd                            #认证模块一定要加上
```

其中，chroot_local_user=NO 是默认设置，如果不做任何 chroot 设置，那么 FTP 登录目录是不进行限制的。另外，只要启用 chroot，就一定要增加 allow_writeable_chroot=YES 语句。

注意：chroot 是靠例外列表来实现的，列表内的用户即是例外的用户。因此，根据是否启用本地用户转换，可设置不同目的的例外列表，从而实现 chroot 功能。实现锁定目录有两种方法。第一种方法是除列表内的用户外，其他用户都被限定在固定目录内，即列表内用户自由，列表外用户受限制（这时启用 chroot_local_user=YES）。

```
chroot_local_user=YES
chroot_list_enable=YES
chroot_list_file=/etc/vsftpd/chroot_list
allow_writeable_chroot=YES
```

第二种方法是除列表内的用户外，其他用户都可自由转换目录，即列表内用户受限制，列表外用户自由（这时启用 chroot_local_user=NO）。为了安全，建议使用第一种方法。

```
chroot_local_user=NO
chroot_list_enable=YES
chroot_list_file=/etc/vsftpd/chroot_list
```

3）建立/etc/vsftpd/chroot_list 文件，添加 team1 和 team2 账号。

```
[root@server1 ~]# vim   /etc/vsftpd/chroot_list
team1
team2
```

4）设置防火墙放行以及 SELinux 为允许，重启 FTP 服务。

```
[root@server1 ~]# firewall-cmd --permanent --add-service=ftp
[root@server1 ~]# firewall-cmd --reload
[root@server1 ~]# firewall-cmd --list-all
[root@server1 ~]# setenforce 0
[root@server1 ~]# systemctl restart vsftpd
```

注意：如果设置 setenforce 1（可使用命令 getenforce 查看），那么必须执行"setsebool -P ftpd_full_access=on"命令，以保证目录的正常写入和删除等操作。

5）修改本地权限。

```
[root@server1 ~]# mkdir   /web/www/html -p
[root@server1 ~]# touch /web/www/html/test.sample
[root@server1 ~]# ll   -d   /web/www/html
```

```
[root@server1 ~]# chmod    -R    o+w    /web/www/html                //其他用户可以写入
[root@server1 ~]# ll    -d    /web/www/html
```

6）在 Linux 客户端 client1 上，先安装 FTP 工具，然后测试。

```
[root@client1 ~]# mount /dev/cdrom /iso
[root@client1 ~]# yum clean all
[root@client1 ~]# yum install ftp -y
```

① 使用 team1 和 team2 用户不能切换目录，但能建立新文件夹，显示的目录是 "/"，其实是/web/www/html 文件夹。

```
[root@client1 ~]# ftp 192.168.10.1
Connected to 192.168.10.1 (192.168.10.1).
220 (vsFTPd 3.0.2)
Name (192.168.10.1:root): team1                //锁定用户测试
331 Please specify the password.
Password:
230 Login successful.
Remote system type is UNIX.
Using binary mode to transfer files.
ftp> pwd
257 "/"      //显示是 "/"，其实是/web/www/html，从配置文件 vsftpd.conf 中的根目录就可以知道
ftp> mkdir testteam1
257 "/testteam1" created
ftp> ls
227 Entering Passive Mode (192,168,10,1,46,226).
150 Here comes the directory listing.
-rw-r--r--    1 0          0          0 Jul 21 01:25 test.sample
drwxr-xr-x    2 1001       1001       6 Jul 21 01:48 testteam1
226 Directory send OK.
ftp> cd /etc
550 Failed to change directory. //不允许更改目录
ftp> exit
221 Goodbye.
```

② 使用 user1 用户能自由切换目录，可以将/etc/passwd 文件下载到主目录。但这样普通用户就能轻而易举地得到密码文件，因此给系统安全带来了隐患。

```
[root@client1 ~]# ftp 192.168.10.1
Connected to 192.168.10.1 (192.168.10.1).
220 (vsFTPd 3.0.2)
Name (192.168.10.1:root): user1        //列表外的用户可以自由切换目录
331 Please specify the password.
Password:
230 Login successful.
Remote system type is UNIX.
Using binary mode to transfer files.
ftp> pwd
```

257 "/web/www/html"

ftp> mkdir testuser1

257 "/web/www/html/testuser1" created

ftp> cd /etc   //成功切换到/etc 目录

250 Directory successfully changed.

ftp> get passwd   //成功下载密码文件 passwd 到/root，可以退出后查看

local: passwd remote: passwd

227 Entering Passive Mode (192,168,10,1,80,179).

150 Opening BINARY mode data connection for passwd (2203 bytes).

226 Transfer complete.

2203 bytes received in 9e-05 secs (24477.78 Kbytes/sec)

ftp> cd /web/www/html

250 Directory successfully changed.

ftp> ls

227 Entering Passive Mode (192,168,10,1,182,144).

150 Here comes the directory listing.

-rw-r--r--	1 0	0	0 Jul 21 01:25 test.sample
drwxr-xr-x	2 1001	1001	6 Jul 21 01:48 testteam1
drwxr-xr-x	2 1003	1003	6 Jul 21 01:50 testuser1

226 Directory send OK.

10.3.5 设置 FTP 服务器的虚拟账号

FTP 服务器的搭建工作并不复杂，但需要按照服务器的用途合理规划相关配置。如果 FTP 服务器并不对互联网上的所有用户开放，那么可以关闭匿名访问，而开启实体账户或虚拟账户的验证机制。但实际操作中，如果使用实体账户访问，那么 FTP 用户在拥有服务器真实用户名和密码的情况下，会对服务器产生潜在的危害。如果 FTP 服务器设置不当，那么用户有可能使用实体账号进行非法操作。因此，为了 FTP 服务器的安全，可以使用虚拟用户验证方式，也就是将虚拟的账号映射为服务器的实体账号，客户端使用虚拟账号访问 FTP 服务器。

例如，使用虚拟用户 user2、user3 登录 FTP 服务器，访问主目录/var/ftp/vuser，用户只允许查看文件，不允许进行上传、修改等操作。

对于设置 FTP 服务器的虚拟账号，主要有以下几个步骤。

1. 创建用户数据库

1）创建用户文本文件。首先，建立保存虚拟账号和密码的文本文件，格式如下。

```
虚拟账号 1
密码
虚拟账号 2
密码
```

使用 vim 编辑器建立用户文件 vuser.txt，添加虚拟账号 user2 和 user3。

```
[root@server1 ~]# mkdir     /vftp
[root@server1 ~]# vim     /vftp/vuser.txt
user2
```

```
12345678
user3
12345678
```

2）生成数据库。保存虚拟账号及密码的文本文件无法被系统账号直接调用，需要使用 db_load 命令生成 .db 类型的数据库文件。

```
[root@server1 ~]# db_load  -T  -t  hash  -f  /vftp/vuser.txt  /vftp/vuser.db
[root@server1 ~]# ls   /vftp
vuser.db    vuser.txt
```

3）修改数据库文件访问权限。数据库文件中保存着虚拟账号和密码信息，为了防止非法用户盗取，可以修改该文件的访问权限。

```
[root@server1 ~]# chmod   700   /vftp/vuser.db
[root@server1 ~]# ll    /vftp
```

2. 配置 PAM 文件

为了使服务器能够使用数据库文件，对客户端进行身份验证，需要调用系统的 PAM（Pluggable Authentication Module，可插拔认证模块），不必重新安装应用程序，通过修改指定的配置文件，调整对该程序的认证方式。PAM 配置文件的路径为/etc/pam.d，该目录下保存着大量与认证有关的配置文件，并以服务名称命名。

下面修改 vsftp 服务对应的 PAM 配置文件/etc/pam.d/vsftpd，将默认配置使用"#"号全部注释，添加相应字段。

```
[root@server1 ~]# vim     /etc/pam.d/vsftpd
#PAM-1.0
#session   optional       pam_keyinit.so        force     revoke
#auth      required       pam_listfile.so       item=user sense=deny
#file=/etc/vsftpd/ftpusers onerr=succeed
#auth      required       pam_shells.so
auth       required       pam_userdb.so    db=/vftp/vuser
account    required       pam_userdb.so    db=/vftp/vuser
```

3. 创建虚拟账户对应系统用户

```
[root@server1 ~]# useradd  -d  /var/ftp/vuser   vuser            ①
[root@server1 ~]# chown   vuser.vuser   /var/ftp/vuser           ②
[root@server1 ~]# chmod   555   /var/ftp/vuser                   ③
[root@server1 ~]# ls   -ld   /var/ftp/vuser                      ④
dr-xr-xr-x. 6 vuser vuser 127 Jul 21 14:28 /var/ftp/vuser
```

上述代码各行功能说明如下。

① 用 useradd 命令添加系统账户 vuser，并将其/home 目录指定为/var/ftp 下的 vuser。

② 变更 vuser 目录的所属用户和组，设置为 vuser 用户、vuser 组。

③ 当匿名账户登录时，会映射为系统账户，并登录/var/ftp/vuser 目录，但其并没有访问该目录的权限，需要为 vuser 目录的属主、属组以及其他用户和组添加读取和执行权限。

④ 使用 ls 命令，查看 vuser 目录的详细信息，系统账号主目录设置完毕。

4. 修改/etc/vsftpd/vsftpd.conf 文件

```
anonymous_enable=NO                                    ①
anon_upload_enable=NO
anon_mkdir_write_enable=NO
anon_other_write_enable=NO
local_enable=YES                                       ②
chroot_local_user=YES                                  ③
allow_writeable_chroot=YES
write_enable=NO                                        ④
guest_enable=YES                                       ⑤
guest_username=vuser                                   ⑥
listen=YES                                             ⑦
pam_service_name=vsftpd                                ⑧
```

上述标注序号的代码功能说明如下。

① 为了保证服务器的安全，关闭匿名访问，以及其他匿名相关设置。

② 虚拟账号会映射为服务器的系统账号，因此需要开启本地账号的支持。

③ 锁定账户的根目录。

④ 关闭用户的写入权限。

⑤ 开启虚拟账号访问功能。

⑥ 设置虚拟账号对应的系统账号为 vuser。

⑦ 设置 FTP 服务器为独立运行。

⑧ 配置 vsftp 服务使用的 PAM 模块为 vsftpd。

5. 防火墙放行，设置 SELinux 为允许，重启 vsftpd 服务

具体设置请参考第 10.3.4 节中的相关内容。

6. 在 client1 上测试

使用虚拟账号 user2、user3 登录 FTP 服务器，进行测试，会发现虚拟账号登录成功，并显示 FTP 服务器目录信息。

```
[root@client1 ~]# ftp 192.168.10.1
Connected to 192.168.10.1 (192.168.10.1).
220 (vsFTPd 3.0.2)
Name (192.168.10.1:root): user2
331 Please specify the password.
Password:
230 Login successful.
Remote system type is UNIX.
Using binary mode to transfer files.
ftp> ls                              //可以列示目录信息
227 Entering Passive Mode (192,168,10,1,31,79).
150 Here comes the directory listing.
-rwx---rwx    1 0          0              0 Jul 21 05:40 test.sample
226 Directory send OK.
ftp> cd /etc                         //不能更改主目录
```

```
550 Failed to change directory.
ftp> mkdir testuser1                    //仅能查看，不能写入
550 Permission denied.
ftp> quit
221 Goodbye.
```

7. 补充服务器端 vsftp 的主动模式和被动模式配置

（1）主动模式配置

```
Port_enable=YES                         //开启主动模式
Connect_from_port_20=YES                //当主动模式开启时，是否启用默认的 20 端口监听
Ftp_date_port=%portnumber%              //上一选项使用 NO 参数时指定数据传输端口
```

（2）被动模式配置

```
connect_from_port_20=NO
PASV_enable=YES                         //开启被动模式
PASV_min_port=%number%                  //被动模式最低端口
PASV_max_port=%number%                  //被动模式最高端口
```

10.4 FTP 服务故障排除

相比其他的服务而言，vsftp 服务的配置操作并不复杂，但也会因为管理员的疏忽造成客户端无法正常访问 FTP 服务器。本节将通过几个常见错误，介绍 vsftp 的排错方法。

1. 拒绝账户登录

当客户端使用 FTP 账号登录服务器时，提示"500 OOPS"错误。

接收到该错误提示信息，其实并不是 vsftpd.conf 配置文件设置有问题，重点是"cannot change directory"，即无法更改目录。造成这个错误主要有以下两个原因。

（1）目录权限设置错误

该错误一般在本地账户登录时发生，如果管理员在设置该账户主目录权限时忘记添加执行权限（X），那么就会收到该错误信息。FTP 服务器中的本地账号需要拥有目录的执行权限，可使用 chmod 命令添加"X"权限，保证用户能够浏览目录信息，否则拒绝登录。对于 FTP 服务器的虚拟账号，即使不具备目录的执行权限也可以登录 FTP 服务器，但会有其他错误提示。为了保证 FTP 用户的正常访问，应开启目录的执行权限。

（2）SELinux 设置

FTP 服务器开启了 SELinux 针对 FTP 数据传输的策略，也会造成无法更改目录的错误提示，如果目录权限设置正确，那么需要检查 SELinux 的配置。用户可以通过 setsebool 命令，禁用 SELinux 的 FTP 传输审核功能。

```
[root@server1 ~] # setsebool  -P  ftpd_disable_trans        1
```

2. 客户端连接 FTP 服务器超时

造成客户端访问服务器超时的原因，主要有以下几种情况。

（1）线路不通

使用 ping 命令测试网络连通性，如果出现"Request Timed Out"提示信息，那么说明客

户端与服务器的网络连接存在问题，应检查线路的故障。

（2）防火墙设置

如果防火墙屏蔽了 FTP 服务器控制端口 21 以及其他的数据端口，那么会造成客户端无法连接服务器，出现"超时"提示信息。需要设置防火墙开放 21 端口，并且，还应该开启主动模式的 20 端口，以及被动模式使用的端口范围，防止数据连接错误。

3. 账户登录失败

客户端登录 FTP 服务器时，还有可能会收到"登录失败"的提示信息。登录失败，实际上涉及身份验证以及其他一些登录设置。

（1）密码错误

需要保证登录密码的正确性，如果 FTP 服务器更新了密码设置，那么使用新密码重新登录。

（2）PAM 验证模块

当输入密码无误但仍然无法登录 FTP 服务器时，很有可能是 PAM 中 vsftpd 服务的配置文件设置错误造成的。PAM 的配置比较复杂，其中，auth 字段主要用于接收用户名和密码，进而对该用户的密码进行认证；account 字段主要用于检查账户是否被允许登录系统、账号是否已经过期，以及账号的登录是否有时间段的限制等。需要保证这两个字段配置的正确性，否则该账号将无法登录 FTP 服务器。事实上，大部分账号登录失败都是由这个错误造成的。

（3）用户目录权限

当 FTP 账号对于主目录没有任何权限时，也会收到"登录失败"的提示信息，根据该账号的用户身份，重新设置其主目录权限，重启 vsftpd 服务，使配置生效。

10.5 项目实训

10-2 配置与管理 FTP 服务器

1. 项目背景及要求

某企业的网络拓扑如图 10-3 所示。该企业想构建一台 FTP 服务器，为企业局域网中的计算机提供文件传输任务，为财务部、销售部和 OA 系统提供异地数据备份。要求能够对 FTP 服务器设置连接限制、日志记录、消息、验证客户端身份等属性，并能创建用户隔离的 FTP 站点。

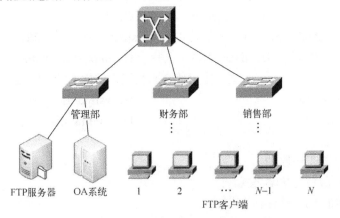

图 10-3 FTP 服务器搭建与配置网络拓扑

2．深度思考

在观看项目实训视频时思考以下几个问题。

1）如何使用 service vsftpd status 命令检查 vsftp 服务的安装状态？

2）FTP 权限和文件系统权限有何不同？如何进行设置？

3）为何不建议对根目录设置写入权限？

4）如何设置进入目录后的欢迎信息？

5）如何锁定 FTP 用户在其宿主目录中？

6）user_list 和 ftpusers 文件都存有用户名列表，如果一个用户同时存在于两个文件中，最终的执行结果是怎样的？

3．做一做

根据项目实训内容及视频，将项目完整地做一遍，检查学习效果。

10.6　练习题

一、填空题

1．FTP 服务就是＿＿＿＿服务，FTP 的英文全称是＿＿＿＿。

2．FTP 服务通过使用一个共同的用户名＿＿＿＿、密码不限的管理策略，让任何用户都可以很方便地从这些服务器上下载软件。

3．FTP 服务有两种工作模式：＿＿＿＿和＿＿＿＿。

4．FTP 命令的格式为：＿＿＿＿。

二、选择题

1．ftp 命令的哪个参数可以与指定的机器建立连接？（　　　）

　　A．connect　　　　　B．close　　　　　　C．cdup　　　　　　D．open

2．FTP 服务使用的端口是（　　　）。

　　A．21　　　　　　　B．23　　　　　　　　C．25　　　　　　　D．53

3．一次可以下载多个文件用（　　　）命令。

　　A．mget　　　　　　B．get　　　　　　　 C．put　　　　　　　D．mput

4．下面（　　　）不是 FTP 用户的类别。

　　A．real　　　　　　B．anonymous　　　　C．guest　　　　　　D．users

5．修改文件 vsftpd.conf 的（　　　）可以实现 vsftpd 服务独立启动。

　　A．listen=YES　　　B．listen=NO　　　　C．boot=standalone　D．#listen=YES

6．将用户加入以下（　　　）文件中可能会阻止用户访问 FTP 服务器。

　　A．vsftpd/ftpusers　　　　　　　　　　　B．vsftpd/user_list

　　C．ftpd/ftpusers　　　　　　　　　　　　D．ftpd/userlist

三、简答题

1．简述 FTP 的工作原理。

2．简述 FTP 服务的传输模式。

3．简述常用的 FTP 软件。

10.7 实践题

1．在 VMWare 虚拟机中启动一台 Linux 服务器作为 vsftpd 服务器，在该系统中添加用户 user1 和 user2。

（1）确保系统安装了 vsftpd 软件包。

（2）设置匿名账号具有上传、创建目录的权限。

（3）利用/etc/vsftpd/ftpusers 文件设置禁止本地 user1 用户登录 FTP 服务器。

（4）设置本地用户 user2 登录 FTP 服务器之后，在进入 dir 目录时显示提示信息"Welcome to user's dir!"。

（5）设置将所有本地用户都锁定在/home 目录中。

（6）设置只有在/etc/vsftpd/user_list 文件中指定的本地用户 user1 和 user2 可以访问 FTP 服务器，其他用户都不可以。

（7）配置基于主机的访问控制，实现如下功能。

① 拒绝 192.168.6.0/24 网段的主机访问。

② 对域 jnrp.net 和 192.168.2.0/24 内的主机不做连接数和最大传输速率限制。

③ 对其他主机的访问限制为每个 IP 地址的连接数为 2，最大传输速率为 500kbit/s。

2．建立仅允许本地用户访问的 vsftp 服务器，并完成以下任务。

（1）禁止匿名用户访问。

（2）建立 s1 和 s2 账号，并具有读取和写入权限。

（3）使用 chroot 命令限制 s1 和 s2 账号在/home 目录中。

第11章　配置与管理 Postfix 邮件服务器

背景

某高校组建了校园网，现需要在校园网中部署一台电子邮件服务器，用于公文发送和工作交流。利用基于 Linux 平台的 Postfix 邮件服务器既能满足需要，又能节省资金。

职业能力目标和要求

- 了解电子邮件服务的工作原理。
- 掌握 Postfix 服务器配置。
- 掌握 Dovecot 服务程序的配置。
- 掌握使用 Cyrus-SASL 实现 SMTP 认证。
- 掌握电子邮件服务器的测试。

11.1　相关知识

11.1.1　电子邮件服务概述

电子邮件（Electronic Mail，E-mail）服务是 Internet 最基本也是最重要的服务之一。

与传统邮件相比，电子邮件服务的优势在于传递迅速。如果采用传统的方式发送信件，发一封特快专递也需要至少一天的时间，而发一封电子邮件给远在他方的用户，通常来说，对方几秒钟之内就能收到。跟最常用的日常通信手段——电话系统相比，电子邮件在速度上虽然不占优势，但它不要求通信双方同时在场。由于电子邮件采用存储转发的方式发送邮件，发送邮件时并不需要收件人处于在线状态，收件人可以根据实际需要随时上网从邮件服务器上收取邮件，方便了信息的交流。

与现实生活中的邮件传递类似，每个用户必须有一个唯一的电子邮件地址。电子邮件地址的格式是 USER@SERVER.COM。它由三部分组成：第一部分为 USER，代表的用户邮箱账号，对于同一个邮件接收服务器来说，这个账号必须是唯一的；第二部分是分隔符@；第三部分为 SERVER.COM，是用户信箱的邮件接收服务器域名，用以标记其所在的位置。这样的一个电子邮件地址表明该用户在指定的计算机（邮件服务器）上有一块存储空间。Linux 邮件服务器上的邮件存储空间通常是位于/var/spool/mail 目录下的文件。

与常用的网络通信方式不同，电子邮件系统采用缓冲池（Spooling）技术处理传递的延迟。用户发送邮件时，邮件服务器将完整的邮件信息存放到缓冲区队列中，系统后台进程会在适当的时候将队列中的邮件发送出去。RFC822 定义了电子邮件的标准格式，它将一封电子邮件分成头部（Head）和正文（Body）两部分。邮件的头部包含邮件的发送方、接收方、发送日期、邮件主题等内容，而正文通常是要发送的信息。

11.1.2　电子邮件系统的组成

Linux 系统中的电子邮件系统包含 3 个组件：MUA（Mail User Agent，邮件用户代理）、MTA（Mail Transfer Agent，邮件传送代理）和 MDA（Mail Dilivery Agent，邮件投递代理）。

1．MUA

MUA 是电子邮件系统的客户端程序。它是用户与电子邮件系统的接口，主要负责邮件的发送和接收，以及邮件的撰写、阅读等工作。目前主流的邮件用户代理软件有基于 Windows 平台的 Outlook、Foxmail 和基于 Linux 平台的 mail、elm、pine、Evolution 等。

2．MTA

MTA 是电子邮件系统的服务器端程序。它主要负责邮件的存储和转发。最常用的 MTA 软件有基于 Windows 平台的 Exchange 和基于 Linux 平台的 Postfix、qmail 和 exim 等。

3．MDA

MDA 有时也称为 LDA（Local Dilivery Agent，本地投递代理）。MTA 把邮件投递到邮件接收者所在的邮件服务器，MDA 则负责把邮件按照接收者的用户名投递到邮箱中。

4．MUA、MTA 和 MDA 协同工作

总的来说，当使用 MUA 程序写信（如 elm、pine 或 mail）时，应用程序把邮件传给类似 Postfix 这样的 MTA 程序。如果邮件是寄给局域网或本地主机的，那么 MTA 程序应该从地址上就可以确定这个信息。如果信件是发给远程系统用户的，那么 MTA 程序必须能够选择路由，与远程邮件服务器建立连接并发送邮件。MTA 程序还必须能够处理发送邮件时产生的问题，并且能向发信人报告出错信息。例如，当邮件没有填写地址或收信人不存在时，MTA 程序要向发信人报错。MTA 程序还支持别名机制，使得用户能够方便地用不同的名字与其他用户、主机或网络通信。而 MDA 的作用主要是把接收者 MTA 收到的邮件信息投递到相应的邮箱中。

11.1.3　电子邮件传输过程

电子邮件与普通邮件有类似的地方，发信人注明收信人的姓名与地址（即邮件地址），发送方服务器把邮件传到收件方服务器，收信方服务器再把邮件发到收信人的邮箱中。图 11-1 解释了由新浪邮箱发往谷歌邮箱的过程。

图 11-1　电子邮件发送过程

以一封电子邮件的传递过程为例，其基本传输过程如下（见图 11-2）。

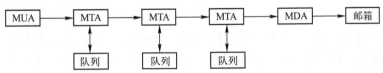

图 11-2　电子邮件传输过程

1）邮件用户在客户端使用 MUA 撰写邮件，并将写好的邮件提交给本地 MTA 上的缓冲区。

2）MTA 每隔一定时间发送一次缓冲区中的邮件队列。MTA 根据邮件的接收者地址，使用 DNS 服务器的 MX（Mail Exchanger，邮件交换器）资源记录解析邮件地址的域名部分，从而决定将邮件投递到哪一个目标主机。

3）目标主机上的 MTA 收到邮件以后，根据邮件地址中的用户名部分判断用户的邮箱，并使用 MDA 将邮件投递到该用户的邮箱中。

4）该邮件的接收者可以使用常用的 MUA 软件登录邮箱，查阅新邮件，并根据自己的需要进行相应的处理。

11.1.4 与电子邮件相关的协议

常用的与电子邮件相关的协议有 SMTP、POP3 和 IMAP4。

1. SMTP

SMTP（Simple Mail Transfer Protocol，简单邮件传输协议）默认工作在 TCP 的 25 端口。SMTP 属于客户端/服务器模型。它是一组用于由源地址到目的地址传送邮件的规则，由它来控制邮件的中转方式。SMTP 属于 TCP/IP 协议簇，它帮助每台计算机在发送或中转邮件时找到下一个目的地。通过 SMTP 所指定的服务器，就可以把电子邮件寄到收件人的服务器上了。SMTP 服务器则是遵循 SMTP 的发送邮件服务器，用来发送或中转发出的电子邮件。SMTP 仅能用来传输基本的文本信息，不支持字体、颜色、声音、图像等信息的传输。为了传输这些内容，目前在 Internet 中广为使用的是 MIME（Multipurpose Internet Mail Extension，多用途 Internet 邮件扩展）协议。MIME 协议弥补了 SMTP 的不足，解决了 SMTP 仅能传送 ASCII 码文本的限制。目前，SMTP 和 MIME 协议已经广泛应用于各种电子邮件系统中。

2. POP3

POP3（Post Office Protocol 3，邮局协议的第 3 个版本）默认工作在 TCP 的 110 端口。POP3 同样也属于客户端/服务器模型。它是规定怎样将个人计算机连接到 Internet 的邮件服务器和下载电子邮件的协议。它是 Internet 电子邮件的第一个离线协议标准。POP3 允许从服务器上把邮件存储到本地主机上，同时删除保存在邮件服务器上的邮件。遵循 POP3 来接收电子邮件的服务器就是 POP3 服务器。

3. IMAP4

IMAP4（Internet Message Access Protocol 4，Internet 信息访问协议的第 4 个版本）默认工作在 TCP 的 143 端口。它是用于从本地服务器上访问电子邮件的协议，也是一个客户端/服务器模型协议，用户的电子邮件由服务器负责接收保存，用户可以通过浏览邮件头来决定是否要下载此邮件。用户也可以在服务器上创建或更改文件夹或邮箱，删除邮件或检索邮件的特定部分。

注意：虽然 POP3 和 IMAP4 都用于处理电子邮件的接收，但两者在机制上却有所不同。在用户访问电子邮件时，IMAP4 需要持续访问邮件服务器，而 POP3 则是将邮件保存在服务器上，当用户阅读邮件时，所有内容都会被立即下载到用户的主机上。

11.1.5 邮件中继

前面讲解了整个邮件转发的流程，实际上，邮件服务器在接收到邮件以后，会根据邮件的目的地址判断该邮件是发送至本域还是外部，然后再分别进行不同的操作，常见的处理方法有以下两种。

1．本地邮件发送

当邮件服务器检测到邮件是发往本地邮箱时，如从 yun@smile.com 发送至 ph@smile.com，处理方法比较简单，会直接将邮件发往指定的邮箱。

2．邮件中继

中继是指要求用户的服务器向其他服务器传递邮件的一种请求。一个服务器处理的邮件只有两类，一类是外发的邮件，另一类是接收的邮件。前者是本域用户通过服务器向外部转发的邮件，后者是发给本域用户的。

一个服务器不应该处理过路的邮件，就是该邮件既不是用户发送的，也不是发给用户的，而是一个外部用户发给另一个外部用户的（这称为第三方中继）。如果是不需要经过验证就可以中继邮件到组织外，称为 OPEN RELAY（开放中继），"第三方中继"和"开放中继"是要禁止的，但中继是不能关闭的。

由服务器提交的 OPEN RELAY 不是从客户端直接提交的。例如，域 A 通过服务器 B（属于 B 域）中转邮件到 C 域。这时在服务器 B 上看到的是连接请求来源于 A 域的服务器（不是客户），而邮件既不是服务器 B 所在域用户提交的，也不是发往 B 域的，这就属于第三方中继。如果用户通过直接连接用户的服务器发送邮件，这是无法阻止的，如群发软件。但如果关闭了 OPEN RELAY，那么他只能发送邮件到组织内用户，无法将邮件中继出组织。

3．邮件认证机制

如果关闭了 OPEN RELAY，那么必须是该组织成员通过验证后才可以提交中继请求。也就是说，用户要发邮件到组织外，一定要经过验证。要注意的是不能关闭中继，否则邮件系统只能在组织内使用。邮件认证机制要求用户在发送邮件时必须提交账号及密码，邮件服务器验证该用户属于该域合法用户后才允许转发邮件。

11.2 项目设计及准备

11.2.1 项目设计

本项目选择企业版 Linux 网络操作系统提供的电子邮件系统 Postfix 来部署电子邮件服务，利用 Windows 7 的 Outlook 程序来收发邮件。

11.2.2 项目准备

部署电子邮件服务应满足下列需求。

1）安装企业版 Linux 网络操作系统，并且必须保证 Apache 服务和 perl 语言解释器正常工作。客户端使用 Linux 和 Windows 网络操作系统。服务器和客户端能够通过网络进行通信。

2）手工配置电子邮件服务器的 IP 地址、子网掩码等 TCP/IP 参数。

3）电子邮件服务器应拥有一个友好的 DNS 名称，并且应能够被正常解析，且具有电子邮件服务所需要的 MX 资源记录。

4）创建任何电子邮件域之前，规划并设置好 POP3 服务器的身份验证方法。

计算机的配置信息如表 11-1 所示（可以使用 VMware Workstation 的克隆技术快速安装 Linux 客户端）。

表 11-1   Linux 服务器和客户端的配置信息

主 机 名 称	操 作 系 统	IP 地址	角 色
server1	CentOS 7.6	192.168.10.1	DNS 服务器、Postfix 邮件服务器；VMnet1
client1	CentOS 7.6	IP:192.168.10.20 DNS:192.168.10.1	邮件测试客户端；VMnet1
Win7-1	Windows 7	IP:192.168.10.50 DNS:192.168.10.1	邮件测试客户端；VMnet1

11.3   项目实施

11.3.1   配置 Postfix 常规服务器

在 RHEL 5、RHEL 6 以及诸多早期的 Linux 系统中，默认使用的发件服务是由 Sendmail 服务程序提供的，而在 CentOS 7.6 系统中已经替换为 Postfix 服务程序。相较于 Sendmail 服务程序，Postfix 服务程序减少了很多不必要的配置步骤，而且在稳定性、并发性方面也有很大改进。

如果想要成功地架设 Postfix 服务器，除了需要理解其工作原理外，还需要清楚整个设置流程，以及在整个流程中每一步的作用。一个简易 Postfix 服务器设置流程主要包括以下几个步骤：配置 DNS、配置 Postfix 服务程序、配置 Dovecot 服务程序、创建电子邮件系统的登录账户、启动 Postfix 服务器、测试电子邮件系统。

1．安装 BIND 和 Postfix 服务

```
[root@server1 ~]# rpm -q postfix
[root@server1 ~]# mkdir /iso
[root@server1 ~]# mount /dev/cdrom /iso
[root@server1 ~]# yum clean all                        //安装前先清除缓存
[root@server1 ~]# yum install bind postfix -y
[root@server1 ~]# rpm –qa|grep postfix                 //检查安装组件是否成功
```

2．设置 SELinux 和防火墙

设置 SELinux 有关的布尔值为真，在防火墙中开启 DNS、SMTP 服务。重启服务，并设置为开机自启动。

```
[root@server1 ~]# setsebool  -P  allow_postfix_local_write_mail_spool  on
[root@server1 ~]# systemctl restart postfix
[root@server1 ~]# systemctl restart named
[root@server1 ~]# systemctl enable named
```

```
[root@server1 ~]# systemctl enable postfix
[root@server1 ~]# firewall-cmd --permanent --add-service=dns
[root@server1 ~]# firewall-cmd --permanent --add-service=smtp
[root@server1 ~]# firewall-cmd --reload
```

3. 修改 Postfix 服务程序主配置文件

Postfix 服务程序的主配置文件为/etc/ postfix/main.cf，它包含 679 行左右的内容，主要的配置参数如表 11-2 所示。

表 11-2　Postfix 服务程序主配置文件中的主要参数

参　　　数	作　　　用
myhostname	邮件系统的主机名
mydomain	邮件系统的域名
myorigin	从本机发出邮件的域名名称
inet_interfaces	监听的网卡接口
mydestination	可接收邮件的主机名或域名
mynetworks	设置可转发哪些主机的邮件
relay_domains	设置可转发哪些网域的邮件

在 Postfix 服务程序的主配置文件中，总共需要修改 5 处。

1）在约第 76 行定义一个名为 myhostname 的变量，用来保存服务器的主机名称。

　　myhostname = mail.long.com

2）在约第 83 行定义一个名为 mydomain 的变量，用来保存邮件域的名称。（后面也要调用这个变量）

　　mydomain = long.com

3）在约第 99 行调用前面的 mydomain 变量，用来定义发出邮件的域。调用变量的好处是避免重复写入信息，以及便于日后统一修改。

　　myorigin = $mydomain

4）在约第 116 行定义网卡监听地址。可以指定要使用服务器的哪些 IP 地址对外提供电子邮件服务；也可以直接写成 all，代表所有 IP 地址都能提供电子邮件服务。

　　inet_interfaces = all

5）在约第 164 行定义可接收邮件的主机名或域名列表。这里可以直接调用前面定义好的 myhostname 和 mydomain 变量（如果不想调用变量，也可以直接调用变量中的值）。

　　mydestination = $myhostname , $mydomain,localhost

4. 别名和群发设置

用户别名是经常用到的一个功能。顾名思义，别名就是给用户起另外一个名字。例如，若给用户 A 起别名 B，则以后发给 B 的邮件实际是 A 用户来接收。使用别名的原因主要有两个。第一，root 用户无法收发邮件，如果有发给 root 用户的邮件必须为 root 用户建立别名。第二，群发设置需要用到这个功能。企业内部在使用邮件服务的时候，经常会按照部门群发邮件，发给财务部的邮件只有财务部的用户才会收到，其他部门的用户无法收到。

如果要使用别名功能，首先需要在/etc 目录下创建文件 aliases。然后编辑文件内容，格式如下。

```
alias: recipient[,recipient,…]
```

其中，alias 为邮件地址中的用户名（别名），而 recipient 是实际接收该邮件的用户。下面通过几个例子来说明用户别名的设置方法。

【例 11-1】 为 user1 账号设置别名 zhangsan，为 user2 账号设置别名 lisi。

```
 [root@server1 ~]# vim    /etc/aliases
//添加下面两行：
zhangsan: user1
lisi: user2
```

【例 11-2】 假设网络组的每位成员在本地 Linux 系统中都拥有一个真实的电子邮件账户，现在要给网络组的所有成员发送一封内容相同的电子邮件。可以使用用户别名机制中的邮件列表功能实现。

```
[root@server1 ~]# vim    /etc/aliases
network_group: net1,net2,net3,net4
```

这样，通过给 network_group 发送邮件就可以实现给网络组中的 net1、net2、net3 和 net4 都发送了一封同样的邮件。

在设置过 aliases 文件后，还要使用 newaliases 命令生成 aliases.db 数据库文件。

```
[root@server1 ~]# newaliases
```

5. 利用 Access 文件设置邮件中继

Access 文件用于控制邮件中继和邮件的进出管理。可以利用 Access 文件来限制只有哪些客户端才可以使用此邮件服务器来转发邮件。例如，限制某个域的客户端拒绝转发邮件，也可以限制只有某个网段的客户端才可以转发邮件。Access 文件的内容会以列表形式体现出来。其格式如下。

```
对象    处理方式
```

对象和处理方式的表现形式并不单一，每一行都包含对象和对它们的处理方式。下面对常见的对象和处理方式的类型进行简单介绍。

Access 文件中的每一行都具有一个对象和一种处理方式，需要根据环境需要对两者进行组合。

Access 文件的默认设置是允许来自本地的客户端使用邮件服务器收发邮件。通过修改 Access 文件，可以设置邮件服务器对电子邮件的转发行为，但是配置后必须使用 postmap 命令建立新的 access.db 数据库。

【例 11-3】 允许 192.168.0.0/24 网段和 long.com 域的客户端自由收发邮件，但拒绝 clm.long.com 域，及除 192.168.2.100 以外的 192.168.2.0/24 网段的所有客户端。

```
[root@server1 ~]#   vim    /etc/postfix/access
192.168.0                                    OK
.long.com                                    OK
clm.long.com                                 REJECT
192.168.2.100                                OK
192.168.2                                    OK
```

还需要在/etc/postfix/main.cf 配置文件中增加以下内容。

smtpd_client_restrictions = check_client_access hash:/etc/postfix/access

特别注意：只有增加这一行访问控制的过滤规则（access）才生效。

最后使用 postmap 命令生成新的 access.db 数据库。

```
[root@server1 postfix]# postmap    hash:/etc/postfix/access
[root@server1 postfix]# ls -l /etc/postfix/access*
-rw-r--r--. 1 root root 20986 Aug    4 18:53 /etc/postfix/access
-rw-r--r--. 1 root root 12288 Aug    4 18:55 /etc/postfix/access.db
```

6. 设置邮箱容量

（1）设置用户邮件的大小限制

编辑/etc/postfix/main.cf 配置文件，限制发送的邮件大小最大为 5MB。在文件中添加以下内容。

message_size_limit=5000000

（2）通过磁盘配额限制用户邮箱空间

1）使用"df -hT"命令查看邮件目录挂载信息，如图 11-3 所示。

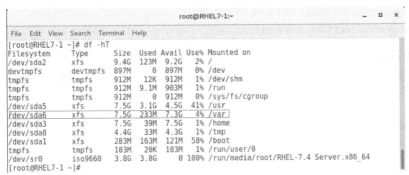

图 11-3　查看邮件目录挂载信息

2）使用 vim 编辑器修改/etc/fstab 文件，如图 11-4 所示（一定要保证/var 是单独的 xfs 分区，在本书第 1 章中的硬盘分区中已经考虑了独立分区的问题，这样保证了本实训项目的正常进行。）。

从图 11-3 可以看出，/var 已经自动挂载了。

3）由于 sda2 分区格式为 xfs，默认自动开启磁盘配额功能。其主要有两个参数，分别为 usrquota 和 grpquota。

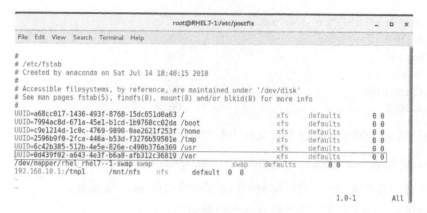

图 11-4 /etc/fstab 文件

usrquota 为用户的配额参数，grpquota 为组的配额参数。设置完成后保存并退出，重新启动邮件服务器，使操作系统按照新的参数挂载文件系统。

```
[root@server1 ~]# mount
…
debugfs on /sys/kernel/debug type debugfs (rw,relatime)
nfsd on /proc/fs/nfsd type nfsd (rw,relatime)
/dev/sda6 on /var type xfs (rw,relatime,seclabel,attr2,inode64,usrquota,grpquota)
/dev/sda3 on /home type xfs (rw,relatime,seclabel,attr2,inode64,noquota)
/dev/sda8 on /tmp type xfs (rw,relatime,seclabel,attr2,inode64,noquota)
/dev/sda1 on /boot type xfs (rw,relatime,seclabel,attr2,inode64,noquota)
…
[root@server1 ~]# quotaon -p /var
group quota on /var (/dev/sda6) is on
user quota on /var (/dev/sda6) is on
```

4）设置磁盘配额。

下面为用户和组配置详细的配额限制。使用 edquota 命令进行磁盘配额的设置，命令格式如下。

```
edquota     -u    用户名
```

或者

```
edquota     -g    组名
```

为用户 bob 配置磁盘配额限制，执行 edquota 命令，打开用户配额编辑文件，如下所示（bob 用户一定是已存在的 Linux 系统用户）。

```
[root@server1 ~]# edquota    -u    bob
Disk quotas for user bob (uid 1015):
```

Filesystem	blocks	soft	hard	inodes	soft	hard
/dev/sda6	0	0	0	1	0	0

磁盘配额参数的含义如表 11-3 所示。

表 11-3　磁盘配额参数

列　　名	解　　释
Filesystem	文件系统的名称
blocks	用户当前使用的块数（磁盘空间），单位为 KB
soft	可以使用的最大磁盘空间。可以在一段时期内超过软限制规定
hard	可以使用的磁盘空间的绝对最大值。达到了该限制后，操作系统将不再为用户或组分配磁盘空间
inodes	用户当前使用的 inode 节点数量（文件数）
soft	可以使用的最大文件数。可以在一段时期内超过软限制规定
hard	可以使用的文件数的绝对最大值。达到了该限制后，用户或组将不能再建立文件

设置磁盘空间或文件数限制，需要修改对应的 soft 和 hard 值，而不要修改 blocks 和 inodes 值，因为操作系统会根据当前磁盘的使用状态自动设置这两个字段的值。

如果 soft 或 hard 值设置为 0，则表示没有限制。在此将磁盘空间的硬限制设置为 100MB。

```
[root@server1 ~]# edquota    -u    bob
Disk quotas for user bob (uid 1015):
  Filesystem            blocks        soft        hard        inodes        soft        hard
  /dev/sda6                  0           0      100000             1           0           0
```

5）编辑/etc/postfix/main.cf 配置文件，删除以下语句，将邮件发送大小限制去掉。

```
message_size_limit=5000000
```

11.3.2　配置 Dovecot 服务程序

在 Postfix 服务器 server1 上进行基本配置以后，邮件服务器就可以完成邮件的发送任务，但是如果需要使用 POP3 和 IMAP 协议接收邮件，还需要安装 Dovecot 服务程序软件包。

1. 安装 Dovecot 服务程序软件包

1）安装 POP3 和 IMAP。

```
[root@server1 ~]# yum install dovecot -y
[root@server1 ~]# rpm -qa |grep dovecot
dovecot-2.2.10-8.el7.x86_64
```

2）启动 POP3 服务，同时开放 POP3 和 IMAP 对应的 TCP 端口 110 和 143。

```
[root@server1 ~]# systemctl restart    dovecot
[root@server1 ~]# systemctl enable    dovecot
[root@server1 ~]# firewall-cmd --permanent --add-port=110/tcp
[root@server1 ~]# firewall-cmd --permanent --add-port=25/tcp
[root@server1 ~]# firewall-cmd --permanent --add-port=143/tcp
[root@server1 ~]# firewall-cmd --reload
```

3）测试。

使用 netstat 命令测试是否开启 POP3 的 110 端口和 IMAP 的 143 端口。

```
[root@server1 ~]#netstat    -an|grep    :110
tcp       0       0 0.0.0.0:110              0.0.0.0:*                LISTEN
tcp6      0       0 :::110                   :::*                     LISTEN
udp       0       0 0.0.0.0:41100            0.0.0.0:*
[root@server1 ~]#netstat    -an|grep    :143
tcp       0       0 0.0.0.0:143              0.0.0.0:*                LISTEN
tcp6      0       0 :::143                   :::*                     LISTEN
```

如果显示 110 和 143 端口开启，则表示 POP3 以及 IMAP 服务已经可以正常工作。

2. 修改 Dovecot 服务程序主配置文件

在 Dovecot 服务程序的主配置文件中进行如下修改。

1）在约第 24 行把 Dovecot 服务程序支持的电子邮件协议修改为 imap、pop3 和 lmtp。不修改也可以，默认就是这些协议。

```
[root@server1    ~]#    vim /etc/dovecot/dovecot.conf
protocols = imap pop3 lmtp
```

2）在约第 48 行设置允许登录的网段地址，也就是说，可以在这里限制只有来自于某个网段的用户才能使用电子邮件系统。如果想允许所有人都能使用，修改参数如下。

```
login_trusted_networks = 0.0.0.0/0
```

也可修改为某网段，如 192.168.10.0/24。

注意：本字段一定要启用，否则在连接 Telnet 使用 25 号端口收邮件时会出现 "-ERR [AUTH] Plaintext authentication disallowed on non-secure (SSL/TLS) connections." 错误提示信息。

3. 配置邮件格式与存储路径

在 Dovecot 服务程序单独的子配置文件中定义一个路径，指定要将收到的邮件存放到服务器本地的哪个位置。这个路径默认已经定义好了，只需要将该配置文件中第 24 行前面的井号（#）删除即可。

```
[root@server1 ~]# vim /etc/dovecot/conf.d/10-mail.conf
mail_location = mbox:~/mail:INBOX=/var/mail/%u
```

4. 创建用户，建立保存邮件的目录

以创建 user1 和 user2 为例。创建用户完成后，建立相应用户保存邮件的目录（这一步是必需的，否则会出错）。至此，已完成对 Dovecot 服务程序的配置。

```
[root@server1 ~]# useradd user1
[root@server1 ~]# useradd user2
[root@server1 ~]# passwd user1
[root@server1 ~]# passwd user2
[root@server1 ~]# mkdir -p /home/user1/mail/.imap/INBOX
[root@server1 ~]# mkdir -p /home/user2/mail/.imap/INBOX
```

11.3.3 配置一个完整的收发邮件服务器并测试

【例 11-4】 Postfix 电子邮件服务器和 DNS 服务器的地址为 192.168.10.1，利用 telnet 命令完成邮件地址为 user1@long.com 的用户向邮件地址为 user2@long.com 的用户发送主题为 "The first mail: user1 TO user2" 的邮件，同时使用 telnet 命令从 IP 地址为 192.168.10.1 的 POP3 服务器接收电子邮件。具体过程如下。

1. 使用 telnet 命令登录服务器，并发送邮件

当 Postfix 服务器搭建好之后，应该尽可能快地保证服务器能正常使用，一种快速有效的测试方法是使用 telnet 命令直接登录服务器的 25 端口，并收发邮件以及对邮件服务器进行测试。

在测试之前，要确保 Telnet 的服务器端软件和客户端软件已经安装（分别在 server1 和 client1 上安装）。

1）依次安装 Telnet 所需软件包。

```
[root@client1 ~]# rpm -qa|grep telnet
[root@client1 ~]# yum install telnet-server -y        //安装 Telnet 服务器软件
[root@client1 ~]# yum install telnet -y               //安装 Telnet 客户端软件
[root@client1 ~]# rpm –qa|grep telnet                 //检查安装组件是否成功
telnet-server-0.17-64.el7.x86_64
telnet-0.17-64.el7.x86_64
```

2）让防火墙放行。

```
[root@client1 ~]# firewall-cmd --permanent --add-service=telnet
[root@client1 ~]# firewall-cmd –reload
```

3）创建用户 user1 和 user2。

4）配置 DNS 服务器，并设置虚拟域的 MX 资源记录。

① 修改 DNS 服务的主配置文件，添加 long.com 域的区域声明（options 字段部分省略，按常规配置即可，完全的配置文件见本书配套资源）。

```
[root@server1 ~]# vim /etc/named.conf
zone "long.com" IN {
        type master;
        file "long.com.zone";   };
#include "/etc/named.zones";      //将本条语句注释掉，因为本例在 named.conf 中直接写入域的声
                                  //明，也就是将 named.conf 和 named.zones 合二为一
zone "10.168.192.in-addr.arpa" IN {
        type              master;
        file              "1.10.168.192.zone";
    };
```

② 编辑 long.com 区域的正向解析数据库文件。

```
[root@server1 ~]# vim /var/named/long.com.zone
$TTL 1D
@        IN SOA   long.com.   root.long.com. (
```

```
                              2013120800              ; serial
                              1D                      ; refresh
                              1H                      ; retry
                              1W                      ; expire
                              3H )                    ; minimum

@                    IN       NS              dns.long.com.
@                    IN       MX      10      mail.long.com.
dns                  IN       A               192.168.10.1
mail                 IN       A               192.168.10.1
smtp                 IN       A               192.168.10.1
pop3                 IN       A               192.168.10.1
```

③ 编辑 long.com 区域的反向解析数据库文件。

```
$TTL 1D
@          IN SOA    @     root.long.com. (
                                   0                  ; serial
                                   1D                 ; refresh
                                   1H                 ; retry
                                   1W                 ; expire
                                   3H )               ; minimum

@                    IN       NS              dns.long.com.
@                    IN       MX      10      mail.long.com.

1                    IN       PTR             dns.long.com.
1                    IN       PTR             mail.long.com.
1                    IN       PTR             smtp.long.com.
1                    IN       PTR             pop3.long.com.
```

④ 重新启动 DNS 服务，使配置生效。

```
[root@server1 ~]# systemctl restart named
[root@server1 ~]# systemctl enable named
```

5）在 client1 上测试 DNS 服务是否正常。

```
[root@client1 ~]# vim /etc/resolv.conf
nameserver 192.168.10.1
 [root@client1 ~]# nslookup
> set type=MX
> long.com
Server:          192.168.10.1
Address:       192.168.10.1#53

long.com    mail exchanger = 10 mail.long.com.
> exit
```

6）修改配置文件。

① 修改/etc/postfix/main.cf 配置文件。

```
[root@server1 ~]# vim /etc/postfix/main.cf
myhostname = mail.long.com
mydomain = long.com
myorigin = $mydomain
inet_interfaces = all
mydestination = $myhostname , $mydomain,localhost
```

② 修改 dovecot.conf 配置文件。

```
[root@server1   ~]# vim/etc/dovecot/dovecot.conf
protocols = imap pop3 lmtp
login_trusted_networks = 0.0.0.0/0
```

③ 配置邮件格式和路径，建立邮件目录。

```
[root@server1 ~]# vim /etc/dovecot/conf.d/10-mail.conf
mail_location = mbox:~/mail:INBOX=/var/mail/%u
[root@server1 ~]# useradd user1
[root@server1 ~]# useradd user2
[root@server1 ~]# passwd user1
[root@server1 ~]# passwd user2
[root@server1 ~]# mkdir -p /home/user1/mail/.imap/INBOX
[root@server1 ~]# mkdir -p /home/user2/mail/.imap/INBOX
```

7）启动服务，配置防火墙等。保证开放了 TCP 的 25、110、143 端口。

```
[root@server1 ~]# setsebool  -P  allow_postfix_local_write_mail_spool  on
[root@server1 ~]# systemctl restart postfix
[root@server1 ~]# systemctl enable postfix
[root@server1 ~]# firewall-cmd --permanent --add-service=dns
[root@server1 ~]# firewall-cmd --permanent --add-service=smtp
```

8）使用 telnet 命令发送邮件（在 client1 客户端测试，确保 DNS 服务器的 IP 地址设置为 192.168.10.1）。

```
[root@client1 ~]# mount /dev/cdrom /iso
[root@client1 ~]# yum install telnet -y
[root@client1 ~]# telnet 192.168.10.1 25        //利用 telnet 命令连接邮件服务器的 25 端口
Trying 192.168.10.1...
Connected to 192.168.10.1.
Escape character is '^]'.
220 mail.long.com ESMTP Postfix
helo long.com                        //利用 helo 命令向邮件服务器表明身份，注意，不是 hello
250 mail.long.com
mail from:"test"user1@long.com
//设置邮件标题以及发件人地址。其中邮件标题为 test，发件人地址为 client1@smile.com
250 2.1.0 Ok
```

rcpt to:user2@long.com	//利用 rcpt to 命令输入收件人的邮件地址
250 2.1.5 Ok	
data	//data 表示要开始写邮件内容了。当输入完 data 命令
	//后，会提示以一个单行的 "." 结束邮件
354 End data with <CR><LF>.<CR><LF>	
The first mail：user1 TO user2	//邮件内容
.	// "." 表示结束邮件内容。千万不要忘记输入 "."
250 2.0.0 Ok: queued as 456EF25F	
quit	//退出 telnet 命令
221 2.0.0 Bye	
Connection closed by foreign host.	

从上面的内容可以看出，每当输入完命令后，服务器总会回应一个数字代码。熟知这些代码的含义对于判断服务器的错误是很有帮助的。下面介绍常见的邮件回应代码及其含义，如表 11-4 所示。

表 11-4　常见的邮件回应代码

回 应 代 码	说　　　明
220	表示 SMTP 服务器开始提供服务
250	表示命令执行完毕，回应正确
354	可以开始输入邮件内容，并以 "." 结束
500	表示 SMTP 语法错误，无法执行命令
501	表示命令参数或引述的语法错误
502	表示不支持该命令

2. 利用 telnet 命令接收电子邮件

[root@client11 ~]# telnet 192.168.10.1 110	//利用 telnet 命令连接邮件服务器的 110 端口
Trying 192.168.10.1...	
Connected to 192.168.10.1.	
Escape character is '^]'.	
+OK Dovecot ready.	
user user2	//利用 user 命令输入用户的用户名为 user2
+OK	
pass 123	//利用 pass 命令输入 user2 账户的密码为 123
+OK Logged in.	
list	//利用 list 命令获得 user2 账户邮箱中各邮件的编号
+OK 1 messages:	
1 291	
.	
retr 1	//利用 retr 命令收取邮件编号为 1 的邮件信息，下面各行为邮件信息
+OK 291 octets	
Return-Path: <user1@long.com>	
X-Original-To: user2@long.com	
Delivered-To: user2@long.com	

Received: from long.com (unknown [192.168.10.20])
        by mail.long.com (Postfix) with SMTP id EF4AD25F
        for <user2@long.com>; Sat，4 Aug 2018 22:33:23 +0800 (CST)

The first mail：user1 TO user2
.
quit   //退出 telnet 命令
+OK Logging out.
Connection closed by foreign host.

telnet 命令有以下子命令可以使用，其格式及参数说明如下。

- stat 命令不带参数。对于此命令，POP3 服务器会响应一个正确应答。此响应为一个单行的信息提示，它以"+OK"开头，接着是两个数字，第一个数字是邮件数目，第二个数字是邮件的大小，如"+OK 4 1603"。
- list 命令的格式为"list [n]"。参数 n 可选，该参数是一个数字，表示邮件在邮箱中的编号。可以利用不带参数的 list 命令获得各邮件的编号，每一封邮件均用一行显示，前面的数字为邮件的编号，后面的数字为邮件的大小。
- uidl 命令的格式和用途与 list 命令差不多，只不过 uidl 命令显示的邮件信息比 list 命令显示的邮件信息更详细、更具体。
- retr 命令的格式为"retr n"，它是收邮件中最重要的一个命令。retr 命令的作用是查看邮件的内容，其参数不可省略。该命令执行之后，服务器应答的信息比较长，其中包括发信人的电子邮箱地址、发送时间、邮件主题等，这些信息统称为邮件头，紧接在邮件头之后的信息便是邮件正文。
- dele 命令的格式为"dele n"，它是用来删除指定邮件的命令。注意，dele 命令只是给邮件做删除标记，只有在执行 quit 命令之后，邮件才会真正删除。
- top 命令有两个参数，格式为"top n m"。其中，n 为邮件编号；m 是要读出邮件正文的行数，如果 m=0，则只读出邮件的邮件头部分。
- noop 命令不带参数，该命令发出后，POP3 服务器不做任何事，仅返回一个正确响应"+OK"。
- quit 命令不带参数，该命令发出后，Telnet 断开与服务器的连接，系统进入更新状态。

3．用户邮件目录/var/spool/mail

可以在邮件服务器 server1 上进行用户邮件的查看，这可以确保邮件服务器已经在正常工作了。Postfix 服务器在/var/spool/mail 目录中为每个用户分别建立单独的文件以存放每个用户的邮件。这些文件的名字和用户名是相同的。例如，邮件用户 user1@long.com 的文件是 user1。

    [root@server1 ~]# ls   /var/spool/mail
    user1   user2   root

4．邮件队列

邮件服务器配置成功后，就能够为用户提供邮件的发送服务了，但如果接收这些邮件的服务器出现问题，或者因为其他原因导致邮件无法安全地到达目的地，而发送的 SMTP 服务器又没有保存邮件，这样这封邮件就可能会"失踪"。不论是谁，都不愿意看到这样的情况出现，所以 Postfix 服务器采用了邮件队列来保存这些发送不成功的邮件，而且，服务器会每隔一段时间重新发送这些邮件。可以通过 mailq 命令来查看邮件队列的内容。

```
[root@server1 ~]# mailq
```

其显示内容各列说明如下。

- Q-ID 表示此封邮件队列的编号（ID）。
- Size 表示邮件的大小。
- Q-Time 表示邮件进入/var/spool/mqueue 目录的时间，并且说明无法立即传送出去的原因。
- Sender/Recipient 表示发信人和收信人的邮件地址。

如果邮件队列中有大量的邮件，应检查邮件服务器是否设置不当，或者是否被当成转发邮件服务器。

11.3.4　使用 Cyrus-SASL 实现 SMTP 认证

无论是本地域内的不同用户还是本地域与远程域的用户，要实现邮件通信都要求邮件服务器开启邮件的转发功能。为了避免邮件服务器成为各类广告与垃圾邮件的中转站和集结地，对转发邮件的客户端进行身份认证（用户名和密码验证）是非常必要的。SMTP 认证机制常通过 Cryus-SASL 包来实现。

【例 11-5】　建立一个能够实现 SMTP 认证的服务器，邮件服务器和 DNS 服务器的 IP 地址是 192.168.10.1，客户端 client1 的 IP 地址是 192.168.10.20，系统用户是 user1 和 user2，DNS 服务器的配置沿用例 11-4。其具体配置步骤如下。

11-1　使用 Cyrus-SASL 实现 SMTP 认证

1.　编辑认证配置文件

1）安装 Cyrus-SASL 软件。

```
[root@server1 ~]# yum install cyrus-sasl -y
```

2）查看、选择、启动和测试所选的密码验证方式。

```
[root@server1 ~]# saslauthd   -v                           //查看支持的密码验证方法
saslauthd 2.1.26
authentication mechanisms: getpwent kerberos5 pam rimap shadow ldap httpform
[root@mail ~]# vim   /etc/sysconfig/saslauthd              //将密码认证机制修改为 shadow
…
MECH=shadow          //指定对用户及密码的验证方式，由 pam 改为 shadow，本地用户认证
…
[root@server1 ~]# ps aux | grep saslauthd                 //查看 saslauthd 进程是否已经运行
root  5253  0.0  0.0 112664   972 pts/0    S+   16:15   0:00 grep --color=auto saslauthd
//开启 SELinux 允许 saslauthd 程序读取/etc/shadow 文件
[root@server1 ~]# setsebool  -P   allow_saslauthd_read_shadow   on
[root@server1 ~]# testsaslauthd  -u user1  -p  '123'      //测试 saslauthd 的认证功能
```

```
0:OK  "Success."                                      //表示 saslauthd 的认证功能已起作用
```

3）编辑 smtpd.conf 文件，使 Cyrus-SASL 支持 SMTP 认证。

```
[root@server1 ~]# vim   /etc/sasl2/smtpd.conf
pwcheck_method: saslauthd
mech_list: plain   login
log_level: 3                                          //记录 log 的模式
saslauthd_path:/run/saslauthd/mux                     //设置 SMTP 寻找 cyrus-sasl 的路径
```

2．编辑 main.cf 文件，使 Postfix 支持 SMTP 认证

1）默认情况下，Postfix 并没有启用 SMTP 认证机制。要让 Postfix 启用 SMTP 认证，就必须在 main.cf 文件中添加如下配置行。

```
[root@server1 ~]# vim   /etc/postfix/main.cf
smtpd_sasl_auth_enable = yes                          //启用 SASL 作为 SMTP 认证
smtpd_sasl_security_options = noanonymous             //禁止采用匿名登录方式
broken_sasl_auth_clients = yes                        //兼容早期非标准的 SMTP 认证协议，如 OE4.x
smtpd_recipient_restrictions = permit_sasl_authenticated, reject_unauth_destination
                                                      //认证网络允许，没有认证的拒绝
```

最后一句设置基于收件人地址的过滤规则，允许通过了 SASL 认证的用户向外发送邮件，拒绝不是发往默认转发和默认接收的连接。

2）重新载入 Postfix 服务，使配置文件生效（防火墙、端口、SELinux 的设置同第 11.3.1 节）。

```
[root@server1 ~]# postfix check
[root@server1 ~]# postfix   reload
[root@server1 ~]# systemctl   restart   saslauthd
[root@server1 ~]# systemctl   enable   saslauthd
```

3．测试普通发信验证

```
[root@client1 ~]# telnet mail.long.com 25
Trying 192.168.10.1...
Connected to mail.long.com.
Escape character is '^]'.
helo long.com
220 mail.long.com ESMTP Postfix
250 mail.long.com
mail from:user1@long.com
250 2.1.0 Ok
rcpt to:68433059@qq.com
554 5.7.1 <68433059@qq.com>: Relay access denied      //未认证，所以拒绝访问，发送失败
```

4．字符终端测试 Postfix 的 SMTP 认证（使用域名来测试）

1）由于前面采用的用户身份认证方式不是明文方式，因此首先要使用 printf 命令计算出用户名和密码的相应编码。

```
[root@server1 ~]# printf "user1" | openssl base64                    //用户名 user1 的 BASE64 编码
dXNlcjE=
[root@server1 ~]# printf "123" | openssl base64                      //密码 123 的 BASE64 编码
MTIz
```

2）字符终端测试认证发信。

```
[root@client1 ~]# telnet 192.168.10.1 25
Trying 192.168.10.1...
Connected to 192.168.10.1.
Escape character is '^]'.
220 mail.long.com ESMTP Postfix
ehlo localhost                                //告知客户端地址
250-mail.long.com
250-PIPELINING
250-SIZE 10240000
250-VRFY
250-ETRN
250-AUTH PLAIN LOGIN
250-AUTH=PLAIN LOGIN
250-ENHANCEDSTATUSCODES
250-8BITMIME
250 DSN
auth login                                    //声明开始进行 SMTP 认证登录
334 VXNlcm5hbWU6                              // "Username:" 的 BASE64 编码
dXNlcjE=                                      //输入 user1 用户名对应的 BASE64 编码
334 UGFzc3dvcmQ6
MTIz                                          //用户密码 123 的 BASE64 编码
235 2.7.0 Authentication successful           //通过了身份认证
mail from:user1@long.com
250 2.1.0 Ok
rcpt to:68433059@qq.com
250 2.1.5 Ok
data
354 End data with <CR><LF>.<CR><LF>
This a test mail!
.
250 2.0.0 Ok: queued as 5D1F9911             //经过身份认证后发信成功
quit
221 2.0.0 Bye
Connection closed by foreign host.
```

5．在客户端启用认证支持

当服务器启用认证机制后，客户端也需要启用认证支持。以 Outlook 2010 为例，在图 11-5 的所示的对话框中一定要勾选 "我的发送服务器（SMTP）要求验证" 复选框，否则不能向其他邮件域的用户发送邮件，而只能给本域内的其他用户发送邮件。

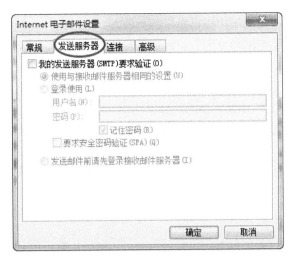

图 11-5　在客户端启用认证支持

11.4　配置邮件服务器的注意事项

1）一定要把 DNS 服务器配置好，保证 DNS 服务器和 Postfix 服务器、客户端通信畅通。

2）关闭防火墙或者让防火墙放行（服务或端口）。

3）建议将 SELinux 关闭（设为 disable）。所需配置文件是/etc/sysconfig/selinux，或者使用以下命令。

```
setsebool  -P  allow_postfix_local_write_mail_spool  off
setsebool  -P  allow_saslauthd_read_shadow  off
```

4）注意各网卡在虚拟机中的网络连接方式，这也是在通信中最易出错的地方。先保证通信畅通，再进行配置。

5）注意几个配置文件之间的关联以及各实例前后的联系，为了不让实例间互相影响，可以恢复到初始状态再配置另一个实例，这一点对全书都适用。

11.5　项目实训

1. 实训目的

● 能熟练完成企业 POP3 邮件服务器的安装与配置。

● 能熟练完成企业邮件服务器的安装与配置。

● 能熟练进行邮件服务器的测试。

2. 项目背景及要求

某企业需要构建自己的邮件服务器供员工使用。该企业已经申请了域名 long.com，要求企业内部员工的邮件地址为 username@long.com 格式。员工可以通过浏览器或者专门的客户端软件收发邮件。

假设邮件服务器的 IP 地址为 192.168.1.2，域名为 mail.long.com。请构建 POP3 和

11-2　配置与管理电子邮件服务器

SMTP 服务器，为局域网中的用户提供电子邮件收发功能。邮件要能发送到 Internet 上，同时 Internet 上的用户也能把邮件发到企业内部用户的邮箱。

3．实训内容

1）复习 DNS 服务在邮件系统中的使用。

2）练习 Linux 系统下邮件服务器的配置方法。

3）使用 telnet 命令进行邮件的发送和接收测试。

4．做一做

根据项目实训内容及视频，将项目完整地做一遍，检查学习效果。

11.6　练习题

一、填空题

1．电子邮件地址的格式是user@RHEL6.com。一个完整的电子邮件由三部分组成，第一部分代表＿＿＿＿＿，第二部分是＿＿＿＿＿，第三部分是＿＿＿＿＿。

2．Linux 系统中的电子邮件系统包括三个组件：＿＿＿＿＿、＿＿＿＿＿和＿＿＿＿＿。

3．常用的与电子邮件相关的协议有＿＿＿＿＿、＿＿＿＿＿和＿＿＿＿＿。

4．SMTP 工作在 TCP 上的默认端口为＿＿＿＿＿，POP3 默认工作在 TCP 的＿＿＿＿＿端口。

二、选择题

1．以下协议中（　　）用来将电子邮件下载到客户端。

　　A．SMTP　　　　　B．IMAP4　　　　　C．POP3　　　　　D．MIME

2．利用 Access 文件设置邮件中继需要生成 access.db 数据库，使用的命令是（　　）。

　　A．postmap　　　　B．m4　　　　　C．access　　　　D．macro

3．用来控制 Postfix 服务器邮件中继的文件是（　　）。

　　A．main.cf　　　　B．postfix.cf　　　C．postfix.conf　　　D．access.db

4．邮件转发代理也称邮件转发服务器，可以使用 SMTP，也可以使用（　　）。

　　A．FTP　　　　　B．TCP　　　　　C．UUCP　　　　　D．POP

5．（　　）不是邮件系统的组成部分。

　　A．用户代理　　　B．代理服务器　　C．传输代理　　　D．投递代理

6．在 Linux 下可用哪些 MTA 服务器？（　　）

　　A．Postfix　　　　B．qmail　　　　C．imap　　　　D．sendmail

7．Postfix 常用的 MTA 软件有（　　）。

　　A．sendmail　　　B．postfix　　　　C．qmail　　　　D．exchange

8．Postfix 的主配置文件是（　　）。

　　A．postfix.cf　　　B．main.cf　　　　C．access　　　　D．local-host-name

9．Access 数据库中的访问控制操作有（　　）。

　　A．OK　　　　　B．REJECT　　　　C．DISCARD　　　D．RELAY

10．默认的邮件别名数据库文件是（　　）。

　　A．/etc/names　　B．/etc/aliases　　C．/etc/postfix/aliases　　D．/etc/hosts

三、简述题

1. 简述电子邮件系统的构成。

2. 简述电子邮件的传输过程。

3. 电子邮件服务与 HTTP、FTP、NFS 等程序的服务模式的最大区别是什么？

4. 电子邮件系统中 MUA、MTA、MDA 三种服务角色的用途分别是什么？

5. 能否让 Dovecot 服务程序限制允许连接的主机范围？

6. 如何定义用户别名邮箱以及让其立即生效？如何设置群发邮件？

11.7　实践题

1. 动手操作第 11.3.3 节中关于 Postfix 的应用案例。

2. 假设邮件服务器的 IP 地址为 192.168.0.3，域名为 mail.smile.com。请构建 POP3 和 SMTP 服务器，为局域网中的用户提供电子邮件收发功能。邮件要能发送到 Internet 上，同时 Internet 上的用户也能把邮件发到局域网内部用户的邮箱。要设置邮箱的最大容量为 100MB，收发邮件最大为 20MB，并提供反垃圾邮件功能。

参 考 文 献

[1] 杨云. Red Hat Enterprise Linux 7.4 网络操作系统详解[M]. 北京：清华大学出版社，2019.

[2] 杨云. Linux 网络操作系统项目教程：RHEL7.4/CentOS 7.4[M]. 3 版. 北京：人民邮电出版社，2019.

[3] 杨云. Red Hat Enterprise Linux 6.4 网络操作系统详解[M]. 北京：清华大学出版社，2017.

[4] 杨云. 网络服务器搭建、配置与管理：Linux 版[M]. 3 版. 北京：人民邮电出版社，2019.

[5] 杨云. Linux 网络操作系统与实训[M]. 3 版. 北京：中国铁道出版社，2016.

[6] 杨云. Linux 网络服务器配置管理项目实训教程. 2 版. 北京：中国水利水电出版社，2014.

[7] 刘遄. Linux 就该这么学[M]. 北京：人民邮电出版社，2016.

[8] 刘晓辉，等. 网络服务搭建、配置与管理大全：Linux 版. 北京：电子工业出版社，2009.

[9] 陈涛，等. 企业级 Linux 服务攻略[M]. 北京：清华大学出版社，2008.

[10] 鸟哥. 鸟哥的 Linux 私房菜基础学习篇[M]. 3 版. 北京：人民邮电出版社，2010.